高等院校产品设计专业系列教材

产品设计材料与工艺

（第二版）

兰玉琪 李鸿琳 廖倩铭 编著

Product Design Materials and Processes (Second Edition)

Design

清華大学出版社
北京

内容简介

本书系统讲述了产品设计材料的基本种类、特性和基础加工工艺，通过大量的产品设计案例对材料的特性、应用及工艺要求进行分析，内容通俗易懂、图文并茂。全书共分为 7 章，第 1 章对产品设计、产品材料及产品工艺之间的关系进行概述，明确材料对于产品设计的重要作用；第 2 ～ 6 章分别对金属、塑料、橡胶、木材、陶瓷和玻璃等材料的性能、分类、组成、应用范围及成型工艺等进行详细讲解，并结合经典的产品设计案例展开说明；第 7 章简要介绍了一些新型材料的概念与特性，以及其在未来产品设计中的应用前景与价值。

本书可作为高等院校工业设计、产品设计及其他相关专业的教材，也可供广大从事工业产品设计工作的人员阅读参考。

图书在版编目（CIP）数据

产品设计材料与工艺 / 兰玉琪 , 李鸿琳 , 廖倩铭编著 . -- 2 版 .

北京 : 清华大学出版社 , 2025. 2.

(高等院校产品设计专业系列教材). -- ISBN 978-7-302-68045-1

Ⅰ . TB472

中国国家版本馆 CIP 数据核字第 2025Q85U12 号

责任编辑：李　磊
封面设计：陈　侃
版式设计：恒复文化
责任校对：成凤进
责任印制：沈　露

出版发行：清华大学出版社

网　　址：https://www.tup.com.cn，https://www.wqxuetang.com
地　　址：北京清华大学学研大厦A座　　**邮　　编：**100084
社 总 机：010-83470000　　**邮　　购：**010-62786544
投稿与读者服务：010-62776969，c-service@tup.tsinghua.edu.cn
质 量 反 馈：010-62772015，zhiliang@tup.tsinghua.edu.cn

印 装 者：涿州汇美亿浓印刷有限公司印刷
经　　销：全国新华书店
开　　本：185mm×260mm　　**印　　张：**12.75　　**字　　数：**309千字
版　　次：2018年3月第1版　　2025年4月第2版　　**印　　次：**2025年4月第1次印刷
定　　价：69.80元

产品编号：102035-01

编委会

序

设计，时时事事处处都伴随着我们，我们身边的每一件物品都被有意或无意地设计过或设计着，离开设计的生活是不可想象的。

2012年，中华人民共和国教育部修订的本科教学目录中新增了“艺术学-设计学类-产品设计”专业，该专业虽然设立时间较晚，但发展趋势非常迅猛。

从2012年的“普通高等学校本科专业目录新旧专业对照表”中，我们不难发现产品设计专业与传统的工业设计专业有着非常密切的关系，新目录中的“产品设计”对应旧目录中的“艺术设计(部分)”“工业设计(部分)”，从中也可以看出艺术学下开设的“产品设计专业”与工学下开设的“工业设计专业”之间的渊源。

因此，我们在学习产品设计前就不得不重点回溯工业设计。工业设计起源于欧洲，有超过百年的发展历史，随着人类社会的不断发展，工业设计也发生了翻天覆地的变化：设计对象从实体的物慢慢过渡到虚拟的物和事，设计方法越来越丰富，设计的边界越来越模糊和虚化。可见，从语源学的视角且在不同的语境下厘清设计、工业设计、产品设计等相关概念，并结合对围绕着我们的“被设计”的事、物和现象的观察，无疑可以帮助我们更深刻地理解工业设计的内涵。工业设计的综合性、交叉性和边缘性决定了其外延是广泛的，从艺术、文化、经济和技术等不同的视角对工业设计进行解读或许可以更全面地还原工业设计的本质，有利于人们进一步理解它。从时代性和地域性的视角对工业设计的历史进行解读并不仅仅是为了再现其发展的历程，更是为了探索工业设计发展的动力，并以此推动工业设计的进一步发展。人类基于经济、文化、技术、社会等宏观环境的创新，对产品的物理环境与空间环境的探索，对功能、结构、材料、形态、色彩、材质等产品固有属性及产品物质属性的思考，以及对人类自身的关注，都是工业设计不断发展的重要基础与动力。

工业设计百年的发展历程为人类社会的进步做出了哪些贡献？工业发达国家的发展历程表明，工业设计带来的创新，不但为社会积累了极大的财富，也为人类创造了更加美好的生活，更为经济的可持续发展提供了源源不断的动力。在这一发展进程中，工业设计教育也发挥着至关重要的作用。

随着我国经济结构的调整与转型，从“中国制造”走向“中国智造”已是大势所趋，这种巨变将需要大量具有创新设计和实践应用能力的工业设计人才。党的二十大报告为我国坚定推进教育高质量发展指出了明确的方向。艺术设计专业的教育工作应该深入贯彻落实党的二十大精神，不断创新、开拓进取，积极探索新时代基于数字化环境的教学和实践模式，实现艺术设计的可持续发展，培养具备全球视野、能够独立思考和具有实践探索能力的高素质人才。

未来，工业设计及教育，以及产品设计及教育在我国的经济、文化建设中将发挥越来越重要的作用。因此，如何构建具有创新驱动能力的产品设计人才培养体系，成为我国高校产品设计教育相关专业面临的重大挑战。党的二十大精神及相关要求，对于本系列教材的编写工作有着重要的指导意义，也将进一步激励我们为促进世界文化多样性的发展做出积极的贡献。

由于产品设计与工业设计之间的渊源，且产品设计专业开设的时间相对较晚，那么针对产品设计专业编写的系列教材，在工业设计与艺术设计专业知识体系的基础上，应当展现产品设计的新理念、新潮流、新趋势。

本系列教材的出版适逢我院产品设计专业荣获“国家级一流专业建设单位”称号，我们从全新的视角诠释产品设计的本质与内涵，同时结合院校自身的资源优势，充分发挥院校专业人才培养的特色，并在此基础上建立符合时代发展要求的人才培养体系。我们也充分认识到，随着我国经济的转型及文化的发展，对产品设计人才的需求将不断增加，而产品设计人才的培养在服务国家经济、文化建设方面必将起到非常重要的作用。

结合国家级一流专业建设目标，通过教材建设促进学科、专业体系健全发展，是高等院校专业建设的重点工作内容之一，本系列教材的出版目的也在于此。本系列教材有两大特色：第一，强化人文、科学素养，注重中国传统文化的传承，吸收世界多元文化，注重启发学生的创意思维能力，以培养具有国际化视野的创新与应用型设计人才为目标；第二，坚持“科学与艺术相融合、创新与应用相结合”，以学、研、产、用一体化的教学改革为依托，积极探索国家级一流专业的教学体系、教学模式与教学方法。教材中的内容强调产品设计的创新性与应用性，增强学生的创新实践能力与服务社会能力，进一步凸显了艺术院校背景下的专业办学特色。

相信此系列教材的出版对产品设计专业的在校学生、教师，以及产品设计工作者等均有学习与借鉴作用。

天津美术学院国家级一流专业(产品设计)建设单位负责人、教授

前言

产品设计是工业产品的功能设计与美学设计的结合与统一，它综合运用科技成果和社会、经济、文化、美学等知识，对产品的功能、结构、形态及包装等进行整合优化和集成创新，是将原料从初始形态通过某些加工工艺改变为更有价值的产品形态的过程。

产品设计通过材料得以实现，而材料通过产品设计提高了自身价值。对于产品使用者来说，其直接所见、所触及的唯有材料，因此材料是产品功能与形态的物质载体，以其自身的特性影响着产品设计的效果，材料的物理、化学、力学、光学等性能保证了产品功能与形态的可实现性。

人类的造物活动伴随着整个人类社会发展的始终，在这个过程中，人们不断发现材料、开发材料、应用材料，并且不断创造新材料、找到利用材料的新方法，从而不断改善人类的生活环境和条件。随着科学技术的发展，各种新型材料与工艺不断出现，为产品设计创造了更好的条件，给设计的飞跃式发展带来新的可能，也由此诞生了许多新的设计风格、新的产品结构和新的功能。而新的设计构思也对材料和工艺提出了更高的要求，促进了材料科学和新工艺技术的发展，为人类的造物活动创造了更加广阔的空间。

产品设计的过程，实际上是对材料的理解、认识和组织的过程。任何产品设计都是在选用特定材料的基础上进行的，都必须使材料的性能、加工工艺符合产品的功能和使用要求。因此，对于产品设计师来说，材料应用是一门必修课，要熟悉各种材料的物理、化学性能和加工工艺、表面处理工艺及各种成型技术的特性，理解产品功能、形态与材料、工艺之间的关系，学会结合材料进行设计思考。产品设计师不仅要善于利用传统材料，还要能够对传统材料和工艺进行创新应用，以及不断了解和运用新材料，从而设计出更多满足人们需求的实用又美观的新产品。

党的二十大报告为我国坚定推进教育高质量发展指出了明确的方向。在此背景下，本教材编写组以“加快推进教育现代化，建设教育强国，办好人民满意的教育”为目标，以“强化现代化建设人才支撑”为动力，以“为实现中华民族伟大复兴贡献教育力量”为指引，进行了满足新时代新需求的创新性教材编写尝试。

随着产品设计领域的不断发展，产品设计专业对设计材料及加工工艺有了新的知识需求，为此我们在总结多年教学经验、实践经验的基础上编写了本书。全书共分为7章：第1章为产品设计材料与工艺概述；第2～6章分别以不同材料为主体，对金属、塑料、橡胶、木材、陶瓷及玻璃材料的性能、分类、组成、应用范围及成型工艺等进行详细讲解，并结合经典或最新设计案例进一步展开说明；第7章介绍了一些新材料的特点及其加工工艺。

本书作为产品设计专业的教材及专业设计师的辅助学习资料，力求文字简洁，通俗易懂，不过多涉及材料的物理、化学、力学等方面的复杂专业理论。书中配有大量的设计案例和图片，并对案例进行详细分析，引导读者思考如何运用材料进行创新设计，从而让读者更直观地领悟材料与加工工艺在产品设计中的应用，及其产生的设计魅力。

本书提供配套的教案、教学大纲、PPT课件，扫描右侧二维码，推送到邮箱，即可下载获取。

教学资源

本书由兰玉琪、李鸿琳、廖倩铭编著，李津、王逸钢、张莹、潘弢、毕红红、宋汶师、彭雪瑶、王楠等也参与了本书的编写工作。

由于作者水平所限，书中难免有疏漏和不足之处，恳请广大读者批评、指正。

编　者

2025.1

目录 CONTENTS

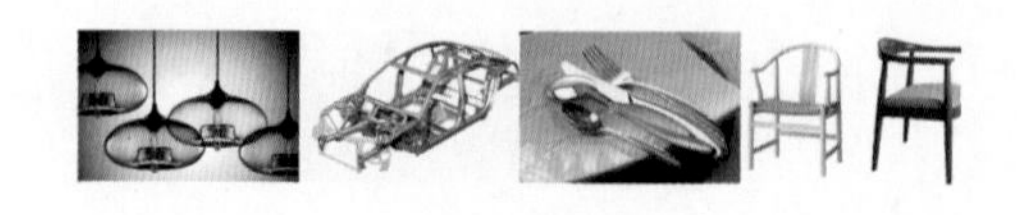

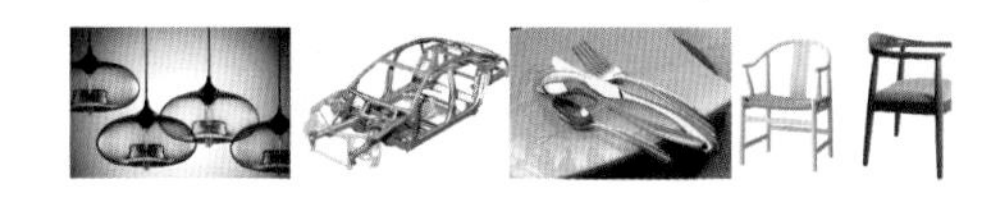

第1章

产品设计材料与工艺概述

主要内容：介绍产品设计中材料的应用，以及材料的分类、选择和加工工艺。

教学目标：通过学习本章的知识，使读者充分认识材料和工艺是产品设计的重要基础。

学习要点：合理利用材料，把握设计、材料、工艺之间的关系。

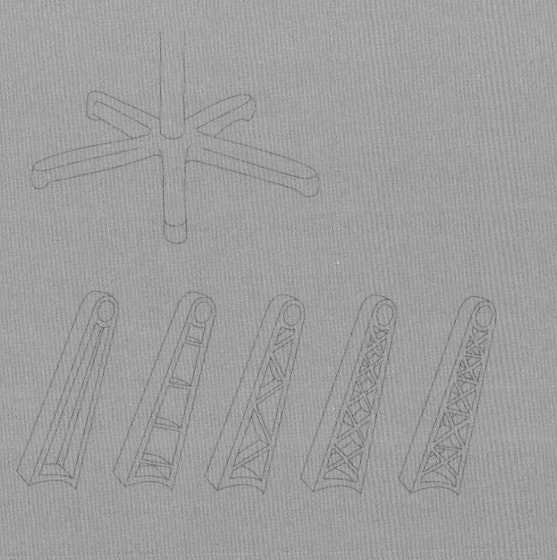

Product Design

1.1 产品设计

工业产品是指工业企业用材料进行生产性活动所创造出的有用途的生产成果，这些成果最终能够被使用，满足人们对某种功能的需求。

产品设计是工业产品的功能设计与美学设计的结合与统一，是对产品的功能、结构、形态等进行整合优化的集成创新活动。它实现了将原料的形态转变为更有价值的具有功能性形态的产品。

产品设计的过程，是产品设计师基于对人的生理、心理、生活习惯等一切关于人的自然属性和社会属性的认知，对于产品的功能、性能、形式、价格及使用环境进行分析和定位，通过线条、符号、数字、色彩、装饰、表面处理等多种元素，结合材料、技术、结构、工艺、形态，从社会的、经济的、技术的角度进行创意性设计。

1.2 产品材料

产品材料是人类用于制造生活用品、器件、构件、机器、工具和其他产品的，具有物理、化学等特性的物质原料。材料是产品设计的物质基础，不仅体现在产品的功能与结构方面，也体现在工业产品的审美形态上。

任何产品的设计都必须通过一定的材料作为载体，而材料自身的特点也影响着产品设计的效果。产品设计的基础是对材料的合理运用，同时又受到材料属性的制约。设计构思要求有相应的材料来实现，这就对材料提出了要求。由此可见，设计活动与材料的发展是相互影响、相互促进、相辅相成的关系。

在产品设计的创新过程中，材料越来越受到设计师的关注，每一种新材料的出现都会为设计实施的可能性创造条件，并对设计提出更高的要求。新材料能够在更多领域发挥作用，催生新的设计风格，产生新的产品功能、结构和审美特征，为设计带来新的飞跃。

设计师应致力于对新材料的了解、探索和应用；而传统材料仍然有很多值得探索的方面，如何在设计实践中使这些材料更好地发挥作用，是设计师面对的问题和挑战。

1.2.1 材料的分类

材料的发展推动了运用材料技术的进步，也推动了产品设计的发展。应用于产品的材料，涉及的范围极其广阔，也极其庞杂，分类方法众多。下面介绍几类常用的材料分类方法。

1. 按材料尺寸分类

(1) 零维材料：超微粒子，粒子大小为1～100nm的超微粒纳米材料。

(2) 一维材料：光导纤维、碳纤维、硼纤维、陶瓷纤维等。

(3) 二维材料：金刚石薄膜、高温超导薄膜、半导体薄膜等。

(4) 三维材料：块状材料。

2. 按材料用途分类

按产品的用途不同，可将材料分为结构材料和功能材料。

(1) 结构材料，是指以力学性能为基础，制造受力构件所使用的材料。结构材料有着保持形状、结构不变的优良力学性能(强度和韧性等)，能够抵抗外场作用。结构材料包括结构钢、工具钢、铸铁、普通陶瓷、耐火材料、工程塑料等传统材料，以及高温合金、结构陶瓷等新型结构材料。

(2) 功能材料，是利用物质的独特物理、化学性质或生物功能等而形成的一类材料。功能材料具有特殊的电学、磁学、热学、光学、声学、力学、化学、生物学等性能与功能，通常作为非结构目的的材料，利用其他功能特性制造产品。

一种材料往往既是结构材料，又是功能材料，如铁、铜、铝等。

3. 按材料领域分类

按材料领域分类，可分为结构材料、信息材料、研磨材料、电子材料、耐火材料、电工材料、建筑材料、光学材料、包装材料、感光材料、能源材料、航空航天材料、生物医用材料、环境材料、耐蚀材料、耐酸材料等。

4. 按材料新旧分类

按照材料的新旧，可将其分为传统材料与新型材料。

(1) 传统材料，是指那些已经成熟且在工业中已批量生产并大量应用的材料，如钢铁、水泥、塑料等。这类材料由于产量大、产值高、涉及面广泛，所以又称为基础材料。

(2) 新型材料(先进材料)，是指那些正在发展，且具有优异性能和应用前景的材料。

5. 按材料的物理特性分类

(1) 按物理性质分类，材料可分为导电材料、半导体材料、绝缘材料、磁性材料、透光材料、高强度材料、高温材料、超导材料等。

(2) 按物理效应分类，材料可分为压电材料、热电材料、非线性光学材料、磁光材料、光电材料、声光材料、激光材料、记忆材料等。

6. 按材料的化学组成分类

按照化学组成的不同，可将材料分为金属材料、有机高分子材料和无机非金属材料三大类，具体如图1-1所示。

(1) 金属材料，是指金属元素或以金属元素为主构成的具有金属特性的材料的统称，包括纯金属、合金和特种金属材料等。大部分金属材料都有很好的物理及化学性能，如强度、硬度、塑性、韧性、疲劳强度等，是产品的基础材料。

(2) 有机高分子材料，是由一种或多种分子或分子团结合组成，又称高分子化合物或高聚物。有机高分子材料质地轻、原料丰富、加工方便、性能良好、用途广泛，具有机械强度大、弹性高、可塑性强、硬度大、耐磨、耐热、耐腐蚀、耐溶剂、电绝缘性强、气密性好等特点，在产品领域具有非常广泛的用途。

(3) 无机非金属材料，是指除碳元素以外各元素的化合物，如水、玻璃、陶瓷、硫酸、石灰等。无机非金属材料是产品应用中，除金属材料、有机高分子材料以外所有材料的总称。

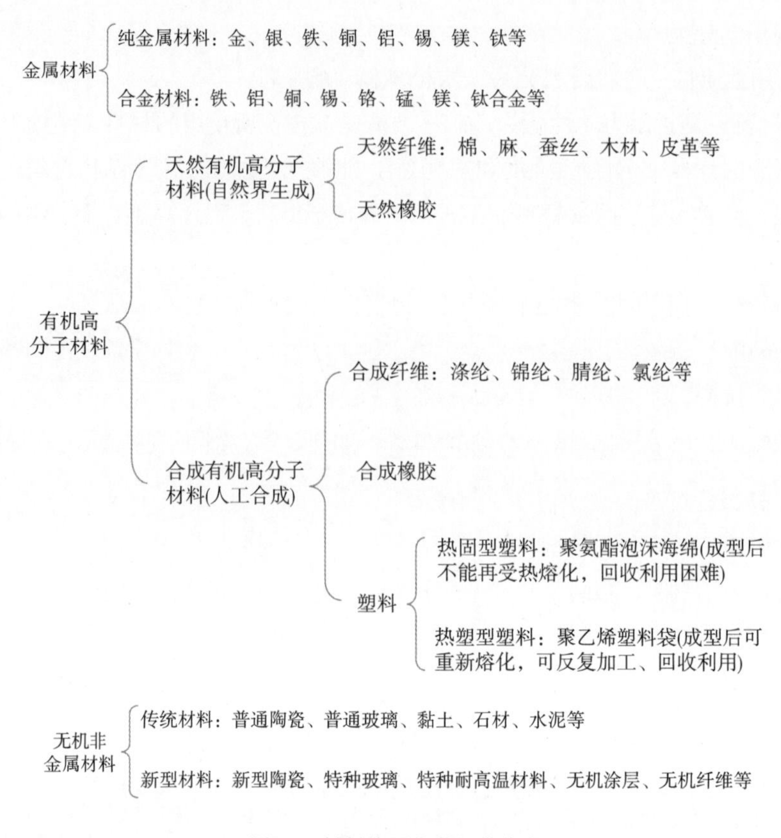

图1-1　材料按照化学组成分类

1.2.2　材料的选择

在产品设计中，材料的选择是产品设计实现的重要基础环节，影响整个设计过程。设计材料种类繁多，且每种材料都有自身的特性，加上新材料不断涌现，因此在产品设计中如何选择材料，使其性能与产品设计功能及审美相适应是核心问题。

产品材料的选择对产品结构设计、加工工艺、生产成本及生产周期甚至审美都有直接影响。选材的好坏也关系到整个产品性能的优劣、质量好坏、使用寿命等。因此，设计师需要掌握各类设计材料的特性，正确选用材料及相宜的加工方法，这是产品设计的基本要求。此外，要依据科学的原则，尽量发挥材料自身的特点、特性，充分表达出材质的美学和质感特征，实现独有的设计风格，创造出优质的产品。在产品设计中，材料的选择一般遵循以下基本原则。

1. 使用性原则

在材料的选择上，其性能必须满足产品的功能和使用需求，以达到期望的使用寿命，这是最基本的要求；同时要满足产品结构、形态、功能在所处的环境下达到安全性、可靠性等方面的要求。不同功能的产品对选材的要求也各不相同，产品的某个部件也要根据具体的使用要求，如硬度、强度、刚度等，确定其使用性能，选择使用不同的材料。

例如，在汽车设计中，具有良好的冲压性能、焊接性能、防腐性能、防锈性能及抗冲击性能的金属材料常用于车身、发动机、离合器等各零部件，如图1-2(a)所示；塑料有诸多金属和其他材料不具备的优良性能，常用于各种结构零件、隔热防震零件、仪表外壳、车身外部部件等，以及汽车内饰及各种操作装置上，如方向盘等，如图1-2(b)所示。

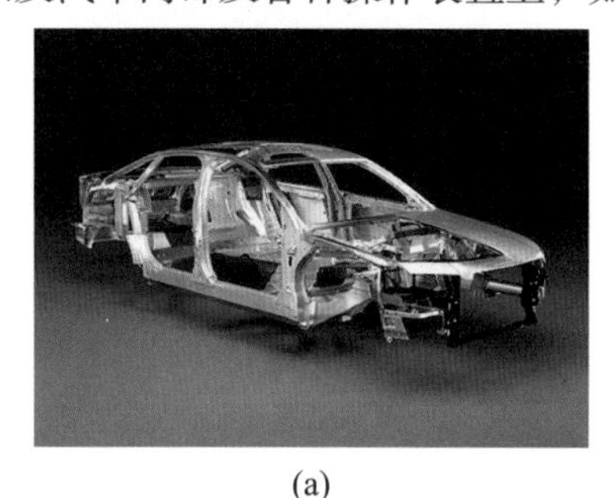

(a)

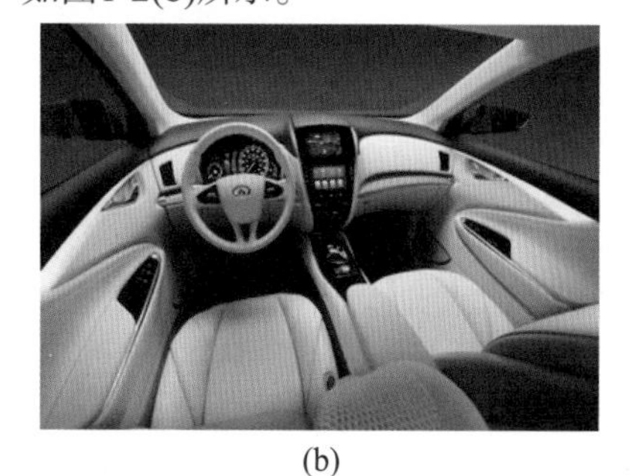

(b)

图1-2　汽车车身所使用的材料

2. 工艺性原则

工艺性能也是产品设计中选材应考虑的重要因素。材料的工艺性能可定义为在制造过程中材料适应加工工艺的性能，并从中获得规定的使用性能和外形的能力。因此，工艺性能可以影响零件的内在性能、外部质量、生产成本和生产效率等。产品整体质量也与材料加工过程中的工艺水平有很大关系，所选材料应具备良好的工艺性能，即技术难度小、工艺简单、能源消耗小、材料利用率高，并且能够保证产品的质量。

3. 经济性原则

经济性涉及材料的成本高低、材料的供应是否充足、加工工艺过程是否复杂，以及成品率的高低。从经济性原则考虑，通常在满足产品使用性能的前提下，应尽可能选用货源充足、加工方便、成本低廉的材料。

4. 美学原则

工业产品的美主要体现在两个方面：一是产品外在表现形态所呈现出来的“形式美”；二是产品内在的结构及表面肌理和谐有序呈现出来的“技术美”。例如，材料本身与加工后所得到的亚光塑料给人以和谐朴实之美，拉丝金属给人以科技感，半透明材料的柔和舒适，透明玻璃的晶莹剔透，白色陶瓷的纯洁温和，木材的温馨自然。好的设计需要好的材料来渲染，诱使人们去想象和体会，给人以美的感受。

如图1-3所示，瓶子整体采用了纤细的造型设计，通过形态的细微变化，并使用不同的材料，体现出瓶子或通透、或高级的质感。

图1-3　瓶子的设计及材料表现

5. 安全性原则

设计师需按照产品的设计要求，依据产品的国家安全标准选用材料。另外，接触身体尤其是儿童身体的产品(儿童玩具等)，以及接触食品的产品(餐盒、餐具等)必须选用无毒、无害的材料。

6. 环境友好原则

产品材料的选择还应考虑环境因素，主要体现在设计对不可再生资源的合理开发、节约和循环利用，以及对可再生资源的不断增值、合理利用。产生于20世纪80年代末的绿色设计，作为一种可持续的设计观念，反映了人们对现代科技发展造成的环境及生态破坏的反思。这种绿色可持续发展观念也逐渐渗透到大众的日常生活中，它不仅影响人们选择产品的行为，而且也影响设计师们对产品的设计观念。当下，绿色设计除了要考虑技术层面，更重要的是设计观念的变革，设计中应遵循简洁明了的原则，减少不必要的装饰。从材料的选择角度看，强调使用低能耗、可降解、可回收利用、对自然环境伤害较小的材料。

7. 创新性原则

设计的内涵是创新，创新是推动产品设计进步的主要动力。随着社会的发展和进步，人们需要更多新功能、新理念的产品。因此，设计师要善于利用传统材料进行创新设计，而且随着科学技术的发展，新材料也不断涌现，这也为设计师的创新设计提供了物质保证，从而能够使其创造出更多优秀的产品，满足人们的需求。

1.3 产品工艺

工，工序；艺，技艺。产品的生产工艺，是指产品生产的工序和技艺。其中，“工序”是指生产过程中的各个阶段、环节，也指各加工阶段(环节)的先后次序。“技艺”是指包含在手工、机械操作生产过程中具有的技巧、技术的能力，即利用各类生产工具与资源对各种材料、半成品进行加工或处理，最终使其成为产品的方法与过程。

1.3.1 产品工艺特性

产品必须是经由特定的加工过程，利用材料制造完成的。这一加工生产过程，即为加工工艺。

产品工艺包括产品生产加工的流程路线、工艺步骤、工艺方法、工艺指标、工艺参数、工艺控制、操作要点，以及对原料、动力、设备、人员等要素进行选型与配置的组织生产实施方案。这些工艺要素各异，使得产品加工工艺呈现多样性特征。产品工艺特性主要包括以下几方面。

(1) 不同的产品有不同的生产加工工艺，同一产品也可能有多种生产加工工艺的选择。同一种产品，在不同的企业，产品的加工工艺未必是一样的，产品开发者和工艺设计者可根据当地能源、环境条件、产业政策等情况，结合企业的设备、资源、劳动者等具体条件，以及原材料的特性、性能来综合考虑与选择最佳的产品加工工艺。

(2) 产品的材料、结构均相同，但由于加工方法不同，最终所获得的产品质量也不同。例如，同样的零件，采用砂型铸造工艺，所得零件粗糙、尺寸精度低，但如果采用熔模铸造，零件的精度和表面质量就会提高很多。

(3) 新工艺的应用可替代传统旧工艺，是提高产品质量与生产效率，以及实现环保生产的有力措施。

1.3.2　产品工艺选择原则

(1) 先进性。产品的生产工艺应尽可能采用先进技术和高新技术。衡量技术先进性的指标是产品质量性能、产品使用寿命、单位产品物耗能耗、劳动生产率、装备现代化水平等。

(2) 适用性。产品采用的工艺技术应该与资源条件、生产条件、设备条件、管理水平、人力资源相适应，并以材料特性、性能等来选择最合适的产品工艺。

(3) 可靠性。生产产品采用的技术、设备质量必须是可靠的，工艺流程路线也必须是可行的。

(4) 安全性。生产产品采用的技术与设备在正常使用过程中应能保证安全运行。

(5) 环保性。尽可能采用低噪声的工艺设备及工艺方法；尽可能减少废渣、废液及废气的产生，避免对环境造成污染；优先考虑采用低能耗工艺，合理利用资源，减少边角料，提高材料回收利用率。

(6) 经济合理性。采用的工艺不应为追求先进而先进，应着重分析所采用的工艺是否经济合理，是否有利于降低投资和产品成本，提高综合经济效益。

1.4　产品设计、材料与工艺的关系

产品设计需要依靠材料、工艺来实现，材料和工艺是设计产品的物质基础和条件。产品基本属性形态与功能的实现都是建立在材料和工艺的基础上，任何产品设计只有与选用材料的性能特点及其工艺特性相契合，才能实现产品设计的目标与要求，也就是说，产品设计的实现受到材料的属性与工艺特性的制约。

不同材料的属性与加工工艺决定了产品存在的方式，不同的材料表现形式也会给人不同的心理感受，因此了解各种材料与工艺并合理运用是产品设计的基础。材料和产品形态互为表里，各种产品设计都借助材料来显露其面貌，而材料通过设计与工艺生产来表达其特性。缺少材料与工艺，设计活动就无法实现，即材料与工艺是设计密不可分的统一体，所以在产品设计中，如何使用材料、选用工艺，使材料的特性通过工艺与产品功能结合就显得极为重要。

产品设计与新材料的开发及新工艺的运用是相互刺激、相互促进的，每一种新材料的发现和应用都会产生不同的成型工艺、加工方法和工艺制作方法，从而带来新的产品、新的结构变化，对产品设计的发展有着极大的推动作用。未来，新材料的出现仍会与产品设计与工艺相呼应，而产品设计也必将继续推动材料的发展与新工艺的运用。

总之，设计、材料与工艺的关系非常紧密，材料是设计的物质基础，工艺是设计的条件，产品设计促进材料与工艺的进一步发展。对产品、材料与工艺的关系有一个全面的认知，是成为一名优秀设计师的必备条件。

第2章

金属材料及其加工工艺

主要内容：介绍金属材料的特性及加工工艺。

教学目标：了解金属材料的特性及加工工艺，并将其合理应用于工业产品设计。

学习要点：合理利用材料，充分体现金属材料在设计中的应用价值。

2.1 金属材料概述

金属材料是以金属元素或以金属元素为主构成的具有金属特性的材料的统称，是产品设计选用的基础材料之一。金属的特性与金属内含有的金属键有关，即带负电的自由电子与带正电的金属离子之间产生静电吸力，使金属原子结合在一起，这就是金属键结合的本质，也是衡量金属材料属性的标准。

人类文明的发展和社会的进步与金属材料关系十分密切，继石器时代之后出现的铜器时代(也称为青铜器时代)、铁器时代，均以金属材料的应用为显著标志。金属材料的发展，决定了人类历史发展的进程。在当今时代，人类仍然对各种金属材料进行研究、试验和利用，并提高其使用性能，从而使其应用更加广泛，更好地造福人类，各种金属材料已成为人类社会发展的重要物质基础，不断影响、丰富及改变人们的生活，这也是产品设计师必须了解和掌握金属材料的重要原因。

金属材料通常分为黑色金属、有色金属和特种金属。黑色金属是指铁和铁的合金，包括钢、生铁、铁合金、铸铁等，广义的黑色金属还包括锰、铬及其合金。有色金属又称为非铁金属，通常是指铁、锰、铬三种金属以外的金属，广义的有色金属还包括有色合金。特种金属包括不同用途的结构金属材料和功能金属材料。

金属材料相对于非金属材料具有强度高、塑性和韧性好，耐热、耐寒、耐磨，可锻造、可冲压和焊接，导电性、导热性和铁磁性优异等特点，具有良好的物理性能、化学性能、使用性能，已成为现代科学技术和现代工业研究、开发、应用最重要的材料之一。对于产品设计师来说，正确认识、了解并使用金属材料是至关重要的。

2.2 金属材料的特性

金属是一种富有光泽(对可见光强烈反射)，具有延展性、容易导电和导热、形态稳定、强度高等属性的材料。金属材料的性能一般分为物理性能、化学性能、使用与工艺性能。

2.2.1 物理性能

金属材料的物理性能主要有热膨胀性、导热性、导电性和磁性等。热膨胀性，是指随着温度的变化，材料的体积也发生变化(膨胀或收缩)的现象；导热性，是指物体传导热量的性能；导电性，是指物体传导电流的能力；磁性，是指可吸引铁磁性物体的性质。由于产品的功能不同，使用金属材料时对其物理性能的要求也有所不同。

此外，金属材料的物理性能对产品的加工工艺也有一定的影响。例如，由于高速钢的导热性较差，锻造时应采用慢火来逐渐加热升温，否则易造成裂纹。

2.2.2 机械性能

机械性能是指金属材料在外力作用下所表现出来的特性，在产品设计中选材的主要依据就是金属材料的机械性能。

在产品设计中，涉及的机械性能主要包括强度、塑性、硬度、冲击韧性、冲击吸收功和疲劳强度等。强度，是指金属材料在载荷外力的作用下，抵抗过量塑性变形和断裂的能力。塑性，是指金属材料在载荷外力的作用下，材料可以承受大的塑性变形而不产生断裂的能力。硬度，是指金属材料表面局部体积内抵抗形变或抵抗破裂的能力，是衡量金属材料软硬程度的指标。冲击韧性(韧性)，是指金属在冲击载荷作用下抵抗破坏的能力。冲击吸收功，是指材料在冲击载荷作用下吸收塑性变形功和断裂功的能力。疲劳强度，是指材料抵抗无限次应力循环也不疲劳断裂的强度指标。

金属材料的机械性能，决定了其具有广泛的用途。例如，应用于交通工具、航空航天、工程机械、机械装备、军工产品、基础设施、家用产品、建筑和桥梁等几乎所有的制造业、建筑业及其他行业之中。

2.2.3 化学性能

化学性能主要是指在常温或高温情况下，金属材料抵抗各种介质侵蚀的能力，如耐酸性、耐碱性、抗氧化性等。

在产品设计中，主要考虑金属的抗蚀性、抗氧化性，以及不同金属之间、金属与非金属之间形成的化合物对机械性能的影响等。在金属的化学性能中，抗蚀性对金属的腐蚀疲劳损伤具有极大的影响，由于在腐蚀介质中或在高温下工作的产品零件比在空气中或室温下的腐蚀表现得更为强烈，因此在设计这类产品时应特别注意金属材料的化学性能，并采用化学稳定性良好的合金材料。

大多数纯金属的化学性能极不稳定，抗腐蚀性和抗氧化性较差，所以在自然界中，绝大多数金属都以氧化物、化合物的形态存在，少数金属如金、银、铂、铋以游离态存在。除金、银产品，许多纯金属表面都要处理，一方面是为了隔绝空气防止氧化，从而不因产品结构与外观变化而影响使用；另一方面是为了基于金属的这些特性来合成各种性质的金属化合物，使它们的化学性能稳定，并创造许多拥有多种新功能、新结构的合成金属材料，如合金铝、合金钢、镍合金、铜合金等，丰富了产品设计的可选材料。

2.2.4 工艺性能

工艺性能是指金属材料在制造过程中通过不同的加工方法所得到的金属性能，包括铸造性能、锻造性能、焊接性能、切削加工性能和热处理工艺性能等。人类早在青铜时代初期就已经掌握了金属的重要工艺性能。例如，越王勾践剑，就是经过铸造、锻压、淬火、研磨等工艺加工而成的，这把宝剑即便穿越了两千多年的历史长河，剑身也不见丝毫锈斑，依旧寒光闪闪、锋利无比，如图2-1所示。

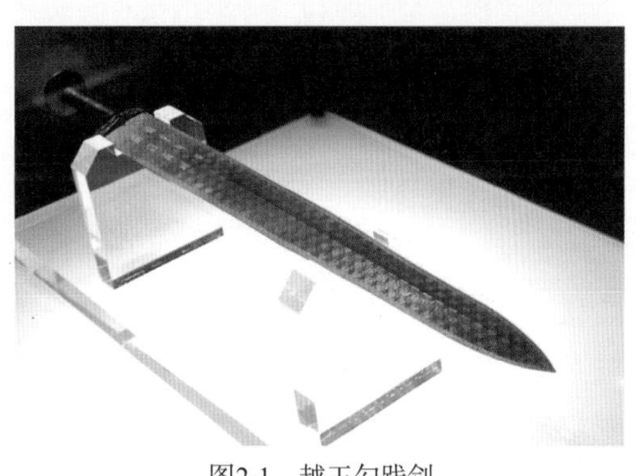

图2-1 越王勾践剑

金属材料因种类不同、加工方法不同，所呈现的性能各有不同，而同种类金属材料的工艺性能基本相同。工艺性能直接影响产品的制造工艺和质量，是产品设计中选材和制定工艺路线必须考虑的因素之一。

1. 铸造性能

金属都有熔点，加热到一定温度时会转变为液态，利用液态的流动性，可将熔炼好的液态金属浇注到产品或零件的铸造磨具空腔中，冷却后获得产品或零部件，该方法称为铸造。

金属材料的铸造性能包括流动性、收缩性、疏松性、吸气性、成分偏析、铸造应力，以及冷裂纹倾向等。

流动性好的金属易填充模具，从而获得外形完整、尺寸精确、清晰的铸件轮廓。另外，液态金属冷却后回到固体形态时会产生收缩，使产品尺寸变小、变形，甚至出现裂纹，所以铸造用金属材料的收缩率越小越好。

金属材料铸造过程中能获得良好的使用性能，如铸铁具有良好的流动性和较低的收缩率等铸造性能，普遍用于铸造如汽车发动机(见图2-2)、机床等产品的底座与配重件，也可以铸造桌椅等产品(见图2-3)。因此，金属材料的铸造性能被广泛用于产品的设计与生产中。

图2-2　汽车发动机

图2-3　庭院桌椅

2. 锻造性能

锻造是将金属坯料经过反复加热捶打，挤出了氧化物，消除金属在冶炼过程中产生的铸态疏松等缺陷，使之产生塑性变形，优化微观组织结构，同时保存完整的金属流线。人类早在青铜时代就已经掌握了锻造技术，这一古老技术一直延续至今，仍是金属加工的重要手段。

现代锻造是一种利用锻压机械对金属坯料施加压力，使其产生塑性变形以获得具有一定机械性能、一定形状和尺寸的锻件的加工方法。锻造后的产品抗变形、抗拉能力好，热处理后产品的韧性极强。

3. 焊接性能

焊接性能是指通过高温加热、加压或两者并用的方法处理金属材料，待金属冷却凝固后产生接合，使两个或两个以上的金属材料连接在一起的特性。具有良好焊接性能的金属材料，可通过各种既普通又简便的焊接工艺达到不同的使用价值，满足人们的生产和生活需要。焊接的形式主要有钎焊、电弧焊、电阻焊、激光焊和电子束焊等。

焊接性能包含两方面内容：接合性能，当某种材料在焊接过程中经历物理、化学和冶金作用而形成没有焊接缺陷的焊接接头时，这种材料就被认为具有良好的接合性能；使用性能，在承受静载荷、冲击载荷和疲劳载荷等方面，焊接接头承受载荷的能力，以及焊接接头的抗低温性能、抗高温性能和抗氧化、抗腐蚀性能等。

金属材料焊接技术的历史只有一百多年，但对于金属材料的应用意义重大。它能使船舶吨位更大、更结实、更安全，使桥梁更长、更能负载，使产品能够获得更多的结构与外形形态。

4. 切削加工性能

金属材料一般具有可切削加工性的特征，切削加工金属材料的难易程度称为切削加工性能，它与金属材料的化学成分、力学性能、导热性能及加工硬化程度等诸多因素有关。例如，铸铁比钢的切削加工性能好，碳钢比高合金钢的切削加工性能好。

按照工艺特点不同，切削加工一般可分为车削(见图2-4)、铣削、钻削、镗削、铰削、刨削、插削、拉削、锯切、磨削、珩磨、刮削、锉削、抛光等。通常以切削时的切削抗力、刀具的使用寿命、切削后的表面粗糙度及断屑情况四个指标来综合评定金属材料的切削加工性能。

图2-4 车工及车削机床

5. 热处理工艺性能

热处理工艺主要是指金属或合金在固体状态下，通过一定介质、一定时间加热到一定温度，以一定速度浸入冷却剂(油、水等)中冷却的一种综合工艺过程(淬火过程)，冷却后金属所体现的性能即为金属的热处理工艺性能。

热处理工艺性能可以使金属的力学性能得到显著提高，延长金属的使用寿命；能消除铸、锻、焊等加工过程中造成的各种不足；改善金属后期的加工性能；使金属表面更具抗磨、耐腐等特殊的化学与物理功能。

金属热处理工艺大体可分为整体热处理(对整个工件进行热处理)、表面热处理(对表面或对产品某部分进行热处理)和化学热处理(对工件进行渗碳、渗氮、渗硼)三大工艺。根据加热介质、加热温度和冷却方法的不同，每一种工艺又可分为若干不同的热处理工艺。同一种金属采用不同的热处理工艺，如把钢加热到一个特定温度并适当保温后，采用正火、退火、回火(空气中冷却是正火，适宜的速度冷却是退火，淬火后再加热到某一温度冷却称为回火)工艺，可使金属获得不同的加工性能。

热处理工艺在现代产品制造业中得到广泛的应用，如通过热处理工艺淬火的金属厨具与餐具、手动与机械工具、刀具与刃具等产品，具有坚韧、耐磨、耐腐、耐用等优点。

产品设计师需要了解并掌握金属材料的特性，以及各种金属材料的工艺加工性能，以便在实际设计工作中正确运用。

2.3 金属材料的分类

金属材料分为黑色金属、有色金属和特种金属三大类。在日常生活中，这些金属材料无处不在，满足人们生活所需。本节结合生活中常见的产品，讲述金属材料的种类、特性及应用领域。

2.3.1 黑色金属材料

黑色金属材料是工业上对铁、锰和铬三种金属及其合金的统称。黑色金属不一定是黑色的，例如纯铁是银白色的，但是在生产和生活中，受外界影响，铁的表面经常会生锈，覆盖着一层黑色的四氧化三铁与棕褐色的氧化铁的混合物，看上去如黑色般，故而称为黑色金属；而锰和铬常以合金钢即锰钢和铬钢的形式存在，所以锰与铬也被视为黑色金属。

上述三种金属都是冶炼钢铁的主要原料，而钢铁在国民经济中占有非常重要的地位，其年产量是衡量一个国家国力的重要标志。黑色金属的产量约占世界金属总产量的95%，因而它既是重要的结构材料和功能材料，也是工业产品上应用最广和首选的材料。

1.铸铁

1) 铸铁材料的特性

铸铁是指含碳量在2%以上的铁碳合金，工业用铸铁一般含碳量为2.5%～3.5%。碳在铸铁中多以石墨形态存在，有时也以渗碳体形态存在。此外，铸铁中还含有1%～3%的硅，以及锰、磷、硫、镍、铬、钼、铝、铜、硼、钒等元素。

铸铁以其良好的流动性、耐磨性、低成本特性著称，展现出低凝固收缩率、高压缩强度，以及良好的机械加工性能。然而当铸铁中的含碳量较高时，会呈现出质脆的特点，从而限制了其锻压加工的能力。

铸铁在空气中存放，表面通常会产生一层锈迹，这是因为空气中的氧离子和铸铁中的铁离子发生化合反应的结果。因此，对于铸铁的这一特性需采取相应措施，即在铸件表面涂上一层防氧化材料，如使用沥青或防锈漆渗透到铸铁表面的孔隙中，从而起到防锈的作用。

2) 铸铁材料的用途

铸铁是现代机械产品制造业重要和常用的材料，也广泛应用于建筑、桥梁、工程部件、家居暖气散热片、公共与庭院家具、农机具，以及厨房用具等领域，如图2-5所示。

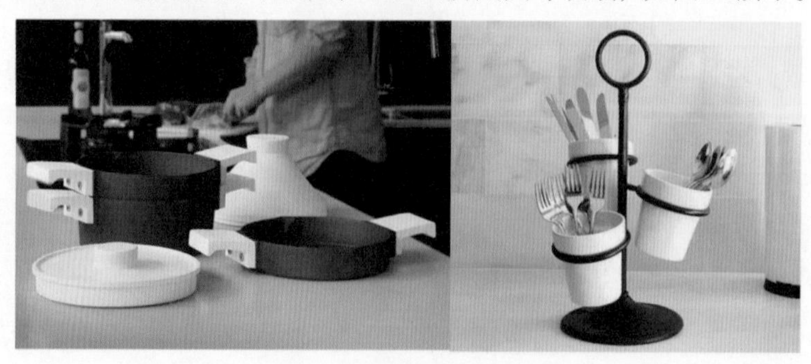

图2-5 铸铁材料制作的产品

铸铁有如此广泛用途的原因，是其良好的流动性，以及它易于浇注成各种复杂形态，且具有成本低廉、铸造性能和使用性能高等特点。铸铁中的碳是以石墨和渗碳体两种形态存在的，碳的含量越高，就越容易提高浇铸过程中的流动性，也可以提高铸铁的耐磨性和硬度。例如，矿山用的碎石机，就利用了含碳量高、耐磨且硬度高的铸铁粉碎矿石；下水道盖子具有优良的耐磨性是由于碳以石墨形式存在于铸铁中。

3) 铸铁材料的分类

(1) 按断口颜色分类。按照铸铁断口的颜色不同，可分为灰口铸铁、白口铸铁和麻口铸铁。

① 灰口铸铁：含碳量较高，碳主要以自由状态的片状石墨形态存在，断口呈暗灰色，简称灰铁。灰铁具有熔点低、凝固时收缩量小的特点，其抗压强度和硬度几乎可以与碳素钢媲美，同时展现出优异的减震性能。由于内部含有片状石墨结构，灰铁还具备良好的耐磨性。灰铁不仅铸造性能优越，切削加工也较容易，加之其低廉的制造成本和优良的机械性能，使得它在工业产品的制造中得到广泛应用。但该材料的韧性较差，不能进行拉伸、折弯、冲剪等塑性加工。灰口铸铁常用于制造要求高但截面不能较厚的铸件，主要应用在机床床身、齿轮箱、皮带轮等耐磨、减震的零件上。

② 白口铸铁：是结构中完全没有或几乎没有石墨的铁碳合金，其断口呈白亮色。白口铸铁硬而脆，不能进行切削加工，且在其制作过程中，凝固时收缩量大，易产生缩孔、裂纹的情况，因此在工业上很少直接用来制作机械零件。白口铸铁具有很高的表面硬度和耐磨性，多用于制作抗磨损零件，如农具、磨球、抛丸机叶片、泥浆泵零件、铸砂管，以及冷硬轧辊的外表层等。

③ 麻口铸铁：是介于白口铸铁和灰口铸铁之间的一种铸铁，其断口呈灰白相间的麻点状，性能不好，极少使用。

(2) 按化学成分分类。按照铸铁的化学成分不同，可分为普通铸铁和合金铸铁。其中，合金铸铁还含有镍、铬、钼、铝、铜、硼、钒等元素。

(3) 按生产方法分类。按照铸铁不同的生产方法，可分为普通灰铸铁、孕育灰铸铁、可锻灰铸铁、球墨铸铁、蠕墨铸铁和特殊性能铸铁。

① 普通灰铸铁：这种铸铁中，碳元素主要或完全以自由形态的片状石墨存在，其断口呈暗灰色，具有良好的力学性能和优异的切削加工性能，因此广泛应用于机床床身、支柱等需要承受压力的零部件中。

② 孕育灰铸铁：这是在灰铸铁的基础上，通过采用“变质处理”工艺得到的特殊铸铁，也被称为变质铸铁，其强度、塑性和韧性均比一般灰铸铁好，组织也较均匀。孕育灰铸铁主要用于制造对力学性能要求较高，而截面尺寸变化较大的大型铸件，如动力载荷小，而静载荷强度要求较高的气缸、齿轮及机床铸件等重要零件。

③ 可锻灰铸铁：是由一定成分的白口铸铁经石墨化退火而成，石墨呈团絮状分布，其组织性能均匀、耐磨损，有良好的塑性，且比灰铸铁更具韧性。该材料常用于制造形状复杂、能承受强动载荷的零件，如汽车后桥桥壳、转向机构、低压阀、管接头等受冲击和震动的零部件。

④ 球墨铸铁：将灰口铸铁的铁水经球化处理后获得，析出的石墨呈球状，碳主要以自由状态的球状石墨形式存在，断口呈银灰色。该材料与钢相比，除塑性、韧性稍低外，其他性能均接近，是兼有钢和铸铁优点的优质材料。在产品设计中，球墨铸铁常用于制作动力机械曲轴、凸轮轴、连接轴、连杆、齿轮、离合器片、液压缸体及自来水管道等零部件。

⑤ 蠕墨铸铁：将灰口铸铁的铁水经蠕化处理后获得，析出的石墨呈蠕虫状。该材料的力学性能与球墨铸铁相近，铸造性能介于灰口铸铁与球墨铸铁之间。蠕墨铸铁对冷却速度的敏感性远低于灰铸铁，且具有良好的导热性，因此常被用来制造那些在极端温度条件下工作，面临显著温度梯度变化的零部件。由于蠕墨铸铁材料的强度较高，致密性好，对于缺口的敏感性小，具有良好的工艺性能，因此可用来制造形状复杂的大型产品。

⑥ 特殊性能铸铁：这是一种有某些特性的铸铁，根据用途的不同，可分为耐磨铸铁、耐热铸铁、耐蚀铸铁等，大都属于合金铸铁，在产品制造中的应用较广泛。耐磨铸铁主要用于制造在润滑条件下工作的零件，如机床床身、导轨和气缸套等；耐热铸铁用于制造加热炉附件，如炉底板、送链构件、换热器等；耐蚀铸铁适用于制造在阴极保护系统中作为阳极的铸件，如接触海水、淡水等介质的设备零件。

2. 钢

1) 钢材料的特性

钢，是对含碳量介于0.02%～2.11%的铁碳合金的统称。钢作为一种重要的工业材料，具有多种特性，这些特性使得钢在各个领域都有广泛的应用。

(1) 强度和硬度。钢具有很高的强度和硬度，这使得它成为构建结构物和制造工具的理想材料。

(2) 塑性和韧性。钢在受到外力作用时，能够发生塑性变形而不立即断裂。这种塑性使得钢在加工过程中可以通过锻造、轧制等方式改变其形状和尺寸。钢在受到冲击或突然加载时，能够吸收大量的能量而不发生脆性断裂。这种韧性是钢在结构工程中承受载荷的重要特性。

(3) 导热性。钢是热的良导体，具有良好的导热性能。这使得钢在需要快速传递热量的场合(如热交换器、加热元件等)有广泛的应用。

(4) 耐腐蚀性。通过添加适量的合金元素(如铬、镍等)，可以使钢具有优异的耐腐蚀性。这种不锈钢在化工、医疗、食品加工等领域有广泛的应用。

(5) 加工性。钢可以通过各种加工方式(如切割、焊接、钻孔等)进行加工和制造。这使得钢成为制造各种复杂形状和结构件的理想材料。

2) 钢材料的分类

(1) 碳素钢。只含碳元素的钢称为碳素钢(碳钢)或普通钢，碳素钢是近代工业中使用最早、用量最大的基本材料。碳素钢的性能主要取决于含碳量，含碳量高，钢的强度、硬度升高，塑性、韧性和可焊性降低。与其他钢类相比，碳素钢的使用较早，成本低、性能范围宽、用量大。几乎任何产品制造业都离不开碳素钢，也包括建筑、基础设施建设等各个领域。

按化学成分(以含碳量)不同，碳素钢可分为：①低碳钢(含碳量0.25%以下)，又称为软钢，具有低强度、高塑性、高韧性，易于接受各种加工，如锻造、焊接和切削，适合制造形状复杂和需焊接的零件和构件。②中碳钢(含碳量0.25%～0.60%)，除碳之外，还可含有少量锰，强度、硬度比低碳钢高，而塑性和韧性低于低碳钢，热加工及切削性能良好，焊接性能较差。经热处理后，材料具有良好的综合力学性能，多用于制造要求韧性的齿轮、轴承等机械零件。③高碳钢(含碳量0.60%以上)，又称工具钢，经过适当热处理或冷拔硬化后，具有很高的强度和硬度，切削性能尚可，是专门用于制作工具、刃具、弹簧及耐磨产品的钢，如图2-6所示。

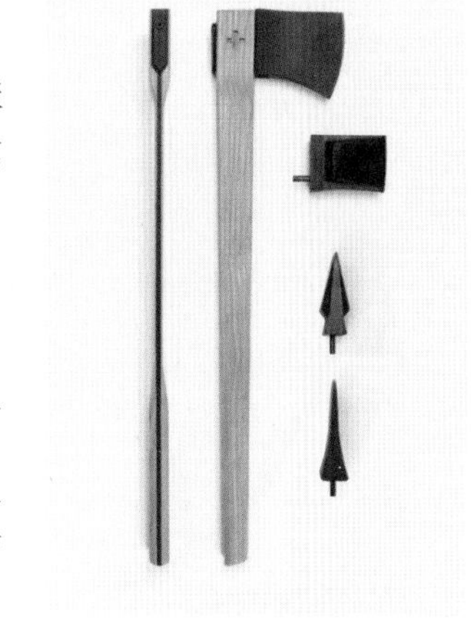

图2-6　高碳钢制作的工具

按用途不同，碳素钢可分为：①碳素结构钢，主要用于铁道、桥梁、各类建筑工程，制造承受静载荷的各种金属构件及不重要、不需要热处理的机械零件和一般焊接件。②碳素工具钢，经热处理后可获得高硬度和高耐磨性，主要用于制造各种工具、刃具、模具和量具产品。

碳素钢由于价格便宜，加工制造方便，是金属产品设计中广泛使用的材料。由于碳素钢产品耐腐蚀性较差，极易在空气中生锈，因此一般都要对其表面进行防腐处理，如涂饰、电镀、表面改性等。

(2) 合金钢。合金钢是为了提高钢的整体机械性能和工艺性能，或者为了获得一些特殊的性能，以碳钢为基础，有目的地添加一定含量金属元素而得到的钢种。根据添加元素的不同，采取适当的加工工艺，可获得具有高强度、高韧性、耐磨、耐腐蚀、耐低温、耐高温、无磁性等特殊性能的合金钢。合金钢常用于制造承受复杂交变应力、冲击载荷或在摩擦条件下工作的工件，以及高温、腐蚀环境中的产品等。按合金元素的含量不同，合金钢分为低合金钢、中合金钢和高合金钢。

按合金元素的种类不同，合金钢分为铬钢、锰钢、铬锰钢、铬镍钢、铬镍钼钢、硅锰钼钒钢等。按主要用途不同，合金钢分为结构钢、工具钢和特殊性能钢，其中结构钢又包括建筑及工程用结构钢和机械制造用结构钢。

(3) 不锈钢。不锈钢的表面美观、光洁度高，强度高，耐腐蚀性、耐高温氧化，比普通钢长久耐用；可常温加工，不必表面处理，维护简单，焊接性能好。

铬(Cr)是不锈钢中的主要合金元素，富铬氧化物紧密黏附在钢的表面起到保护作用，防止进一步氧化。由于氧化层极薄，透过它可以看到钢的自然光泽，使不锈钢具有光亮顺滑的表面，如图2-7所示。

图2-7　不锈钢产品

不锈钢可以通过切削加工成型，可以进行拉伸、折弯、锻打等塑性加工成型，也可以焊接成型，制成具有强烈金属光泽且美观大方的产品，因而深受产品设计师的青睐，如图2-8所示。

图2-8　不锈钢厨具产品

从不锈钢消费的行业构成来看，汽车工业是当前发展最快的不锈钢应用领域。在建筑装饰方面，目前不锈钢主要应用于高层建筑的外墙、室内及外柱的包覆，扶手、地板、电梯壁板、门窗、幕墙等内外装饰及构件。在家电业，大量不锈钢用于自动洗衣机内筒、热水器内胆、微波炉内外壳体、冰箱内衬等。

按组织状态分类，不锈钢可分为：①铁素体不锈钢，铬含量为11%～30%，其耐蚀性、抗氧化性、韧性和可焊性随含铬量的增加而提高，抗应力性能优良，还具有较好的导热性能和极小的膨胀系数。该材料的机械性能与工艺性能较差，多用于受力不大的耐酸结构及作为抗氧化钢使用。②奥氏体不锈钢，含有18%的铬和8%左右的镍，该材料的综合性能好，并具有良好的塑性、韧性、焊接性、耐蚀性和无磁或弱磁性，主要应用于家居用品、工业管道及建筑结构中，如图2-9所示。③奥氏体-铁素体(双相)不锈钢，兼有奥氏体和铁素体不锈钢的优点，其塑性好、韧性高，导热性能良好，膨胀系数小。④马氏体不锈钢，属于可硬化不锈钢材料，该材料的最大特点是可以通过热处理改变力学性能，主要用于蒸汽轮机叶片、外科手术器械等产品的加工制作中。⑤沉淀硬化不锈钢，基体为奥氏体或马氏体组织，通过沉淀硬化处理使其硬(强)化的不锈钢。这种钢有很好的成形性和良好的焊接性，可作为超高强度的材料在核工业、航空航天工业中应用。

图2-9　不锈钢餐具

按照成分分类，不锈钢可分为：铬不锈钢、铬镍不锈钢和铬锰氮不锈钢等。

2.3.2　有色金属材料

有色金属，是铁、锰、铬以外的所有金属的统称。狭义的有色金属又称为非铁金属，包括铜、铝、镁、金、银、汞等；广义的有色金属还包括有色合金，这是一种以有色金属为基体(通常大于50%)，通过添加一种或几种其他元素而构成的合金。

1. 有色金属分类

重金属：一般密度为4.5g/cm^{3}以上，如铜、铅、锌、铁等。

轻金属：密度小(0.53～4.5g/cm^3)，化学性质活泼，如铝、镁等。

贵金属：地壳中含量少，提取困难，价格较高，密度大，化学性质稳定，如金、银、铂等。

稀有金属：地壳中含量较少、分布零散且难以提取的金属元素，如钨、钼、锗、锂、镧、铀等。

2. 常用有色合金

有色合金的强度和硬度一般比纯金属高，电阻比纯金属大、电阻温度系数小，具有良好的综合机械性能。下面介绍几种常用的有色合金。

1) 铝合金

铝合金是以铝为基本元素的合金的总称，它的密度低，但强度比较高，接近或超过优质钢，塑性好、重量轻，可加工成各种型材，具有良好的导电性、导热性和抗蚀性。一些铝合金可以采用热处理获得良好的机械性能、物理性能和抗腐蚀性能。

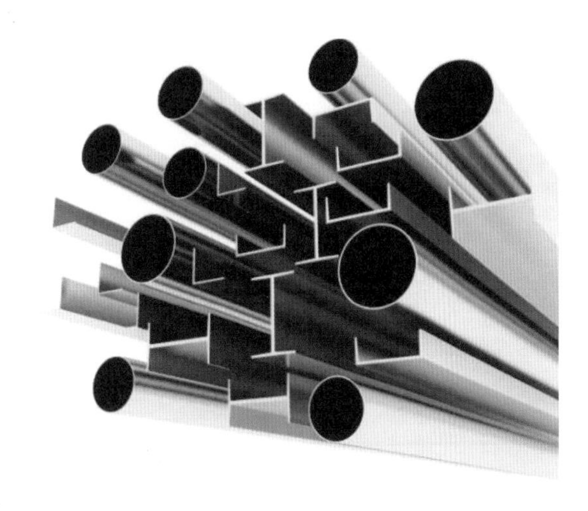
图2-10　铝合金

在工业生产中，铝合金是应用最广泛的一类有色金属材料，大量用于航空航天、汽车和机械制造、船舶制造，以及化学工业产品中，如图2-10所示。

铝合金按加工方法不同，可分为形变铝合金和铸造铝合金。形变铝合金能承受压力加工，可加工成各种形态、规格的铝合金材料，主要用于制造航空器材、建筑用门窗等。铸造铝合金是一种通过将熔融金属充填铸型，从而获得各种形状零件毛坯的铝合金材料。铸造铝合金因其轻质、高强度、耐腐蚀等特性，在工业中得到了广泛应用，如制造燃气轮叶片、发动机机匣气缸盖、变速箱、活塞等零部件。此外，铸造铝合金还广泛用于制造泵体、挂架、轮毂、进气唇口等产品，以及仪器仪表的壳体和增压器泵体等部件。

图2-11　铝合金材质的香薰产品

铝合金能够打造轻薄、坚固的产品，而且外观和饰面花样繁多，突出产品的质感，常被用于现代产品设计中。厨房用具、包装及部分家居用品等都常以铝合金为主要材料，如图2-11所示。

飞机通常以铝合金作为主要结构材料，飞机上的蒙皮、梁、肋、桁条、隔框和起落架等，都可以用铝合金材料制造，如波音767客机采用的铝合金约占机体结构重量的81%，如图2-12所示。

图2-12　采用铝合金材料的波音767客机

汽车轻量化的途径之一便是在车身上使用轻质材料，而这种轻质材料通常为铝合金。对汽车来说，约70%的油耗使用在车身质量上，所以汽车车身铝化对减轻汽车重量、提高整车燃料经济性至关重要。铝合金是最常见的轻金属，在汽车上使用较早，相对比较成熟，如1994年开发的第一代Audi A8全铝空间框架结构(ASF)，其车身的强度和安全水平远远超过了钢板车身，且使汽车自身重量减轻了约40%，如图2-13所示。铝合金材料还为全球汽车制造商提供品种繁多、性能优异的汽车部件，如广泛应用的铝制轮毂就是铝合金在汽车部件上应用的一个例子，铝制产品使现代汽车向着更轻量化、技术化的方向发展。

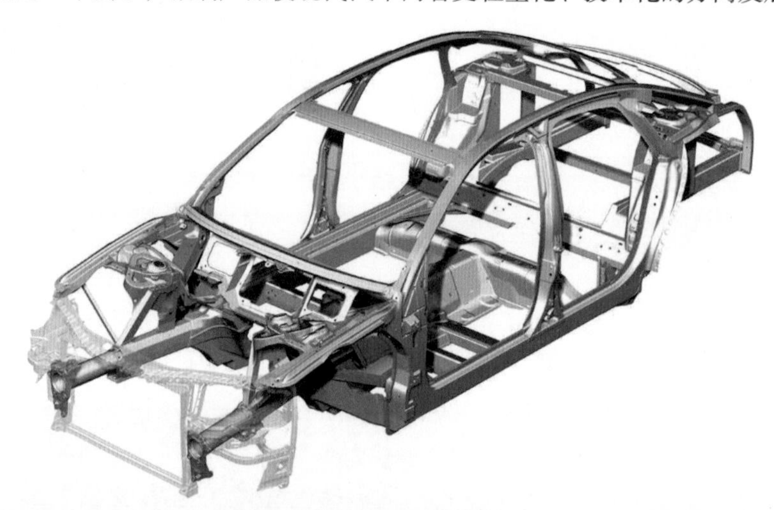
图2-13　全铝空间框架结构车身

铝合金也是家居产品设计师的最爱，因为它非常坚固，同时具有真实、自然的触感，设计出的产品更具有时代感，如图2-14～图2-16所示。

图2-14　铝合金灯泡设计

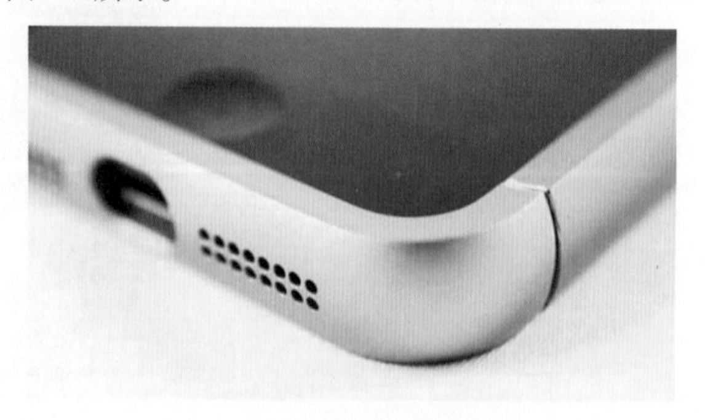
图2-15　铝合金手机外壳设计

图2-16　铝合金创意座椅设计

2) 铜合金

铜合金是以铜为主的合金，铜具有良好的抗腐蚀性和完美的导电、导热性，可与其他金属混合制成各类合金，可轻松进行表面处理，易加工，又可回收利用。

铜在熔化后具有低黏稠度的属性，所以它是理想的铸造材料，这也使得它可以被加工成复杂的形状及充满细节感的产品，如图2-17所示。此外，铜合金具有良好的导热性和导电性，能够承受高温和高压，耐磨性和耐腐蚀性强，还具有良好的机械性能和加工性能。在日常生活中，铜合金常用于制造电气导线、电器、电子元件、机械零件和轴承等。

图2-17　铜文具产品

铜合金按照合金系划分，可分为非合金铜和合金铜；按功能划分，有导电导热用铜合金、结构用铜合金、耐蚀铜合金、耐磨铜合金、易切削铜合金、弹性铜合金、阻尼铜合金和艺术铜合金；按材料形成方法划分，可分为铸造铜合金和变形铜合金。常用铜合金主要有如下几种。

白铜：是以镍为主要添加元素的铜合金。铜镍二元合金称为普通白铜；加有锰、铁、锌、铝等元素的白铜合金称为复杂白铜。工业用白铜分为结构白铜和电工白铜两大类。结构白铜的特点是机械性能和耐蚀性好，色泽美观，这种白铜广泛用于制造精密机械、眼镜配件、化工机械和船舶构件。电工白铜一般有良好的热电性能，是制造电阻器、热电偶等电工材料的理想选择。

黄铜：是由铜和锌所组成的合金，外表呈现美观的黄色，统称黄铜。根据黄铜中所含合金元素种类的不同，黄铜分为：普通黄铜，由铜、锌组成，常被用于制造阀门、水管、空调内外机连接管和散热器等；特殊黄铜，由两种以上的元素组成，又称特种黄铜，强度高、硬度大、耐化学腐蚀性强，并具有较为突出的切削加工的机械性能，还有较强的耐磨性能，常被用于电子电器、建筑装饰的制造中，如图2-18所示。

图2-18　黄铜产品

青铜：原指铜锡合金，后来黄铜、白铜以外的铜合金均称为青铜。青铜具有良好的铸造性能、减摩性能和机械性能，适用于制造轴承、蜗轮、齿轮、机械零件等，如图2-19所示。

图2-19　青铜产品

红铜：呈紫红色，又称为紫铜和纯铜，其组织细密，含氧量极低，无气孔、沙眼、疏松，导电性能极佳，又具有优良的导热性、延展性、耐蚀性和极好的可塑性，易于热压和冷压力加工，主要用于制作电线、电缆、开关装置、变压器等电工电子器材和热交换器等导热器材。如今，许多产品设计师将红铜运用到门、窗、扶手等家具及装饰上，展现出一种新颖的设计风格，如图2-20所示。

图2-20　红铜产品

3) 镁合金

镁合金是以镁为基础，加入其他元素组成的合金。其特点是密度小、强度高、散热好、消震性好，承受冲击载荷能力强，具有良好的耐腐蚀性、电磁屏蔽性和防辐射性，可做到100%回收再利用。镁合金是实用金属中质量最轻的，主要用于航空、航天、运输、化工等领域，如图2-21所示。

图2-21　镁合金产品

镁合金因其轻质的特性，被广泛用于携带式的器械设备中。例如，中高端及专业数码单反相机，都采用镁合金作为骨架，使其坚固耐用，便于携带。

由于镁合金的导热系数较高，因此常用于电器产品上。例如，在笔记本电脑的设计中运用镁铝合金，可有效地将其内部的热量散发，如图2-22所示。

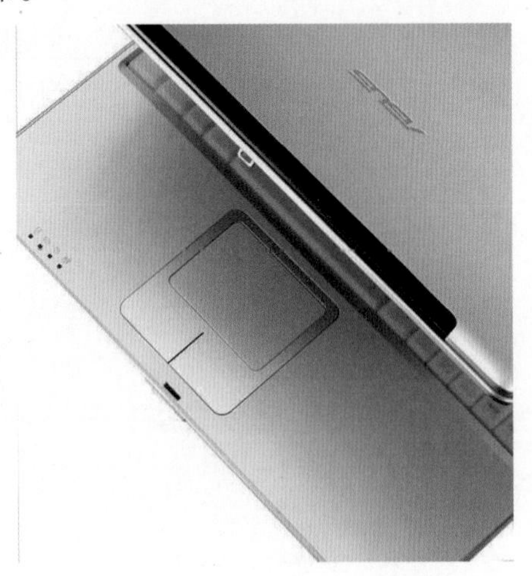

图2-22　镁合金笔记本电脑外壳

此外，银白色的镁合金可使产品外壳更加美观、豪华，而且易于上色，可以通过表面处理工艺变成个性化的粉蓝色和粉红色等颜色。

4) 锡合金

锡合金是以锡为基础加入其他合金元素组成的有色合金。加入的主要合金元素有铅、锑、铜等。锡合金熔点低，强度和硬度也较低，它有较高的导热性和较低的热膨胀系数，耐大气腐蚀，有优良的减摩性能，易于与钢、铜、铝及其他合金材料焊合，是非常好的焊料，也可作为轴承材料。

按用途不同，锡合金可分为：①锡基轴承合金，摩擦系数小，有良好的韧性、导热性和耐蚀性，主要用于制造滑动轴承；②锡焊料，以锡铅合金为主，有的锡焊料还含少量的锑，是一种熔点较低的焊料，主要用于焊接电子元器件的线路；③锡合金涂层，利用锡合金的抗蚀性能，将其涂敷于各种电气元件表面，既具有保护性，又具有装饰性；④锡合金，可用来生产制作各种精美合金饰品、合金工艺品，如戒指、项链、手镯、耳环、胸针等。

我国早在商周时期就已广泛使用锡合金来铸造各种生产生活用品，如图2-23所示，这个锡合金三足双耳炉，口径为8cm，高7cm，平口，两侧置冲天耳，炉腹圆鼓，下承三足，整体造型大方，纹饰雅致，线条流畅，古韵蕴藉，展示了古代高超的工艺技术，也体现了中国传统文化的独特魅力。

2006年，设计师Max Lamb采用砂铸加工工艺制作了锡铸凳，这件设计作品由锡合金铸造，如图2-24所示。

图2-23　锡合金三足双耳炉

图2-24　锡铸凳

5) 钛合金

钛是20世纪50年代发展起来的一种重要的结构金属，钛合金因其质地轻盈、强度高、耐蚀性好、耐热性高等特点而被广泛应用于各个领域，如图2-25所示。

图2-25　钛合金材料

钛合金的比强度(强度/密度)远大于其他金属结构材料；使用温度比铝合金高几百度，在中等温度下仍能保持所要求的强度，钛合金的工作温度可达500℃；钛合金在潮湿的大气和海水介质中工作，其抗蚀性远优于不锈钢；钛合金在低温和超低温下，仍能保持其力学性能，是一种重要的低温结构材料；钛的化学亲和性大，能够与大气中的氧、氮、一氧化碳、二氧化碳、水蒸气、氨气等产生强烈的化学反应，易与摩擦表面产生黏附现象。

钛合金主要用于飞机发动机、压气机等部件的制造，也可作为制造火箭、导弹和高速飞机结构件的主要材料。例如，美国洛克希德公司研制生产的SR-71侦察机的机身大部分由钛合金构成，为了降低成本，飞机使用了在较低温度软化而较易加工的钛合金，在制造完成的飞机上喷涂暗蓝色(趋近黑色)，以减少热辐射等对机身的影响，同时可以起到对飞机的伪装效果，如图2-26所示。

图2-26　SR-71侦察机的钛合金机身

在日常生活中，钛合金主要作为高尔夫球杆、网球拍、便携式电脑、照相机、行李箱、外科手术植入物、飞行器骨架、化学用具及海事装备等的材料。如图2-27所示，这款鼠标由钛合金、高性能树脂制成，并配有钕磁铁滚轮。

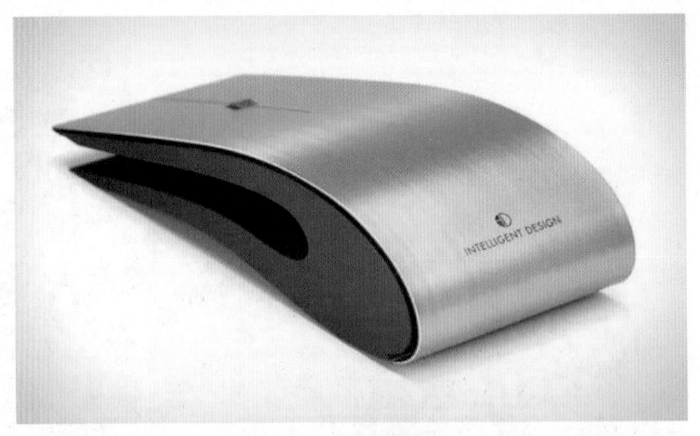

图2-27　钛合金鼠标

2.3.3　特种金属材料

特种金属，作为一类拥有独特物理与化学性质的金属材料，在国防安全、民生改善及高科技发展的广阔舞台上，扮演着不可或缺且至关重要的角色。这些材料大致可划分为结构类与功能类两大范畴。在结构金属领域内，非晶态材料通过先进的快速冷却技术得以诞生，它们与准晶体、微晶及纳米晶金属材料等共同构成了增强材料强度、提升耐腐蚀性能的坚实基石。这些新型结构材料以其卓越的性能，在材料科学领域树立了新的标杆。

另一方面，功能类特种金属合金则以其多样化的特性而著称，包括但不限于隐身性能、抗氢能力、超导特性、形状记忆效应、卓越的耐磨损性，以及高效的减振阻尼功能。这些独特的功能特性，使得这些合金在航天探索、军事装备研发，以及临床医疗应用等多个高端领域展现出了巨大的潜力和广阔的应用前景。它们不仅推动了相关技术的革新与进步，更为人类社会的可持续发展贡献了不可或缺的力量。

图2-28为世界级音响品牌BEATS设计的Flex-Form耳机线，这款耳机线由镍钛合金柔性记忆金属制作而成，可以非常轻松地弯曲收纳或佩戴，无须担心久用而造成变形，记忆金属的物理特殊性可以让耳机线在自然状态下恢复正常的弯曲形状。可见，特种金属材料的研发与应用正在推动着科技的进步和产业的升级，给人们的日常生活带来更美好的体验。

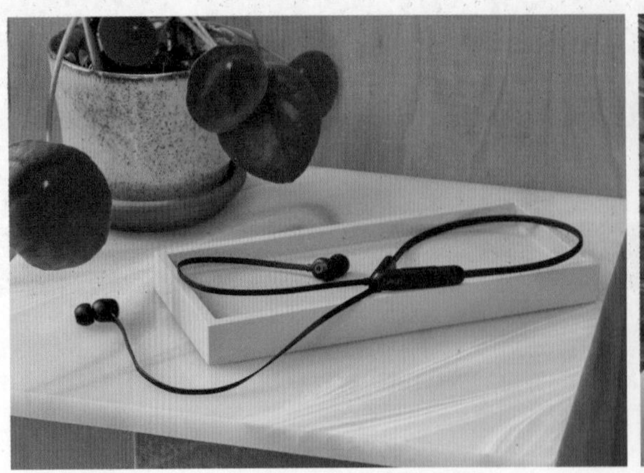

图2-28　由镍钛合金柔性记忆金属制成的耳机线

2.4 金属加工工艺

金属材料的工艺特性为成型加工，大多数金属材料都具有良好的成型工艺，即将金属材料熔化，然后将其浇铸到模型中，冷却后得到所需要的产品。具有塑性特性的金属材料既可以进行塑性加工(锻压、冲压等)，也可以通过切削加工获得合适的形状和尺寸。

2.4.1 铸造加工

铸造是人类掌握比较早的一种金属热加工工艺，已有约6000年的历史。中国商朝时期制作的后母戊方鼎、战国时期的曾侯乙尊盘、西汉的透光镜，都是古代铸造的代表作品。早期的铸件大多是农业生产、宗教、生活等方面的工具或用具，艺术色彩浓厚。

铸造是将液体金属浇铸到铸造空腔中，待其冷却凝固后，获得具有一定形状、尺寸和性能的金属零件毛坯的加工方式。常用的铸造材料有铸铁、铸钢、铸铝、铸铜等，通常根据使用目的、使用寿命和成本等方面来选用铸造材料。

铸造是生产金属零件毛坯的主要工艺方法之一，该成型方式的生产成本低、工艺灵活性大、适应性强，适合生产不同材料、形状和重量的铸件，并适合于批量生产。但它的缺点是公差较大，容易产生内部缺陷。

铸件按铸型所用的浇注方式不同，分为砂型铸造、熔模铸造、金属型铸造、压力铸造，以及离心铸造等。其中，应用最为普遍的是砂型铸造。

1. 砂型铸造

砂型铸造是用砂粒模型进行铸造的方法，又称为砂铸、翻砂。其制造步骤主要包括制图、模具、制芯、造型、熔化及浇注、清洁等。

制造砂型的原材料通常为铸造砂和型砂黏结剂。为了使制成的砂型和型芯具有一定的强度，在搬运、合型及浇注液态金属时不致变形或损坏，一般要在铸造中加入型砂黏结剂，将松散的砂粒黏结起来。在砂型铸造中应用最广的型砂黏结剂是黏土，也可采用各种干性油或半干性油、水溶性硅酸盐或磷酸盐及各种合成树脂作为型砂黏结剂。

为了获得完整的铸件，减少制造铸型的工作量，降低铸件成本，必须合理地制订铸造工艺方案，并绘制铸造工艺图。

砂型铸造的优点：制造铸型的周期短、工效高；黏土资源丰富、价格便宜；使用过的黏土湿砂经适当处理，可回收再利用；混合好的型砂可使用的时间长；适应性广，小件或大件、简单件或复杂件、单件或大批量都可采用。

砂型铸造的缺点：每个砂型只能浇注一次，每次铸件必须重新造型，所以砂型铸造的生产效率较低；铸型的刚度不高，铸件的尺寸精度较差；铸件易产生冲砂、夹砂、气孔等缺陷。

砂型铸造加工工艺已沿用了几个世纪，经常用来制造大型部件。砂型铸造成本低、周期短、工效高等特性，决定了它的应用范围非常广，如汽车的发动机气缸体、气缸盖、曲轴等产品，都是砂铸成型后经过进一步加工而成的。

2. 熔模铸造

熔模铸造通常用蜡料做模样，因此又称为失蜡铸造，它是常用的铸造方法，也是一种精密铸造方法，常用来铸造镂空的器物。

熔模铸造是用蜡制作出要铸成零件的蜡模，在蜡模上涂以泥浆而成为泥模，泥模晾干后，经过焙烧，蜡模熔化流失，形成陶模。一般在制作泥模时会留下浇注口，再从浇注口灌入金属溶液，冷却后就制成了所需的零件。

我国古代的青铜器制造过程中就广泛采用熔模铸造工艺。曾侯乙尊盘，是春秋战国时期最复杂、最精美的青铜器件，它采用了失蜡铸造方法，制作出纹饰细密复杂，且附饰无锻打和铸接痕迹的精美青铜器件，如图2-29所示。中国传统的熔模铸造技术对世界的冶金发展有很大的影响，现代工业的熔模精密铸造技术就是从传统的失蜡法发展而来的。

图2-29　曾侯乙尊盘

熔模铸造的优点：尺寸精度较高；可以提高金属材料的利用率；能最大限度地提高毛坯与零件之间的相似程度，为零件的结构设计带来便利；生产灵活性高、适应性强，既适用于大批量生产，也适用于小批量生产甚至单件生产。

熔模铸造的缺点：工艺繁杂；费用较高。

熔模铸造适用于生产形状复杂、精度要求高或很难进行其他加工的小型零件。航空工业的发展推动了熔模精密铸造的应用，而熔模铸造的不断改进和完善，也为航空工业进一步提高性能创造了有利条件。熔模铸造不仅在航空、汽车、船舶，以及刀具等产品制造中被广泛采用，也广泛应用于工艺品的制造中。

3. 金属型铸造

金属型铸造是将液体金属浇入金属铸型，以获得铸件的一种铸造方法，适用于铸造中小型有色金属(如铝、铜、镁及其合金等)铸件和铸铁铸件。这种用金属材料制作铸型进行铸造的方法，又称为永久型铸造或硬型铸造。铸型常用铸铁、铸钢等材料制成，可反复使用(几百次到几千次)，直至损耗。

金属型铸造的优点：复用性好，可“一型多铸”，节省了造型材料和造型工时；对铸件的冷却能力强，使铸件的组织致密、机械性能高；铸件的尺寸精度高，表面光洁度高；与砂型铸造相比，金属型铸造不用砂或用砂较少，改善了环境、减少粉尘和有害气体、降低劳动强度。

金属型铸造的缺点：金属型的制造成本高；金属型不透气，而且无退让性，易造成铸件浇不足、开裂或铸铁件白口等缺陷；金属型铸造时，铸型的工作温度、合金的浇注温度和浇注速度，铸件在铸型中停留的时间，以及所用的涂料等，对铸件质量的影响甚为敏感，需要严格控制；金属型铸造目前所能生产的铸件，在重量和形状方面还存在一定的限制，如对黑色金属只能是形状简单的铸件，铸件的重量不可太大，壁厚也有限制，较小的铸件壁厚无法铸出等。

金属型铸造广泛应用于大批生产的有色金属中的小型铸件，如各种铝合金的活塞、汽缸体、油泵壳体等，铜合金的各种轴套、铜瓦等。

4. 压力铸造

压力铸造简称压铸，是利用高压将金属液高速压入精密金属模具型腔内，金属液在压力作用下冷却凝固形成铸件，属于精密铸造方法。压力铸造适合生产小型、壁薄的复杂铸件，并能使铸件表面获得清晰的花纹、图案及文字等，主要用于锌、铝、镁、铜及其合金等铸件的生产。根据压力的大小，压力铸件可分为低压铸件和高压铸件。

压力铸造的优点：压力铸造的产品质量好，铸件尺寸精确、表面光洁、组织致密，强度通常比砂型铸造提高25%～30%，可压铸薄壁复杂的铸件；生产效率高；由于压铸件具有尺寸精确、表面光洁等优点，一般不再进行机械加工而直接使用，或加工量很小，所以既提高了金属利用率，又减少了大量的加工设备和工时，铸件价格便宜。

压力铸造的缺点：铸件易产生气孔，不能进行热处理；对内凹复杂的铸件，压铸较为困难；高熔点合金(如铜、黑色金属)，压铸型寿命较低；小批量生产不经济。

压铸件最早应用于汽车工业和仪表工业，后来逐渐扩大到产品设计各个行业。近几年来，铝压铸件在电视机底座的设计中使用得相当广泛，相对于铝型材，铝压铸工艺更能满足灵活丰富的形态设计要求。例如，在康佳电视8900系列底座设计中，压铸件的主要成本由材料用量及表面处理工艺构成，将底座分解成左右支撑的两个小底座，可大大降低原材料的用量。该解决方案在性能、成本、美观上取得很好的平衡，如图2-30所示。

图2-30　康佳电视8900系列底座设计

5. 离心铸造

将液态金属沿垂直轴或水平轴浇入旋转的铸件中，在离心力作用下金属液附着于铸型内壁，经冷却凝固成铸件的铸造方法。

离心铸造的优点：用离心铸造生产空心旋转体铸件时，可省去型芯、浇注系统和冒口，提高工艺出品率；由于旋转时液体金属在所产生的离心力作用下，密度大的金属被推往外壁，而密度小的气体、熔渣向自由表面移动，形成自外向内的定向凝固，因此补缩条件好，铸件组织致密，力学性能好；便于浇注“双金属”轴套和轴瓦，如在钢套内镶铸一个薄层铜衬套，可节省价格较贵的铜料；充型能力好，常用于制造各种金属的管型或空心圆筒形铸件，也可制造其他形状的铸件；消除和减少浇注系统和冒口方面的消耗。

离心铸造的缺点：铸件内自由表面粗糙，尺寸误差大，铸件内孔直径不准确，品质差，加工余量大；铸件易产生比重偏析，不适用于密度偏析大的合金(如铅青铜)及铝、镁等合金；用于生产异形铸件时有一定的局限性。

现在，国内外在冶金、矿山、交通、排灌机械、航空、国防、汽车制造等行业中均采用离心铸造工艺，生产钢、铁及非铁碳合金铸件产品。其中，以离心铸铁管、内燃机缸套和轴套等铸件的生产最为普遍。

2.4.2 切削加工

切削加工是指用切削工具(包括刀具、磨具和磨料)把坯料或工件上多余的材料层切去，使工件获得规范的几何形状、尺寸和表面质量的加工方法。在进行切削加工时，工件的已加工表面是依靠切削工具和工件做相对运动来获得的。

1. 切削加工的方法

切削加工可以手工加工(钳工)，即工人用手持工具对工件进行切削加工，但更多的是利用切削加工机床进行机械加工。切削按使用工具的类型可分为两大类：一类是利用刃形和刃数都固定的切削工具进行加工，如车削、铣削、钻削、刨削、镗削等；另一类是利用刃形和刃数都不固定的磨具或磨料进行加工，如磨削、珩磨、研磨和抛光等。

2. 切削加工的特点

(1) 切削加工可获得相当高的尺寸精度和较小的表面粗糙度值。

(2) 切削加工适应性较强，几乎不受零件的材料、尺寸和质量的限制。

(3) 零件的组织和机械性能不变。

(4) 加工灵活方便，零件的装夹、成型方便，可加工各种不同形状的零件。

(5) 生产准备周期短，不需要制造模具等。

3. 切削加工的类型

切削加工主要分为车削加工、铣削加工、钻削加工几种类型。

1) 车削加工

车削是指用工件的旋转运动和刀具的直线运动(或曲线运动)在车床上加工零件(工件)，改变毛坯的形状和尺寸，将毛坯加工成符合图样要求的工件。车削是切削加工中应用最为广泛的加工方法之一。

车削加工适用于加工各种内、外回转表面；车刀结构简单，制造容易，车刀刀磨及装拆较为方便，便于根据加工要求对刀具材料、几何角度进行合理选择。车削对于工件的结构、材料、生产批量等有较强的适应性，应用广泛，可加工不同的材料。切削力变化小，切削过程平稳，有利于高速切削和强力切削，生产效率高。

2) 铣削加工

铣削是以铣刀作为刀具，在铣床中加工物体表面的一种机械加工方法，使用旋转的多刃刀具切削工件，是高效率的加工方法。工作时刀具旋转(做主运动)，工件可移动(做进给运动)，也可以固定，切出需要的形状和特征。

铣削加工通常采用多刃刀具，刀刃轮替切削，刀具的冷却效果好、耐用度高，有利于减少刀齿的磨损，提高刀具的寿命。铣削加工具有较高的铁削精度，生产效率高、加工范围广。

在铣削加工中，由于刀齿是不连续切削的，并且切削厚度和切削力时刻都在变化，所以容易产生振动，影响加工质量。

3) 钻削加工

钻削是孔加工的一种基本方法，钻孔经常在钻床和车床上进行，也可以在镗床或铣床上进行，高速旋转钻孔，切除材料的过程中需要向钻刀上喷射冷却液冷却钻刀，润滑切割面，同时冲走钻削过程中产生的钻削碎屑。钻孔一般用于孔的直径不大、精度要求不高的情况。

在钻削加工中，钻头是在半封闭的状态下进行切削的，切削量大，排屑困难；摩擦严重，产生热量多，散热困难；转速高、切削温度高，致使钻头磨损严重；挤压严重，所需切削力大，容易产生孔壁的硬化；钻头细而长，加工时容易产生弯曲、断裂和振动；钻孔精度低。

2.4.3　压力加工

金属压力加工，又称为金属塑性加工，是指金属在外力作用下所产生的塑性变形，来获得具有一定形状、尺寸和力学性能的原材料、毛坯或零件的生产方法。压力加工可改善金属材料的组织和机械性能，产品可直接获取或经过少量切削加工即可获取，金属损耗小，适用于大批量生产。压力加工需要使用专用设备和专用工具，不适用于加工脆性材料或形状复杂的产品。

1. 压力加工的方法

按照加工方式的不同，压力加工可分为锻造、轧制、挤压、冲压和拉拔几种类型。

1) 锻造

锻造工艺运用了金属的延展性，通过外力反复锻打金属使其成型。工业革命之前，锻造是普遍的金属加工工艺，如马蹄铁、冷兵器、盔甲等都是由铁匠手工锻造(俗称打铁)，通过反复将金属加热锤击淬火，直到得到想要的形状。现代的典型锻造产品有手持工具、交通工具、航空航天、重载机器等。

锻造主要包括两种方式，用于制造各种零件或型材毛坯：自由锻造(简称自由锻)，用于制造各种形状比较简单的零件毛坯；模型锻造(简称模锻)，用于制造各种形状比较复杂的零件，是最简单、最古老的金属造型工艺之一。

设计锻造件时，应力求零件的形状简单、平直，避免薄壁、高筋凸起等外形结构；锻件尺寸精度和形状精度都比较低，形状设计不宜太复杂；为了保证锻件能够从模具中分离出来，锻件必须有一个合理的分型面。

2) 轧制

轧制是使金属坯料通过一对回转轧辊之间的空隙而受到压延的过程，包括冷轧(金属坯料不加热)和热轧(金属坯料加热)，用于制造如板材、棒材、型材、管材等。

3) 挤压

把放置在模具容腔内的金属坯料从模孔中挤出来成形为零件的过程，包括冷挤压和热挤压，多用于壁厚较薄的零件及制造无缝管材等。

4) 冲压

冲压是使金属板坯在冲模内受到冲击力或压力而成形的过程，也分为冷冲压与热冲压。冲压的零件广泛应用于汽车零件和家用电器的制造，如图2-31～图2-33所示。冲压利用不同的模具，可以实现拉伸、弯曲、冲剪等工艺。

图2-31　冲压制作的金属纹样

图2-32　冲压制作的手机外壳

图2-33　冲压制作的产品零件

冲压的优点为生产效率高，产品尺寸精度较高，表面质量好，易于实现自动化、机械化，加工成本低，材料消耗少，适用于大批量生产。冲压的缺点为只适用于塑性材料加工，不能加工脆性材料，如铸铁、青铜等，不适用于加工形状较复杂的零件。

5) 拉拔

拉拔是将金属坯料拉过模孔以缩小其横截面的过程，分为冷拉拔和热拉拔。拉拔工艺主要用于制造如丝材、小直径薄壁管材等。

2. 压力加工的特点

金属铸件的显微组织一般都很粗大，经过压力加工后，能细化显微组织，提高材料组织的致密性，从而提高了金属的机械性能，使铸件能够承受更复杂、更苛刻的工作强度。因此，许多重要的承力零件都采用压力加工的方式来强化。

由于压力加工能直接使金属坯料成为所需形状和尺寸的零件，大大减少了后续的加工量，提高了生产效率。同时，强度、塑性等机械性能的提高，可以相对减少零件的截面尺寸和重量，从而节省了金属材料，提高了材料的利用率。

2.4.4 表面加工

大部分材料都可以通过表面处理的方式，来改变产品表面的色彩、光泽、肌理等，直接提高产品的审美功能、保护功能，从而增加产品的附加值。

1. 阳极氧化

阳极氧化是指金属或合金的电化学氧化。阳极氧化具有防护性、装饰性、绝缘性、耐磨性等作用，可提高与有机涂层、无机覆盖层的结合力。例如，铝的阳极氧化，是利用电化学原理，在铝和铝合金的表面生成一层氧化铝膜，这层氧化膜具有防护性、装饰性、绝缘性、耐磨性等特点，如图2-34所示。

阳极氧化的优点：提升产品表面强度；使产品具有白色以外的其他颜色；实现无镍封孔，满足环保无镍要求。

图2-34 阳极氧化处理的电子产品

阳极氧化的缺点：氧化膜质量不稳定，容易出现颜色不均、厚度不一、表面粗糙等问题；氧化膜易混入杂质，这些杂质可能降低产品的耐腐蚀性和机械性能；过程复杂且成本高，阳极氧化过程涉及多道工序和复杂的工艺参数控制，对操作人员的技术水平和设备精度要求较高；耐候性有限，在极端气候条件下(如高温、高湿、强紫外线等)，氧化膜可能受到破坏或老化，导致性能下降。

2. 电泳

电泳是指带电颗粒在电场作用下，向着与其电性相反的电极移动。金属电泳是抛开传统的水电镀、真空镀而出现的一种新型的绝对环保的喷涂技术，它具有硬度高、附着力强、耐腐、冲击性能和渗透性能强、无污染等特性，主要用于不锈钢、铝合金等金属材料的表面处理，可使金属材料呈现各种颜色，并保持金属光泽，同时增强表面性能，具有较好的防腐性，如图2-35所示。

图2-35 金属电泳产品

电泳的优点：颜色丰富；无金属质感，可配合喷砂、抛光、拉丝等；液体环境中加工，可实现复杂结构的表面处理；工艺成熟、可量产。

电泳的缺点：掩盖缺陷能力一般，对压铸件做电泳，前期的处理要求较高。

3. 微弧氧化

微弧氧化又称为微等离子体氧化，是通过电解液与相应电参数的组合，在铝、镁、钛及其合金表面依靠弧光放电产生的瞬时高温高压作用，生长出以基体金属氧化物为主的陶瓷膜层，如图2-36所示。

微弧氧化的优点：陶瓷质感，外观暗哑，没有高光，手感细腻，防指纹；基材广泛，包含

图2-36 金属微弧氧化产品

Al、Ti、Zn、Zr、Mg、Nb及其合金等；产品耐腐蚀性、耐磨损性、耐候性、散热性好，有良好的绝缘性能；大幅度地提高了材料的表面硬度。

微弧氧化的缺点：目前颜色受限制，只有黑色、灰色等的制作技术较成熟，鲜艳颜色目前难以实现；成本主要受高耗电影响，微弧氧化是表面处理中成本最高的。

4. PVD真空镀

PVD(物理气相沉积)真空镀是指利用物理过程实现物质转移，将原子或分子移到基材表面的过程。它的作用是使某些有特殊性能(强度高、耐磨性、散热性、耐腐性等)的微粒喷涂在性能较低的母体上，使得母体具有更好的性能。

PVD可以在金属表面镀覆高硬度、高耐磨性的金属陶瓷装饰镀层，如图2-37所示。

图2-37 PVD真空镀金产品

最近30年，PVD技术迅速发展，极具广阔的应用前景，并向环保型、清洁型趋势发展。PVD一方面保护金属不被腐蚀，另一方面可以呈现丰富的色彩变化，在钟表行业，尤其是高档手表金属外观件的表面处理方面的应用越来越广泛。

5. 电镀

电镀是利用电解原理在某些金属表面镀上一薄层其他金属或合金的过程，是通过电解作用使金属或其他材料产品的表面附着一层金属膜的工艺，从而起到防止金属氧化(如锈蚀)，提高耐磨性、导电性、反光性及保持金属光泽等作用的一种技术，如图2-38所示。

图2-38 卫浴产品的电镀效果

电镀的优点：镀层光泽度高，使金属外观更显高品质；基材为钢、铝、锌、锰等，成本相对较低。

电镀的缺点：环境污染风险较大。

6. 粉末喷涂

粉末喷涂是用喷粉设备(静电喷塑机)把粉末涂料喷涂到工件的表面，在静电作用下，粉末会均匀地吸附于工件表面，形成粉状的涂层。粉状涂层经过高温烘烤流平固化，变成效果各异的最终涂层。

粉末喷涂的优点：颜色丰富，高光、亚光可选；成本较低，适用于家具产品和散热片的外壳等；利用率高，环保；遮蔽缺陷能力强；可仿制木纹效果。

粉末喷涂的缺点：大多数粉末涂抹不适用于耐热性较差的塑料、木材、纸张等热敏基材，目前也较少用于电子产品。

7. 金属拉丝

金属拉丝是通过研磨在产品表面形成线纹，以起到装饰效果的一种表面处理手段。在拉丝过程中，可以使金属表面生成一种含有该金属成分的皮膜层，清晰显现每一根细微丝痕，从而使金属表面呈现出亚光中带有细密的发丝般的光泽。根据拉丝后纹路的不同，可分为直纹拉丝、乱纹拉丝、波纹拉丝和旋纹拉丝。

拉丝处理可使金属表面获得非镜面般的金属光泽，同时可以消除金属表面细微的瑕疵，如图2-39所示。

图2-39　金属拉丝产品

8. 喷砂

喷砂工艺利用压缩空气产生高速喷射束，将喷料精准地冲击至工件表面，从而改变工件的外观或形态，实现清洁度和粗糙度的调整，如图2-40所示。

喷砂技术可实现金属表面不同的反光或亚光效果，能清理工件表面的微小毛刺，并使表面更加平整，提高了工件的档次。喷砂还具有处理遗留在金属表面残污的作用，提高工件的光洁度，使工件露出均匀一致的金属本色，外表也更加美观。

图2-40　金属喷砂产品

9. 抛光

抛光是一种表面修饰加工技术，它采用柔性抛光工具，并借助磨料颗粒或其他抛光介质，对工件表面进行精细处理，以达到光滑、亮丽的外观效果。依据抛光过程的不同，可分为粗抛(基础抛光过程)、中抛(精加工过程)和精抛(上光过程)。选用合适的抛光轮可以达到最佳抛光效果，同时提高抛光效率。

图2-41　金属抛光产品

抛光技术可提高工件的尺寸精度或几何形状精度，得到光滑表面或镜面光泽，也可以消除光泽，如图2-41所示。

10. 蚀刻

蚀刻，也称为光化学蚀刻，是一种工艺过程。它首先通过曝光制版与显影步骤，精准去除待蚀刻区域的保护膜。随后，在蚀刻过程中，这些裸露区域与化学溶液接触，发生溶解腐蚀作用，从而在工件表面形成凹凸有致或镂空的图案与形状，如图2-42所示。

图2-42　金属蚀刻产品

2.5　金属材料在设计中的应用

在设计界，金属以其华丽的外观、硬朗的线条和迷人的光泽质感赢得了设计师们的广泛青睐。这种材质具有极高的反光度，能够巧妙捕捉并反射周围五彩斑斓的世界，从而在工艺首饰、装潢材料、手机家电及数码产品等众多领域大放异彩。产品设计师们也在不断挖掘金属材质的潜能，将其与现代科学技术的发展紧密相连，旨在通过金属材质的运用创造经济价值与社会财富，更致力于为人类打造一个更加安逸舒适、高品质的生活环境。

2.5.1　色彩

金属表面的色彩是在特定溶液中采用化学、电化学或置换等方法，在金属表面形成的一层特定颜色的有色膜或干扰膜。在这一过程中，不仅实现了金属外观颜色的多样化，还能模拟出贵金属的质感，营造古朴的视觉效果，赋予金属全新的视觉魅力和应用价值。

金属本身便蕴含着黑、铜黄、银等自然色泽，这些原始而质朴的颜色常被设计师巧妙地融入安逸、舒适与休闲的场景之中，如图2-43和图2-44所示。它们不仅营造出一种放松的氛围，还让人感受到回归自然的宁静与惬意，仿佛心灵得到了温柔的抚慰与释放。这样的设计选择，既展现了金属材质的独特美感，又巧妙地契合了人们对于舒适生活环境的向往。

图2-43　金属原始颜色的胡椒瓶

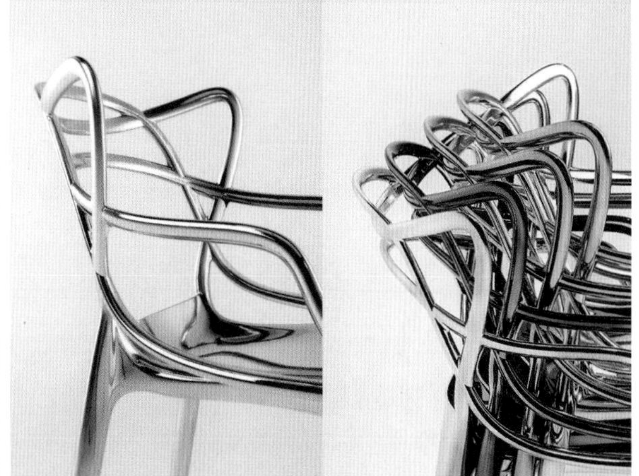

图2-44　金属原始颜色的椅子

2.5.2　光泽

金属表面通过精湛而多样化的处理工艺，能够绽放出金属独有的非凡光泽，赋予产品以独特的魅力与质感。当采用高度抛光的工艺时，金属表面能够呈现出如镜子般光滑无瑕的镜面效果，光线在其上自由反射，形成璀璨夺目的视觉效果，让产品瞬间成为焦点。这种光泽不仅展现了金属的纯净与高雅，还赋予了产品一种现代、时尚的气息，如图2-45和图2-46所示。

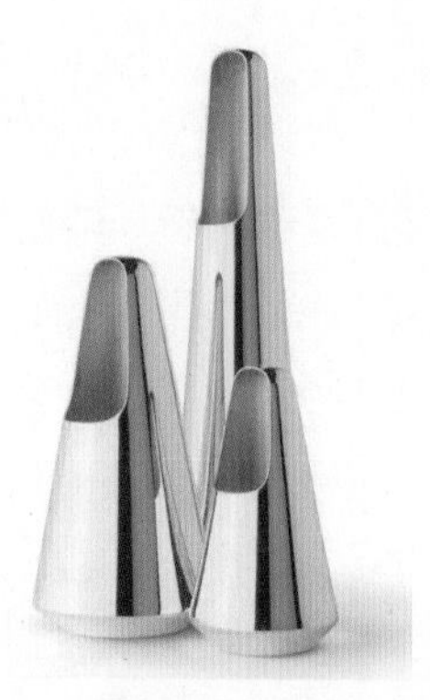

图2-45　镜面效果的金属调味器

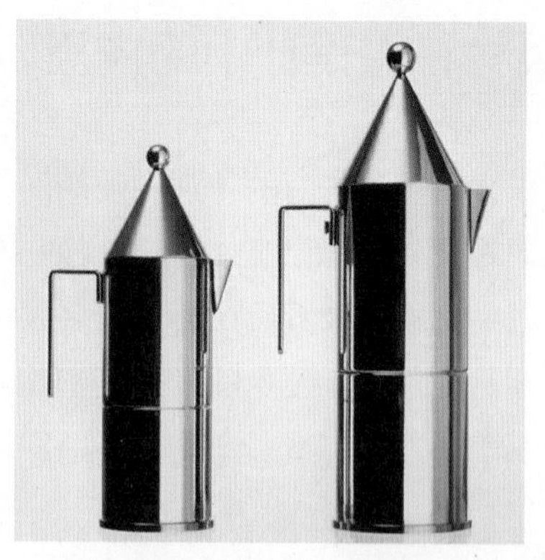

图2-46　镜面效果的金属咖啡壶

通过特定的机械或化学手段，可以在金属表面创造出细腻而均匀的纹理，这些纹理在光线的照射下，会产生柔和而富有层次的光影变化，使得产品表面既保持了金属的坚固质感，又增添了一份温润与细腻。这种拉丝效果不仅提升了产品的触感体验，还赋予产品一种低调而奢华的美感，如图2-47所示。

亚光效果是通过减少金属表面的反光率，使其呈现出一种柔和而不刺眼的光泽。这种光泽给人一种沉稳、内敛的感觉，仿佛金属本身也拥有了情感与性格。亚光处理不仅使得产品更加易于融入各种环境之中，还让人在不经意间感受到一种来自金属的静谧与力量，如图2-48所示。

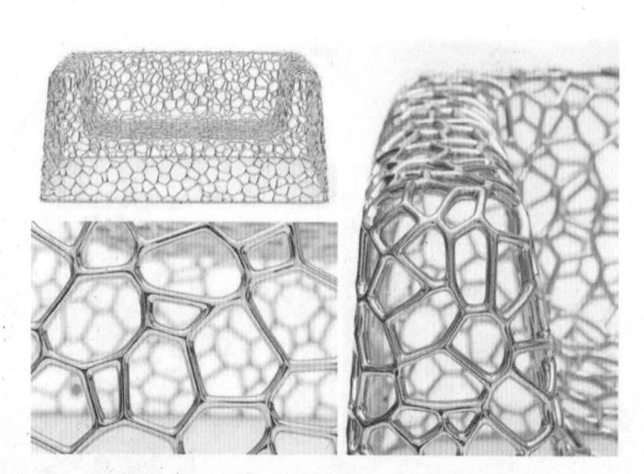

图2-47　拉丝效果的不锈钢沙发

图2-48　亚光效果的金属核桃夹子

通过不同的处理工艺，金属能够展现出丰富多彩的光泽效果，从而赋予产品以独特的视觉魅力和情感价值。这些光泽效果不仅提升了产品的美观度和品质感，还满足了人们对于美好生活的追求与向往。

2.5.3　肌理

在产品设计中，为了满足多样化的审美与功能需求，设计师常常巧妙地运用各种工艺在金属表面创造出直纹、乱纹、螺纹、波纹，以及旋纹等丰富多样的条纹效果，这些纹理不仅赋予了产品独特的金属质感，还进一步增强了其视觉层次感和触觉体验。

由于采用了多样化的工艺处理手法，并选用了不同的金属材料，作为材料外在表现的感性形式——肌理，因此展现出了丰富多样、各具特色的效果。这些肌理效果不仅丰富了产品的视觉与触觉体验，还深刻体现了材料与设计之间的紧密联系。例如，利用金属在高温下的熔化、冷却、收缩等原理，控制熔化时间和区域，可以使之发生弯曲变化，如图 2-49所示；敲击金属表面的力度、角度不同，可以形成独特的纹路，如图 2-50所示；金属蚀刻是利用强酸溶液对金属表面进行侵蚀，使其形成凹陷与镂空效果，如图 2-51和2-52 所示。

图2-49　前卫造型金属家具

图2-50　捶打金属碗

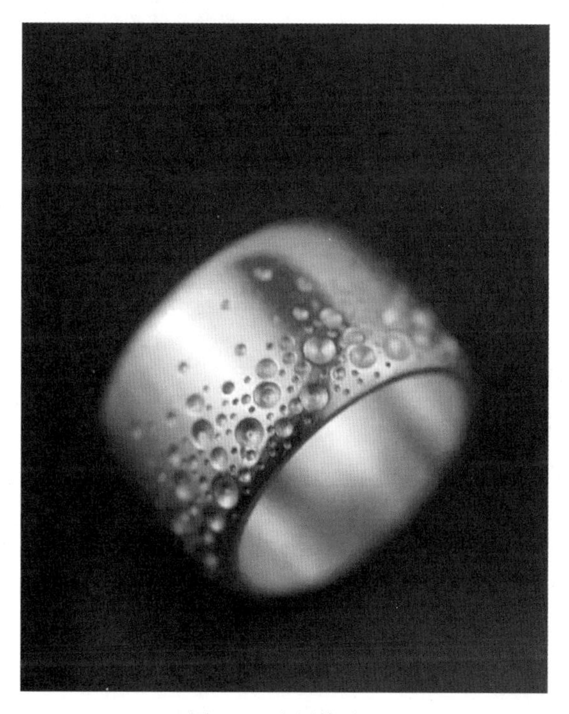

图2-51　金属饰品

图2-52　金属灯具

2.5.4 质地

金属产品的加工质地，是经由一系列精密的加工操作，如切削、锻造、焊接及铸造等工艺，深刻改变其原始形态、尺寸及性能后所展现出的独特风貌。这些加工过程不仅塑造了金属产品的外观轮廓，更在微观层面上调整了其内部结构与组织，赋予产品全新的物理、化学及机械特性。

金属材料的天然属性不仅赋予产品卓越的高强度与稳定性，其独特的质地更是深刻影响着产品的外在风貌与触感体验。金属那耀眼的光泽与细腻的纹理，无疑为产品增添了非凡的质感和视觉美感，使得每一件金属制品都散发着独特的魅力与高端气息，如图2-53和图2-54所示。

图2-53　金属质地的搅拌器

图2-54　金属质地的餐具

不同的金属材料因其独特的物理和化学性质，如密度、硬度、延展性和导热性的差异，而展现出多样化的特性。为了优化或维护金属表面的质地，加工后的零件常需经历一系列表面处理工艺，如抛光以提升光泽度、镀层以增强耐腐蚀性、涂装以改善外观与防护性能。这些处理不仅增强了金属与周围材料或环境之间的相互作用，还通过切割、折弯、黏合等创新手法，将金属与其他材料巧妙结合，创造出既具创意性又富有艺术美感的产品，如图2-55～图2-57所示。

图2-55　用金属镜面组成的立体动物雕塑

图2-56　金属与水泥材质结合设计的工艺品

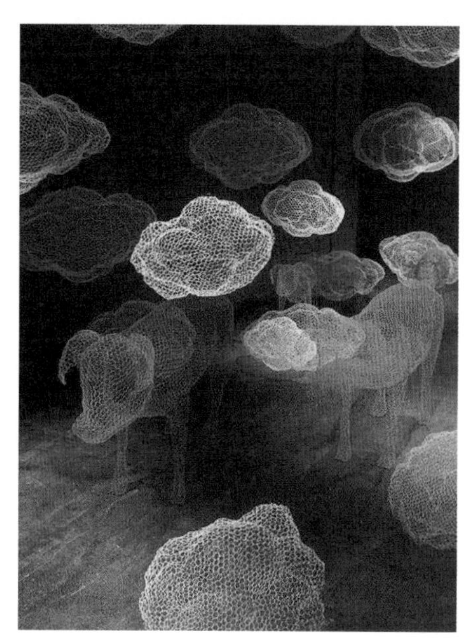

图2-57　铁丝网雕塑

2.6　金属产品案例赏析

如图2-58所示，设计师斯蒂芬•纽拜以其非凡的创意，巧妙地将金属材质演绎得如同饱满充气的气球般轻盈。该容器如同温馨舒适的抱枕，将柔和的枕头造型与坚硬的钢质巧妙融合的设计，不仅颠覆了传统认知，更是在视觉上创造了强烈的反差与冲击力。值得一提的是，采用不锈钢材质打造出的充气效果，摒弃了传统模具的束缚，使得每件作品在加工过程中都蕴含着不可预知性，自然而然地形成了独一无二的涟漪纹理，确保了每一个“金属枕头”都是世界上独一无二的艺术珍品，充分彰显了设计的个性与魅力。

图2-58　抱枕造型的容器

如图2-59所示，林德伯格公司精心为一款风格简约、设计独到的眼镜框量身打造了专属的眼镜盒。此眼镜盒采用不锈钢材质，并通过精心的研磨工艺处理，赋予其独特的亚光质感，既彰显了材质的精致，又巧妙地与喷砂及化学处理等工艺效果相辅相成。在设计上，研磨技术的应用不仅加深了眼镜盒的朴素与简洁感，更使整体设计呈现出一种高级的和谐美。这一作品完美融合了材料的选择、形态的塑造及实用功能的考量，体现了设计师对产品设计美学的深刻理解与精湛技艺。

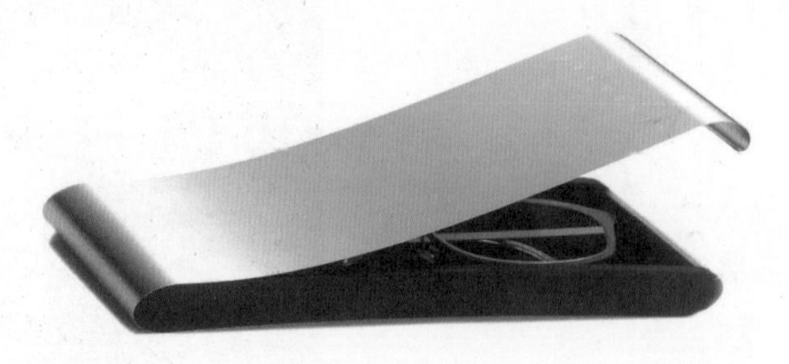

图2-59 眼镜盒

如图2-60所示，这款榨汁机是法国设计大师飞利浦•斯塔克在1990年设计的。该榨汁机顶部有螺旋槽，用户只需将切开的柠檬置于其上并轻轻旋转按压，柠檬汁就会顺着螺旋槽流到下面的玻璃杯里。产品顶部为实心，螺旋槽为纺锤形状，远看如同一只不锈钢蜘蛛。这种将实用性与艺术性巧妙融合的设计，不仅赋予作品强大的功能性，更让它成为一种彰显个性与品位的时尚单品。

如图2-61所示，这款Coral Reef台灯巧妙地将美学逻辑融入设计中，通过金属材质的精湛运用与流畅线条的完美融合，生动诠释了现代设计对材质美感的极致追求。其独特之处在于，用户仅需轻敲金属底座，即可轻松实现开关操作与亮度的细微调节，展现了便捷性与科技性。顶部配置的圆环设计，不仅美观大方，更赋予灯具调节照明角度的灵活性，让光线随心而动。在灯光的映照下，金属表面散发出迷人的光泽，为居家或办公环境增添了一抹不可多得的幽雅与温馨。

图2-60 榨汁机

图2-61 Coral Reef台灯

如图2-62所示，这款腕表以其简洁流畅的线条设计脱颖而出，纯钢材质的运用赋予了它低调奢华且精致无比的质感。色彩方面，它采用了纯正自然的色调，这种清新柔和的色彩搭配，在保持低调的同时，也展现出强烈的现代时尚感。腕表整体散发出一种亲切、清新、柔和而又冷静淡然的气质，完美诠释了佩戴者不凡的品位与独特的个性。

图2-62　纯钢腕表

如图2-63所示，MacBook Air是苹果公司开发的一部超薄型笔记本电脑。该电脑最厚部分只有17.272mm，而最薄部分只有2.794mm。MacBook Air的显示屏与主机身均采用Unibody一体成形设计，包含机身本体与显示屏幕的外盖，皆以铝制金属制成。这种结构意味着更高的精准度、采用更少的部件与更简洁的设计，使MacBook Air的外观格外轻巧，但足够耐用，能应对日常使用中的颠簸与磕碰。

图2-63　MacBook Air笔记本电脑

如图2-64所示，Tom Dixon品牌匠心打造了一套名为Brew的铜质咖啡器皿，其独特的铜质外形闪耀着强烈而迷人的光泽，瞬间营造出一种坚固而高雅的金属质感。每一处细节都透露着精湛的工艺与非凡的品位，无论是杯盖还是底部，都镌刻着品牌标识，彰显着尊贵与独特。这套Brew咖啡器皿无疑是咖啡爱好者梦寐以求的收藏之选，每一次使用都是对品质生活的一次优雅致敬。

图2-64　铜质的咖啡器皿

如图2-65所示，这款亚光黑钢3D打印ico开瓶器，秉承简约、实用的设计理念，致力于打造独一无二的家居用品。ico开瓶器的形状为二十面体，每一面都可以用来开启瓶盖，每个面上的三条边意味着总共拥有60枚开瓶器，淋漓尽致地展现了钢制3D打印产品的巨大潜力。

如图2-66所示，这款水果盘以波浪形表面为核心设计元素，其造型与表面效果相互融合、相得益彰。柔和而流畅的线条与不锈钢材质无懈可击的抛光表面交相辉映，不仅赋予了产品独特的视觉美感，更将不锈钢独有的冷峻与高雅展现得淋漓尽致。这种设计巧妙地营造出一种仿佛水滴在平静水面上轻轻荡起波纹的生动景象，让人感受到一种清新脱俗的艺术氛围。

图2-65　ico开瓶器

图2-66　流动的水果盘

如图2-67所示，这款折椅巧妙地融合并升华了成型铝椅的经典设计，在沿袭其成型工艺精髓的同时，创新性地引入了模压或热压这一非传统座椅加工领域的独特工艺技术。该折椅的初始形态仅为一张平坦的铝片，历经精准的切割、细致的钻孔，以及巧妙的冲压等工序后，最终华丽蜕变为三维立体的艺术形态。整个过程中，无须借助钉子、螺钉、胶水或焊接等传统连接手段，实现了从平面材料到坚固实用产品的无缝转化，堪称一次成型工艺的经典之作。此折椅的问世，不仅令人瞩目，更激发了设计界对铝材的浓厚兴趣与重新审视，至此铝成为众多设计师探索与创新的重要原材料。这把座椅不仅是技术与艺术的完美结合，更是对传统与现代、创新与传承的一次深刻诠释。

图2-67　麦兰多利纳折椅

如图2-68所示，SIGG品牌的铝制饮料瓶堪称无痕设计的典范之作。其制作过程始于精心准备的铝坯料，一旦坯料精准就位，冲压机便启动，依据精密模具的轮廓，将铝坯冲压成完美的圆柱形空腔。瓶子的顶部巧妙设计了螺纹结构，确保瓶盖能够紧密而牢固地旋于瓶身之上。为了保障饮料储存的卫生与安全，同时抵御饮料中酸性成分对瓶体的潜在侵蚀，瓶内壁被精心喷涂了一层搪瓷保护层。瓶身更是被赋予了独特的磨砂效果涂层，不仅增添了触感上的细腻与层次，更让这款饮料瓶在视觉上展现出非凡的个性与质感。

如图2-69所示，这款由设计师阿弗罗蒂提•克拉萨精心打造的“浮灯”，在功能性与美学之间找到了完美的平衡点。设计中，她巧妙地选用了金属与塑料材质，充分利用其反光特性，将灯具塑造成一个优雅的光反射体。一个轻盈的气球与一束由高效发光二极管构成的光源，共同安置在一个精致的尼龙网兜之中，气球在此不仅增添了设计的趣味性，更作为光源的自然反射体，巧妙地增强了光线的扩散与柔和度。用户可根据需要轻松调整灯具的高度，无论是营造温馨的家庭氛围，还是打造独特的商业展示效果，都能游刃有余，尽显“浮灯”的无限魅力。

如图2-70所示，《调羹》一书的封面采用了科罗斯公司研发的一种涂层钢材，塑料涂层钢。这种创新材料在保持钢材原有强度与质感的基础上，通过表面覆盖的塑料涂层，赋予封面更多的加工可能性，如压花与切削等精细工艺都能轻松实现，进一步提升了封面的艺术表现力。同时，塑料涂层的引入还赋予封面优异的防污性能，使得书籍在日常使用中能够长久保持清新整洁的外观，真正实现了美观与实用的双重飞跃。这种采用钢片精心打造的封面，不仅展现出坚固耐用的特性，有效抵御撕裂与磨损，更在审美与功能之间达到完美的平衡，为书籍披上了既美观又实用的外衣。

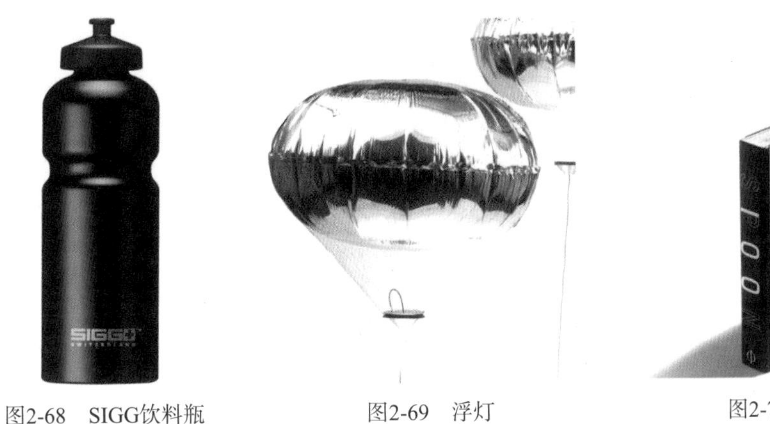

图2-68　SIGG饮料瓶　　图2-69　浮灯　　图2-70　《调羹》封面

如图2-71所示，这款看似简约至极的无开关灯设计，实则蕴含了不锈钢材料磁性、反光性与优良的导电性等多重精妙特性。设计师阿尔瓦罗•卡德兰•德•安康匠心独运，以一片简洁而不失力量的不锈钢片作为核心构件，不仅巧妙利用了钢材的结构稳定性，更深入挖掘并展现了其多样化的属性。此作品中，不锈钢片身兼数职，既是灯光效果的反光板，能够精准捕捉并反射光线，营造出独特而迷人的光影氛围；又是电路的巧妙集成者，以其导电性能默默支持着电路的畅通无阻；同时，它还作为导体，在电气传导中发挥着不可或缺的作用。更令人赞叹的是，这片不锈钢还承担着将所有关键元件固定的重任，确保了整个灯具结构的紧凑与和谐。这一设计，无疑是对不锈钢材料深度理解与精妙运用的典范，展现了材料科学与艺术设计的完美融合。

图2-71　无开关灯

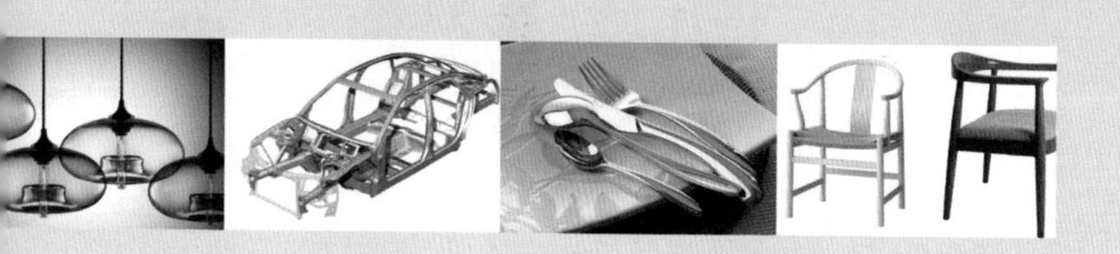

第3章

塑料、橡胶材料及其加工工艺

主要内容：介绍塑料、橡胶材料的特性及加工成型工艺。

教学目标：了解塑料、橡胶材料的特性及加工工艺，并合理应用于工业产品设计。

学习要点：合理利用材料，充分体现塑料、橡胶材料在设计中的应用价值。

Product Design

3.1 塑料、橡胶材料概述

塑料与橡胶统称为橡塑材料，它们的共同特性在于都是石油的附属产品，归类于有机高分子材料，如图3-1所示。塑料与橡胶在制成产品的过程中，各自独特的物理性能赋予了它们多样化的用途。为了充分利用这些优势，产品设计中经常将塑料与橡胶结合使用，以实现更佳的产品性能。

图3-1 橡塑材料

3.1.1 塑料材料概述

当今，塑料已经成为现代工业产品中不可或缺的材料，其产量大、成型性能好、价格便宜，已广泛应用于工业产品中，与橡胶、纤维统称为产品设计的三大基础材料，如图3-2所示。

图3-2 塑料材料

塑料是以合成树脂为主要原料，在一定压力和压强下塑造成一定形状，并在常温下保持其既有形状的有机高分子树脂材料；它是通过聚合反应制成的，简称高聚物或者聚合物。

塑料在未进行加工之前的主要成分是高分子树脂，树脂决定着塑料的基本性能。树脂可以按照其来源分为天然树脂和合成树脂。天然树脂来自大自然，如蛋白质、虫胶、琥珀等，天然树脂的种类及数量都比较少，性能也受到很大限制。因此，目前塑料中使用的大多是合成树脂，合成树脂品类繁多，可达千种，并且随着合成化学工业的发展不断增加。

塑料材料的开发和应用历程已跨越一个多世纪，其起源可追溯至对天然有机高分子材料的化学改性，如图3-3所示，乒乓球由樟脑增塑的硝化纤维(赛璐珞)制成。塑料的发展大致可以划分为四个阶段：第一个阶段始于20世纪30年代初，这一时期以理论上的更大突破为标志，随后陆续实现了聚苯乙烯、聚氯乙烯、有机玻璃、聚乙烯、尼龙等热塑塑料，以及不饱和聚酯、环氧聚酯、聚氨酯等塑料材料的开发与应用；第二个阶段是20世纪50年代，这个阶段是塑料工业发展的重要转折时期，由于石油化学工业的高速发展，塑料的主要原料开始从煤转向石油；第三个阶段是20世纪50—60年代，新品种不断增加，产量迅速增长，成型加工技术日趋完善，应用领域

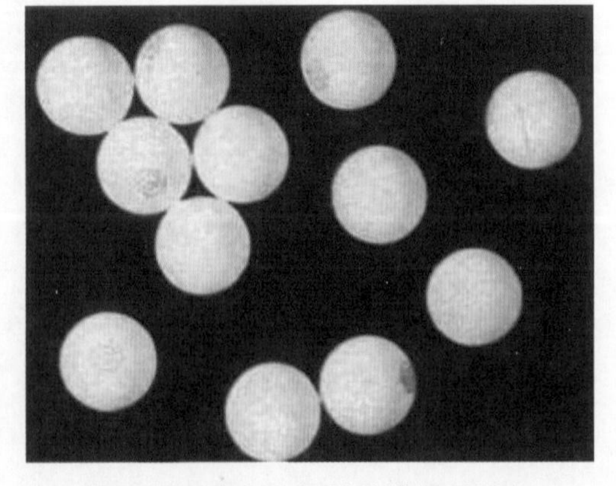

图3-3 以赛璐珞为原料制作的乒乓球

不断拓展；第四个阶段则是20世纪70年代，高分子新技术发展迅速，以碳纤维、芳纶纤维为代表的高强度、高模量纤维的研发成功，为塑料领域带来革命性的飞跃，显著提升了材料的性能与应用范围。

3.1.2　橡胶材料概述

橡胶是高弹性高分子化合物的总称，它具有高弹性能，所以也被称为弹性体。橡胶包含天然橡胶和合成橡胶两种，均称为有机高分子材料。

1. 天然橡胶

天然橡胶是从橡胶树、橡胶草等植物中提取胶质，添加硫化剂、促进剂、防老剂、软化剂等助剂，加工而制成的产品。天然橡胶是异戊二烯的聚合物，含少量蛋白质、水分、树脂酸、糖类和无机盐等，在常温下分子链呈定形状态。天然橡胶具备独特的物理性质，其密度为0.913g/cm^3，展现出轻质特性。同时，其弹性模量范围为2～4MPa，赋予材料优异的弹性响应。尤为显著的是，天然橡胶的伸长率最大可达1000%，展现出惊人的延展性。在0℃～+100℃的广泛温度范围内，其回弹性保持在50%～85%以上，确保材料在不同环境下的稳定性和恢复性。

2. 合成橡胶

合成橡胶的起源可追溯到人们对天然橡胶的剖析和仿制。由于天然橡胶在交通运输、工业制造等领域有着广泛的应用，但其产量有限且受地理、气候等因素限制，因此人们开始探索人工合成橡胶的可能性。早在19世纪，科学家们就开始尝试合成与天然橡胶组分相仿的橡胶。1826年，M.法拉第首先对天然橡胶进行化学分析，确定了其实验公式。随后，科学家们逐步分离出天然橡胶的主要成分，并尝试通过化学方法重新合成弹性体。1900年，孔达科夫用2,3-二甲基-1,3-丁二烯聚合成革状弹性体，这是合成橡胶领域的一个重要里程碑。

20世纪30年代初期，随着科学技术的进步和单体制造技术的成熟，合成橡胶工业逐渐建立起来。美国、苏联和德国等国家在这一时期都取得了显著的进展，相继开发出多种合成橡胶品种，如氯丁橡胶、丁苯橡胶和丁腈橡胶等。第二次世界大战期间，对橡胶的需求急剧增加，合成橡胶工业得到了飞跃式的发展。

20世纪50年代初，催化剂的发明及单体制造技术的进一步成熟，使合成橡胶工业进入了合成立构规整橡胶的崭新阶段。这一阶段的代表性产品有高顺式-1,4-聚异戊二烯橡胶(异戊橡胶)、高反式-1,4-聚异戊二烯(合成杜仲胶)，以及高顺式、中顺式和低顺式-1,4-聚丁二烯橡胶(顺丁橡胶)等。

图3-4　合成橡胶制作的轮胎

到20世纪60年代以后，合成橡胶的产量开始超过天然橡胶，随着石油化工的高速发展，合成橡胶的产量持续增加，到70年代后期，合成橡胶已基本上代替天然橡胶，用于制造各种轮胎和制品，如图3-4所示。

3.2 塑料、橡胶材料分类

3.2.1 塑料材料分类

到目前为止，世界上投入工业生产的塑料品种有三百多种，常用塑料有三十多种。作为基本原料，通过添加不同种类的添加剂，能够生产出不同使用特性和结果的产品材料。在选择塑料为产品设计材料时，应基于产品的使用要求和塑料在产品中发挥的作用，来挑选品种。就工业产品使用的材料而言，塑料的分类方法多样，其中两种常用的分类方法如下。

1. 根据受热后的性质不同分类

根据受热后的性质不同，塑料可分为热塑性塑料和热固性塑料。

(1) 热塑性塑料。热塑性塑料受热到一定程度会软化，冷却后又变硬，这种过程能够反复进行多次，其变化过程可逆。热塑性塑料成型过程比较简单，能够连续化生产，并且具有相当高的机械强度，因此发展很快，是可回收利用的塑料。聚氯乙烯、聚乙烯、聚苯乙烯等都属于热塑性塑料。

(2) 热固性塑料。热固性塑料是加热硬化合成树脂得到的塑料，其耐热性好、不容易变形。热固性塑料虽然具有可溶性和可塑性，可以塑成一定的形状，但是受热到一定的程度或加入少量固化剂后，树脂变成不溶或者不熔的体型结构，使形状固定下来不再变化，即使再加热也不会变软和改变形状，其变化过程是不可逆的。由于热固性塑料加工成型后，受热不再软化，因此不能回收再利用。酚醛塑料、氨基塑料、不饱和聚酯、环氧树脂等都属于热固性塑料。

2. 根据用途不同分类

根据用途不同，塑料可分为通用塑料、工程塑料和特种塑料。

(1) 通用塑料。通用塑料一般是指产量大、价格低、成形性好、应用范围广的塑料，但性能一般。其主要包括聚烯烃(PO)、聚氯乙烯(PVC)、聚苯乙烯(PS)、酚醛塑料(PF)和氨基塑料五大品种，人们日常生活中使用的许多产品都是由这些通用塑料制成的。

(2) 工程塑料。工程塑料的性能比通用塑料强，是在承受一定外力的作用下，具有良好机械性能的高分子材料，如聚酰胺(PA)、聚碳酸酯(PC)、聚甲醛(POM)、ABS树脂、聚四氟乙烯(PTFE)、聚酯等。工程塑料具有密度小、化学稳定性高、机械性能良好、应力尺寸稳定、电绝缘性优越、加工成型容易等特点，广泛应用于汽车、电器、化工、机械、仪器、仪表等工业产品中，也应用于宇宙航行、火箭、导弹等方面。

(3) 特种塑料。特种塑料是指具有某些特殊性能的塑料，这些特殊性能包括耐热性能高、绝缘性能高、耐腐性高等特点，如聚苯硫醚(PPS)、聚砜(PSF)、聚酰亚胺(PI)、聚芳酯(PAR)、液晶聚合物(LCP)、聚醚醚酮(PEEK)、含氟聚合物等。特种塑料一般是由通用塑料或工程塑料经特殊处理或者改性获得的，但也有一些是由专门合成的特种树脂制成的，如氟塑料和有机硅塑料有突出的耐高温、自润滑等特殊性能，用玻璃纤维或碳纤维增强的塑料和泡沫塑料具有高强度、高缓冲性等特殊性能。

3.2.2 橡胶材料分类

1. 天然橡胶与合成橡胶

根据原材料来源与方法不同，橡胶可分为天然橡胶和合成橡胶两大类。其中，天然橡胶的消耗量占1/3，合成橡胶的消耗量占2/3。

(1) 天然橡胶，是由橡胶树干切割口收集所流出的胶浆，经过去杂质、凝固、干燥等加工程序而形成的生胶材料，如图3-5所示。天然橡胶按形态可以分为两大类：固体天然橡胶(胶片与颗粒胶)和浓缩胶乳。在产品生产中，主要采用固体天然橡胶，它在综合性能方面优于多数合成橡胶。

图3-5 天然橡胶的提取

(2) 合成橡胶是由石化工业所产生的副产品，依不同的需求，因合成方式的差异，产生不同的胶料。同类胶料可分出数种不同的生胶，经由配方的设定，任何类型的胶料均可转化为成百上千种符合产品需求的生胶材料。

2. 橡胶的其他分类方式

(1) 根据外观形态不同，橡胶可分为固态橡胶(又称为干胶)、乳状橡胶(简称乳胶)、液体橡胶和粉末橡胶。

(2) 根据性能和用途不同，合成橡胶可分为通用合成橡胶、半通用合成橡胶、专用合成橡胶和特种合成橡胶。

(3) 根据物理形态不同，橡胶可分为硬胶和软胶、生胶和混炼胶等。

(4) 根据性能和用途不同，橡胶可分为通用橡胶和特种橡胶。

3.3 塑料、橡胶的基本特性

3.3.1 塑料材料的基本特性

塑料是以合成树脂为主要成分，在适当的温度和压力下，可以塑成一定的形状，且在常温下保持形状不变的一种合成有机高分子材料。

塑料工业的发展日新月异，塑料产品在整个工业产品中的比例也越来越大，从小的按键到大型的车船，从形状简单的圆管到复杂的曲面形体，都可以用塑料制成。这些是由塑料的基本特性与性能决定的。

1. 塑料的物理特性

(1) 质量特性。塑料是一种轻质材料，其普通形态的密度范围广泛，介于0.83～2.3g/cm^3，而使用发泡工艺制得的泡沫塑料，其密度可以缩小至0.01～0.5g/cm^3，展现出更为卓越的轻质特性。

塑料拥有的这种高密度质量特性，决定了它具有较好的耐冲击性，能够承受一定的外力冲击而不易破碎，也能够在一定程度上抵抗磨损，延长使用寿命。目前，在轿车、小型货车、大货车和客车上，塑料常被应用于仪表盘、保险杠、内饰等零部件中，具有耐湿、耐热、刚性好、不易变形的优势，如图3-6所示。

图3-6　塑料材质的汽车仪表盘

(2) 绝缘特性。塑料具有优良的绝缘性能，其相对介电常数低至2.0(比空气高一倍)，发泡塑料的相对介电常数为1.2 ～ 1.3，接近空气，常用塑料的电阻通常在10Ω范围以内。因此，大多数塑料都有较高的介电强度，无论是在高频还是在低频，高压还是低压状态下，均具有很好的绝缘性，被广泛应用于电机、家用电器、仪器仪表、电子器件等工业产品中。

(3) 比强度、比刚度特性。塑料的强度一般比金属低，但是塑料的密度小，所以塑料与大部分金属的比强度(强度与密度之比)、比刚度(弹性与密度之比)相比，塑料相对较高。因此，在某些要求强度高、刚度好、质量轻的产品领域，如航空航天领域与军事领域，塑料就有着极其重要的作用。例如，碳纤维和硼纤维增强塑料可制成人造卫星、火箭、导弹的结构零部件。

(4) 耐磨性、自润滑特性。塑料的摩擦系数小，所以具有良好的减少摩擦、耐摩擦的性能。部分塑料可以在水、油和带有腐蚀性的溶液中工作；也可以在半干摩擦、全干摩擦的条件下工作。

(5) 热导特性。塑料的导热性是比较低的，一般为0.17～0.35W/(m·K)，其中泡沫塑料的微孔中含有气体，其隔热、隔音、防震性更好，如聚氯乙烯 (PVC)的导热系数仅为钢材的1/357，铝材的1/1250。塑料以导热性低、隔热能力强的特点，成为与人身体直接接触类产品的首选材料，可替代陶瓷、金属、木材和纤维等材料，在家电、餐具、厨具、办公用品，以及手持通信产品等的设计中使用。

(6) 透明特性。一些塑料具有良好的透明性，透光率高达90%以上，如有机玻璃、聚碳酸酯等，这对于需要透光的产品来说意义重大。现在，这些透明塑料制品已替代传统玻璃材料广泛应用于产品设计中，甚至应用在高温高压的航空航天器及深海装备产品上。

(7) 可塑特性。塑料通过加热、加压等手段，即可塑制成各式各样、丰富多彩的产品，以及管、板、薄膜及各种工业产品的零部件等，并使产品具有良好的精度。

(8) 柔韧特性。塑料经过特殊加工，可柔韧如纸张、皮革，当受到频繁、高速的机械力振动和冲击时，仍然具有良好的吸震、消声和自我恢复原状的性能。因此，相比于金属等材料，塑料的抗冲击性能、减震性能要好得多。这种特性使塑料几乎可以在所有工业产品中使用，如汽车的前后保险杠等。

(9) 工艺特性。塑料还具有良好的工艺性能，如焊接、冷热黏合、压延、电镀、材料加色或表面着色等众多优良的工艺特性。其成型工艺简单，产品的一致性好，生产效率高，适合大批量连续生产。

塑料因其轻质、高强度、耐腐蚀、易加工及绝缘性好等特性，已成为现代工业中不可或缺的基础材料。从日常用品到高科技产品，塑料的应用无处不在，不仅降低了生产成本，还提升了产品性能，为人类生活带来了诸多便利。

2. 塑料的化学特性

塑料的化学特性主要包括化学稳定性、抗腐蚀性、耐溶剂性、化学反应性等，具体内容如下。

(1) 稳定性。大多数塑料具有良好的化学稳定性，这意味着它们能够抵抗多种化学物质的侵蚀，如酸、碱、盐等。这种稳定性使得塑料在多种环境下都能保持其性能的稳定。某些特殊塑料，如聚四氟乙烯(F4)，其化学稳定性更是达到极高水平，几乎能抵御所有已知溶剂的侵蚀，甚至能在强酸、强碱及强氧化剂等腐蚀性很强的介质中稳定存在。

(2) 抗腐蚀性。塑料的抗腐蚀性是其化学稳定性的重要体现。由于塑料不易与酸、碱等化学物质发生反应，因此可被广泛应用于需要防腐、耐腐的场合，如化工设备、管道、储罐等。

(3) 耐溶剂性。尽管大多数塑料具有良好的化学稳定性，但仍有部分塑料易溶于某些溶剂。因此，在使用塑料时，需要根据其耐溶剂性选择合适的溶剂和使用环境。

(4) 化学反应性。塑料在特定条件下可以发生化学反应，如燃烧时会产生有毒气体。此外，高温、光照、辐射等因素也可能导致塑料发生老化、降解等化学反应。

塑料的这些特性使得其在现代工业、日常生活中有着广泛的应用，成为不可或缺的基础材料之一。然而，在使用中也需要注意到塑料的缺点，如易燃性、耐热性差等，还需要采取相应的安全措施。

3.3.2 橡胶材料的基本特性

1. 物理性能

橡胶在常温下展现出卓越的耐磨性、优异的绝缘性能、出色的耐水性，以及良好的可塑性。经过特定的处理工艺后，它还能进一步获得耐油、耐酸、耐碱、耐热、耐寒、耐压及增强耐磨性等综合物理机械性能，这些特性使其应用更为广泛。此外，橡胶材料还具备低密度、加工性能优良，以及易于与其他材质黏合等诸多优点。

尤为值得一提的是，橡胶具有非凡的柔韧性，伴随着极高的回弹性、强大的抗撕裂能力、卓越的扯断强度，以及惊人的伸长率。这一特性赋予了橡胶在众多领域中的独特应用价值。

2. 化学性能

橡胶作为高分子化合物，其独特的化学性质体现在多个方面。首先，它易于与硫化剂发生硫化反应(即结构化反应)，这一特性是橡胶加工过程中的关键环节。其次，橡胶还能与溴、氧及臭氧发生氧化和裂解反应，与卤素进行氯化反应，以及在催化剂和酸的存在下参与其他化学反应，这些均展示了其活泼的反应性，尤其是与烯类有机化合物相似的反应特性。

大多数合成橡胶材料在未经处理前，并不具备实用性能和使用价值，而是需要通过硫化加工这一重要步骤来实现性能的显著提升。硫化后的橡胶产品不仅获得了较高的化学稳定性，还大大增强了其物理性能和使用寿命，从而确保了其在各种工业领域中的广泛应用。因此，橡胶的这些独特化学性质和加工特性共同奠定了其作为重要工业产品材料的地位。

3.4 常见塑料材料

3.4.1 通用塑料

通用塑料的价格低，性能可以满足一般产品的使用要求，在生活用品中大量使用。通用塑料的不足之处是力学性能不高，使用温度较低，通常用来制作薄膜、板、管和各种型材，以及日用产品中对性能要求不高的结构件和装饰件。

常用的通用塑料包含如下几种。

1. 聚氯乙烯(PVC)

性能：聚氯乙烯呈晶状透明质地，比重较大，为 1.3 ～ 1.5g/cm^3，熔点为 240℃。

优点：质地较硬、耐磨、耐腐蚀性好，机械强度较高，吸水性低，绝缘性能好，有良好的耐寒性能，具有阻燃性能，易熔接，易于机械加工。

缺点：使用温度低，需要在 60℃以下，而且注射成型收缩率较大(1%～1.5%)。

应用：聚氯乙烯用途广泛，具有良好的防水性能和化学性能，被广泛用于水管、套管、外延门窗、顶棚板材、铝塑板等型材产品中，以及制作人造革、薄膜、容器、器具等工业产品。软质的聚氯乙烯以制造薄膜、电线电缆绝缘层为主；硬质的聚氯乙烯用于板材、管材、棒材、贮槽、建筑门窗，以及电器和包装行业，还用于制作输水管和化学工业中的耐腐蚀管道。图3-7为聚氯乙烯材料的雨具；图3-8为聚氯乙烯材料的人造革。

图3-7　聚氯乙烯材料雨具

图3-8　聚氯乙烯材料人造革

2. 聚乙烯(PE)

性能：聚乙烯是不透明或半透明、质轻的结晶性塑料，手触似蜡，因而又称为高分子石蜡，它的密度为0.91～0.96g/cm^3，有一定的机械强度。

优点：有优良的耐低温性能，耐水性、电绝缘性、化学稳定性好，能耐大多数酸碱的侵蚀，易于机械加工，成型加工性好。

缺点：耐高温、耐光、耐氧化性能差，不阻燃，冷却速度慢，成型收缩率大(1.5%～3.5%)，难以掌握成品的尺寸精度，在日光照射下发生氧化，会对产品强度有一定影响。

应用：聚乙烯无毒，可用作与食品接触的材料，如液体食品包装瓶、袋、盒及儿童玩具产品，如图3-9所示。在工业产品中还可制成日用产品，如家用器皿、水具、餐具、容器等中空产品。聚乙烯有两种：一种是高密度聚乙烯，有较高的耐温性、耐油性、耐蒸汽渗透性，还有很好的电绝缘性、抗冲击性及耐寒性能，主要应用于吹塑、注塑，也适合制作中空的吹塑产品；另一种是低密度聚乙烯，质地较软，多用于制造塑胶袋、塑料薄膜和柔软的产品。

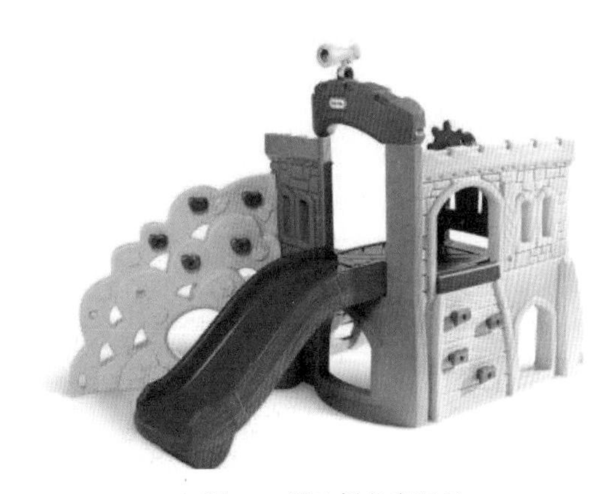

图3-9　聚乙烯儿童玩具

3. 聚苯乙烯(PS)

性能：聚苯乙烯是热塑性非晶形塑料，常温下为无色透明珠状或颗粒状，材料无味、无毒，透光率仅次于有机玻璃，有一定的刚性。

优点：耐水性良好，不吸潮，耐化学腐蚀，绝缘性能好，成型加工容易，成型收缩率仅为0.5%～0.7%，产品尺寸精度高。此外，聚苯乙烯染色性能非常好，制品表面富有光泽。

缺点：质脆强度一般，耐冲击性差，表面硬度也差，使用温度需要低于75℃，热变形维度为65℃～89℃。热分解温度为300℃，不阻燃，能燃烧，燃烧时放出的气体有轻微毒性。

应用：聚苯乙烯产品具有良好的外观特性，常用于制作日用产品、儿童玩具、办公用品、小家电产品外壳的装饰件和透明件，也常用于仪器、仪表、电器元件、电视产品中。在聚苯乙烯树脂中加入能分解的发泡剂，可制成泡沫塑料 ，一般用作包装衬垫和隔热、隔声材料，如电冰箱的隔热层，建筑材料的泰柏板、救生衣和浮标等，如图3-10所示。

图3-10　填入泡沫塑料的儿童救生衣

4. 聚丙烯(PP)

性能：聚丙烯属于结晶性塑料，是由丙烯聚合而得的热塑性塑料，通常为无色、半透明的固体，无臭无毒。它的比重为 0.9g/cm^3，性能熔融温度为160℃，可以在100℃以上使用，是常用塑料中最轻的、耐热性能最好的塑料。

优点：强度、刚性和透明性都较好，耐油、耐强酸、耐强碱性能优良，具有良好的化学稳定性和电绝缘性能，几乎不吸收水。聚丙烯的成型加工性能好，可用注射、挤塑、中空吹塑、熔焊、热成型、机加工、电镀、发泡等成型加工方法制成不同产品。聚丙烯的流动性较好，且对压力和温度敏感。

缺点：耐低温冲击性差、易老化、耐候性差、静电性高、染色性及耐磨性差，收缩率大(1%～2.5%)。

应用：聚丙烯的综合性能比较好，既可做结构件，也可用于外观件。因为无毒，聚丙烯在生活产品中广泛应用，可吹塑瓶、杯、薄膜，可制作软食品包装，也可用于制作药品容器及一次性注射器。此外，该材料可以纺丝制成高分子合成纤维丙纶和腈纶，用来制作服装、毛毯、地毯、渔网等。

5. 丙烯腈–丁二烯–苯乙烯共聚物(ABS)树脂

性能：丙烯腈-丁二烯-苯乙烯共聚物，这种塑料由于其组分A(丙烯腈)、B(丁二烯)和S(苯乙烯)在组成中比例不同，以及制造方法的差异，其性质也有很大的差别。ABS树脂是无定形聚合物，有优良的加工性能，可注射、吸塑、挤压、压延、热成型，也可以进行二次加工，如机械加工、焊接、黏结、涂漆、电镀等。

优点：综合性能很好，机械强度较高，有较好的抗冲强度和一定的耐磨性，电绝缘性能好，不易变形，耐水、耐油、耐寒，在-40℃仍有一定的强度，热变形温度为65℃～107℃。

缺点：耐候性差，耐紫外线、耐热性不高，不阻燃，在室外长期暴露容易老化、变色，甚至龟裂，从而降低了强度和韧性。

应用：由于综合性能好，ABS树脂用途广泛，一般产品的外观件和结构件均可使用，几乎涉及所有的工业产品领域。在汽车产品中，众多主要零部件都使用ABS树脂或ABS合金制造，如车灯、保险杠、通风管、车身外板、内外装饰、水箱面罩、方向盘等，如图3-11所示。ABS塑料在汽车产品上有着极其重要的地位，汽车档次越高，ABS塑料及其合金材料的用量也越多。

图3-11　ABS材料制作的车灯壳体

在电子电器产品领域，ABS 塑料应用于电冰箱、电视机、洗衣机、空调器、复印机、计算机及键盘等产品的外壳、结构件、零部件及内衬。在日用产品方面，ABS 塑料用于制作鞋帽、箱包、玩具、家具、容器，以及办公设备、体育和娱乐用品等产品。此外，ABS 树脂在航空、航天、军工和国防工业等领域，也有重要的应用。

3.4.2　工程塑料

工程塑料是指可以用作工程结构的材料，这类材料能承受一定的外力作用，并具有良好的机械、化学性能和尺寸稳定性，在高、低温环境下仍能保持优良的性能，可以在较为苛刻的物理、化学环境中使用。

工程塑料不但具有通用塑料的一般性能，其强度和使用温度等性能均高于通用塑料。工程塑料成型相对容易，生产效率高，可代替金属、木材等材料制作结构件、传动件和有特殊性能要求的零部件。但是，工程塑料的生产工艺过程复杂，生产批量较小，因此价格昂贵，限制了使用范围。

工程塑料的种类繁多，如聚甲醛、聚碳酸酯、聚酯、聚四氟乙烯、聚酰胺(尼龙)、聚苯醚、AS塑料和热固性树脂等。此外，改性聚丙烯、ABS树脂等也包括在这个范围内。常用的工程塑料包含以下几种。

1. 聚酰胺(PA)

性能：聚酰胺为透明或乳白色结晶性树脂，无毒、无味。

优点：摩擦系数小、优良的耐磨性与自润滑性，韧性大、抗拉强度高，耐疲劳、耐候性好，耐弱酸碱、耐油，电绝缘性能优良，并具有自熄性。

缺点：导热率低，吸水性大，易受湿度影响，产品尺寸收缩率大，染色性能较差。

应用：聚酰胺作为工程塑料，产量居五大工程塑料之首，它广泛替代了传统的金属结构材料，特别是在需要耐磨、受力的结构部件及传动部件的制造中。目前，聚酰胺已广泛应用于机械、交通、仪器仪表、电器、电子、通信、化工、医疗器械和日常消费品等多个领域，如图3-12所示。

图3-12　聚酰胺材料电钻外壳

2. 聚碳酸酯(PC)

性能：聚碳酸酯是无色透明，无毒、无味，刚硬且带韧性的热塑刚性体聚合物。

优点：综合力学性能良好，具有突出的抗冲击韧性和抗蠕变性能，耐热性较高，可在130℃下连续使用，具有良好的耐寒性，脆化温度达到-130℃，燃烧慢、离火后慢熄，化学稳定性较好，对稀酸、盐溶液、汽油、润滑油、皂液均表现出高度的稳定，成型收缩率小(0.5%～0.7%)，成品精度高，尺寸稳定性好。

缺点： 聚碳酸酯不耐强酸、碱、酮、芳香烃等有机溶剂，其本身无自润滑性，与其他树脂相容性较差。

应用： 聚碳酸酯的透光率高、重量轻、不易破裂，易于用切割、钻孔、黏接等常规方法加工，应用领域极其广泛，可以替代玻璃、钢化玻璃、有机玻璃材料，广泛应用于航空航天、交通工具、照明产品、建筑装饰、家庭日用产品、医疗器械等方面。

在机械设备领域，聚碳酸酯可替代金属制造负荷小的结构零件和传动零件，如齿轮、齿条、叶轮、涡轮、轴承、螺栓，以及阀门和管件等。在电子产品领域，聚碳酸酯的绝缘等级较高，可在电子、电器和通信等产品中做接插绝缘零部件，还可制作CD光盘等，如图3-13所示。在医疗器械领域，聚碳酸酯可制造医疗器械、注射器等。在食品包装领域，聚碳酸酯制品可进行高温蒸汽消毒，适合制作清洁容器、食品包装等，也可吹制杯、瓶等中空容器，如图3-14所示。

图3-13　聚碳酸酯材料光盘

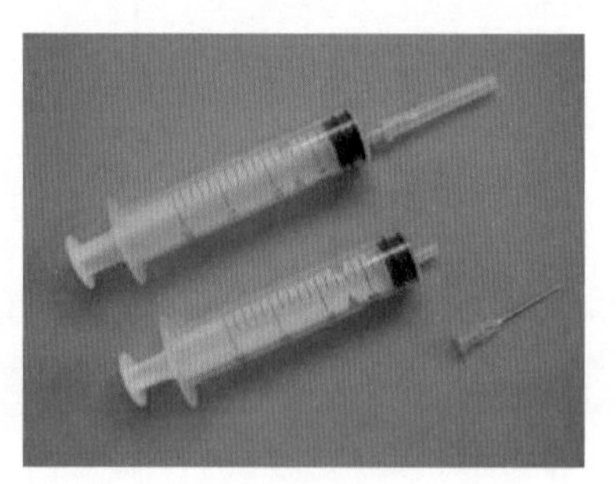

图3-14　聚碳酸酯材料注射器

3. 聚甲醛(POM)

性能： 乳白色不透明的塑料。

优点： 优良的抗磨性、回弹性及耐热性，有很高的硬度与刚度，而且耐多次重复冲击，强度变化很小；内聚能高，耐磨性好，因而是热塑性材料中耐疲劳性最优的品种。

缺点： 吸水率大于0.2%，成型前需预先干燥，熔融温度与分解温度相近，成型性较差。

应用： 聚甲醛通过注塑法广泛用于制造机械部件，是典型的工程塑料，它支持挤出、吹塑等多种加工方法，并能进行焊接、黏结、涂膜、印刷、电镀等后续处理。聚甲醛的强度高、质轻，常用来代替铜、锌、锡、铅等有色金属，广泛用于工业机械、汽车、电子电器、日用产品、管道及配件、精密仪器等方面。聚甲醛还常被用于制造各种齿轮、杠杆、滑轮、链轮、辊子；电子开关零件、接线柱、仪表钮、卷轴、按钮；各种农业喷灌系统的管道，以及喷头、水龙头等零件；特别适宜做轴承、热水阀门、精密计量阀；还可制作冲浪板、帆船及雪橇等，如图3-15所示。

4. 聚苯醚(PPO)

性能： 无毒、透明，高强度。

优点： 耐高温，收缩率小，尺寸稳定，吸湿性很小。

缺点：容易发生应力开裂，抗疲劳强度较低，而且熔体流动性差，成型加工困难，价格较高，耐光性差，其产品长时间在阳光或荧光灯下使用会产生变色。

应用：聚苯醚制品大多使用改性聚苯醚(MPPO)，由于改性聚苯醚具有优良的综合性能和良好的成型加工性能，所以被广泛用于电子、电器部件的制造中，同时也在医疗器具、照相机，以及各类办公器具等领域占据重要地位，如图3-16所示。

图3-15　聚甲醛材料冲浪板

图3-16　聚苯醚材料照相机壳体

5. 聚氨酯(PU)

性能：高分子材料，无毒。

优点：性能可调，机械强度大、适应性强，耐磨、耐黏结、耐油、耐老化、耐低温，具有优良的复原性，且使用寿命长。

缺点：材质较软、颗粒粗，不宜制成精细的载重产品。

应用：聚氨酯可制作弹性材料，如合成革、涂料和胶黏剂。弹性材料可制作鞋底，以及代替橡胶制作传动带、轧辊、无声齿轮等；合成革可作为运动场铺地材料；胶黏剂黏合力很强，且低温性能是其他材料无法相比的，可黏结金属、木材、橡胶、塑料、玻璃、陶瓷、皮革等。目前，聚氨酯材料以泡沫塑料为主，它是良好的隔热、隔声和减振材料，有软质和硬质两种：软聚氨酯泡沫塑料通常用于家具及车辆坐垫(见图3-17)、玩具、空气滤清器、音箱吸声材料等的制作；硬聚氨酯泡沫塑料常被用作冷藏柜、建筑、管道的隔热材料。此外，泡沫塑料还是制作工业产品模型的理想材料，图3-18为涂饰后的聚氨酯材料制作的汽车模型。

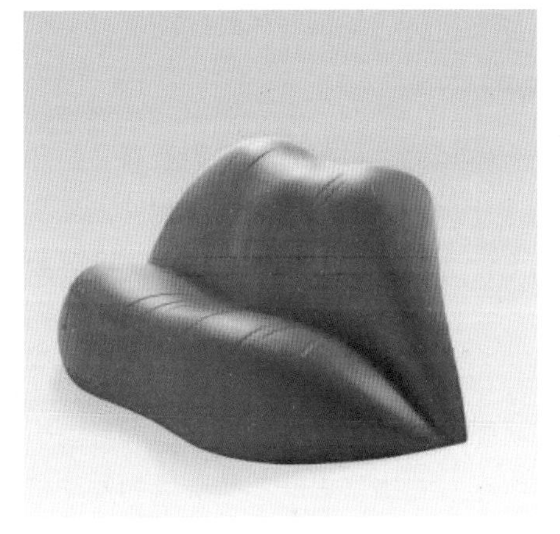

图3-17　聚氨酯材料沙发

图3-18　聚氨酯材料制作的汽车模型

工程塑料材料具有优异的机械性能、电性能、化学性能及耐热性、耐磨性、尺寸稳定性等一系列特点，这些特殊性使其在材料工程领域引领了一股潮流。随着技术的不断进步，新型工程塑料层出不穷，通过合金化与复合化技术，科学家们已研发出耐高温、超高强度的超级工程塑料，这些材料不仅性能卓越，还广泛应用于多个领域。更令人瞩目的是，部分工程塑料展现出了惊人的抗酸腐蚀能力和耐高温特性，甚至可作为填充材料融入玻璃、不锈钢中，生产出能够经受高温消毒处理的特殊产品，极大地拓宽了工程塑料的应用边界。

作为高新技术工业产品开发不可或缺的基础材料，工程塑料的发展水平不仅直接反映了一个国家在化工领域的综合实力，更是衡量其整体科技发展水平的重要标志之一。因此，各国均加大投入，致力于工程塑料技术的研发与创新，以期在全球科技竞争中占据有利位置。

3.4.3 特种塑料

特种塑料也称为高性能工程塑料，是指综合性能更高、更优异，长期使用温度在150℃以上的工程塑料，即使在高温、高压、高腐蚀条件下，其分子链仍能保持相对固定的排列。特殊塑料是具有刚性骨架的特种工程塑料(SEP)、超级工程塑料、高性能热塑性塑料和高性能聚合物材料，是高科技、电子、航空、航天、军工等领域工业产品的重要材料。

特种工程塑料主要包括聚苯硫醚(PPS)、聚酰亚胺(PI)、聚砜(PSF)、聚芳酯(PAR)和液晶聚合物(LCP)等。

1. 聚苯硫醚(PPS)

性能：聚苯硫醚全称为聚苯基硫醚，是结晶型(结晶度55%～65%)的高刚性白色粉末聚合物。聚苯硫醚的耐热性高，机械强度、刚性都很好；难燃、耐化学药品性强；电气特性、尺寸稳定性好；耐磨、抗蠕变性优；流动性好、易成型，成型时几乎没有缩孔凹斑。

应用：聚苯硫醚在电子电气工业中扮演着重要角色，它被广泛用作连接器、绝缘隔板及开关的关键材料。同时，在制造齿轮、活塞环贮槽、叶片阀件等机械部件时，聚苯硫醚也展现出卓越的性能。此外，它还应用于钟表零件、照相机部件，以及分配器部件等精密组件的制造中。在家电行业，聚苯硫醚被用于制造磁带录像机的结构部件，以及晶体二极管等关键元件。值得一提的是，聚苯硫醚还因其独特的性能，被应用于宇航和航空工业等高科技领域。

2. 聚酰亚胺(PI)

性能：聚酰亚胺是一种高性能聚合物，无毒、无色。该材料是目前特种工程塑料中耐热性最好的品种之一，有的品种可长期承受290℃的高温，短时间承受490℃的高温。此外，聚酰亚胺的力学性能好、耐疲劳性能强、难燃、尺寸稳定性和电性能好、成型收缩率小；耐油、耐一般的酸和有机溶剂；有优良的耐摩擦能力，磨耗性能低。

应用：聚酰亚胺在多个领域展现了广泛的应用价值，包括航空、汽车、电子电气及工业机械等。在航空领域，它被用于制造发动机供燃系统零件、喷气发动机元件、压缩机和发电机零件，以及扣件、花键接头和电子联络器等关键部件。在汽车工业中，聚酰亚胺则成为发动机部件、轴承、活塞套、定时齿轮等的重要材料。电子电气方面，聚酰亚胺被广泛应用于印制电路板、绝缘材料、耐热性电缆、接线柱及插座的制造。而在机械工业领域，聚酰亚胺耐高温、自润滑的特性使得其成为制造压缩机叶片、活塞机、密封圈、设备隔热罩、止推垫圈及轴衬等部件的理想选择。

3. 聚砜(PSF)

性能：聚砜是一种透明琥珀色或不透明象牙色的固体塑料，如图3-19所示。作为热塑性高强度工程塑料的代表，聚砜不仅拥有优异的介电性能和难燃特性，还展现出在成型过程中对剪切速度的不敏感性及高黏度，确保能够加工出质地均匀的产品。其良好的可塑性使得产品的规格与形状调整变得轻而易举，尤其适合挤出成型，以生产多样化的异型产品。

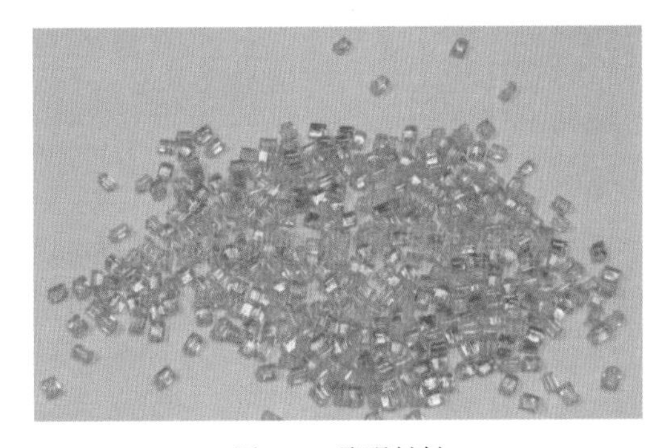

图3-19　聚砜材料

应用：聚砜凭借其卓越的性能，在众多领域中展现出强大的潜力，不仅能够取代多种传统塑料，还能有效替代玻璃和金属(如不锈钢、黄铜、镍)，同时兼具质轻与成本效益的双重优势。在电子电气、汽车、航空、食品加工及医疗器械等多个关键领域，聚砜均得到了广泛应用。它适用于制造电子电气领域的各类部件，如清洁设备管道、蒸汽盘、波导设备元件等；在食品加工领域，聚砜则被用于制造热发泡分散器、污染控制设备及过滤隔膜等关键组件。此外，聚砜还能满足汽车与航空行业对耐热性与刚性的严格要求，成为制造高性能机械零件的理想材料。

4. 聚芳酯(PAR)

性能：聚芳酯是一种耐热性好、使用温度范围较广，可在-70℃～+180℃温度下长期使用的特种工程塑料，也是阻燃性良好的热塑性特种工程塑料，如图3-20所示。聚芳酯的软化温度与热分解温度(443℃)相差较远，故可方便地采用注塑、挤出、吹塑等加热熔融的加工方法。它的机械性能和电性能优异，有突出的耐冲击性和高回弹性。该材料对一般有机药品、油脂类稳定，也能耐一般稀酸，但不耐氨水、浓硫酸及碱，易溶于卤代烃及酚类。

图3-20　聚芳酯材料

应用：聚芳酯因其出色的耐热性和优异的电性能，在电气、电子及汽车工业等领域广泛用于制造耐高温的元件和零部件，同时也是医疗器械领域的重要材料。聚芳酯多样化的加工特性允许其在溶液中成膜和纺丝，分别制成薄膜与纤维产品。薄膜常用于B级(130℃)电机电器的绝缘处理，而纤维则作为耐高温材料使用。此外，聚芳酯还适宜于挤出成型工艺，生产出具有特定用途的板材和管材。

5. 液晶聚合物(LCP)

性能：液晶聚合物具有独特的物理和化学特性。这种聚合物以其异常规整的纤维状结构为基础，拥有自增强的特性，即使不进行额外的增强处理，其机械强度及模量也能轻松达到甚至超越普通工程塑料经过玻璃纤维增强后的水平；液晶聚合物还展现出了卓越的热稳定性和耐热性，在高温环境下，其性能依然稳定，不易发生蠕变，且耐磨、减磨性能出色；液晶聚合物还具有突出的耐腐蚀性能，在强酸、强碱等腐蚀性介质中，以液晶聚合物为原料的产品能够保持完整性，不受侵蚀，还能抵抗工业溶剂、燃料油、洗涤剂及高温热水的侵蚀，既不会被溶解，也不会引起应力开裂；液晶聚合物还具备优良的电绝缘性能，其介电强度高，耐电弧性好，即使在连续使用温度高达200℃～300℃的极端条件下，其电性能也能保持稳定。

应用：液晶聚合物在电子电气领域展现显著的应用优势，它被广泛应用于制造高精度、高性能的印制电路板，这些电路板在电子设备的运行中发挥着关键作用，如图3-21所示。此外，液晶聚合物还因其卓越的耐热性、耐化学药品性和机械强度，被选用在人造卫星的电子部件中，确保在极端太空环境下设备的稳定运行。在喷气发动机和汽车机械零件方面，液晶聚合物同样表现出色，能够承受高温高压和复杂机械应力的考验。医疗领域也充分利用了液晶聚合物的特性，将其应用于制造需要高度稳定性和安全性的医疗器械和部件中。

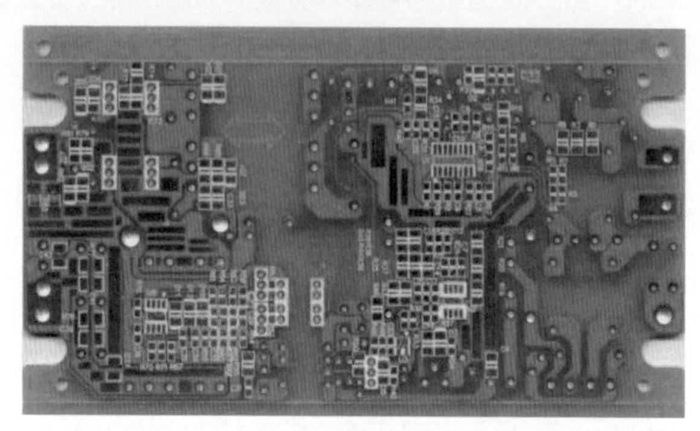

图3-21　印制电路板

3.5　常用橡胶材料

3.5.1　天然橡胶

天然橡胶在工业、科技与日常生活的各个领域均展现出极为广泛的用途。

在医疗卫生领域，它被用于制作外科医用手套、输血管等；在交通工具领域，天然橡胶是轮胎(见图3-22)、扭振消除器、发动机减震器、机器支座及多种密封件的核心材料；在工业领域，传送带、运输带、耐酸和耐碱的胶管、胶带、电线电缆的绝缘层和保护套等，均由天然橡胶制作；在农业上，排灌胶管与氨水袋等制品，也均由天然橡胶制成；在科研探索中，天然橡胶也扮演着重要角色，如科学试验中的密封防震设备、探空气球等；在日常生活中，天然橡胶同样不可或缺，从防水雨具、皮包、鞋帽(见图3-23)，到儿童玩具、海绵坐垫，再到文具中的钢笔笔胆、橡皮等，它无处不在地提升着人们的生活品质与便利性。此外，体育器材中的皮球内胆、乒乓球拍海绵胶面等，均体现了天然橡胶卓越的物理性能与适应性。更令人瞩目的是，在国防建设及航空航天等尖端科技领域，天然橡胶也是关键材料之一，其优异的性能为这些高科技产品的研发与生产提供了有力支持。

天然橡胶在现代社会的各个领域发挥着不可替代的作用，它不仅推动了科技的进步，更提升了人类生活的品质，是现代文明发展的重要基石。

图3-22　轮胎

图3-23　胶鞋

3.5.2　合成橡胶

合成橡胶是由人工合成的有机高分子、高弹性聚合物，在很宽的温度范围内都具有很好的弹性，因此又称为高弹体。合成橡胶具有更好的弹性、绝缘性、气密性，还具有耐油、耐高温、耐低温等特殊性能，因而广泛应用于工业、农业、国防、交通及日常用品等各个领域。

合成橡胶的种类多样，按用途可分为通用合成橡胶、特种合成橡胶两种。

1. 通用合成橡胶

通用合成橡胶的性能与天然橡胶相近，用于制造轮胎、减震器、密封件、织物涂层、乳胶制品、胶黏剂、生活用品等通用橡胶产品。例如，用氯丁橡胶及另一种具有天然橡胶属性的异戊橡胶制作汽车配件；用非常耐磨的丁苯橡胶制作汽车轮胎，以提高它的耐磨性；与空气接触的内胎采用丁基橡胶制成，它有很好的绝缘性。

通用合成橡胶，主要有丁苯橡胶(SBR)、顺丁橡胶(BR)、异戊橡胶(IR)、氯丁橡胶(CR)、乙丙橡胶(EPM/EPDM)等众多种类。

1) 丁苯橡胶(SBR)

性能：丁苯橡胶是丁二烯和苯乙烯的共聚体，其使用温度范围为-50℃～+100℃。性能接近天然橡胶，是目前产量最大的通用合成橡胶。

优点：耐磨性、耐老化和耐热性超过天然橡胶，质地也较天然橡胶更均匀。

缺点：弹性较低，抗撕裂性能较差，加工性能差，自黏性差，生胶强度低。

应用：代替天然橡胶，制作轮胎、胶板、胶管、胶鞋及其他通用产品。

2) 顺丁橡胶(BR)

性能：顺丁橡胶是由丁二烯聚合而成的顺式结构橡胶，使用温度范围为-60℃～+100℃。

优点：弹性与耐磨性优良，耐老化性好，耐低温性优异；在动态负荷下发热量小，易与金属黏合。

缺点：强度较低、抗撕裂能力差、加工性能与自黏性差。

应用：多与天然橡胶或丁苯橡胶并用，用于制作轮胎胎面、运输带和特殊耐寒产品。

3) 异戊橡胶(IR)

性能：异戊橡胶是由异戊二烯单体聚合而成的一种顺式结构橡胶，使用温度范围为-50℃～+100℃。

优点：化学组成、立体结构与天然橡胶相似，具有天然橡胶的大部分优点，性能也非常接近天然橡胶，耐老化能力优于天然橡胶，故有合成天然橡胶之称。

缺点：弹性和张力比天然橡胶稍低，加工性能差，成本较高。

应用：可代替天然橡胶制作轮胎、胶鞋、胶管、胶带及其他通用产品。

4) 氯丁橡胶(CR)

性能：氯丁橡胶是由氯丁二烯单体通过乳液聚合方式制成的聚合体，使用温度范围为-45℃～+100℃。

优点：橡胶的分子中含有氯原子，所以与其他通用橡胶相比，具有优良的抗氧、抗臭氧性，不易燃，着火后离开火源可自熄；耐油、耐溶剂、耐酸碱及耐老化，气密性好等；其物理机械性能也比天然橡胶好，故可用作通用橡胶，也可用作特种橡胶。

缺点：耐寒性较差、相对成本高、电绝缘性不好。此外，生胶稳定性差，不易保存。

应用：主要用于制造要求抗臭氧、耐老化性高的电缆护套及各种防护套、保护罩；耐油、耐化学腐蚀的胶管、胶带和化工设备产品衬里；地下采矿设备用的耐燃橡胶制品，以及各种模压制品、密封圈垫、黏合剂等。

5) 乙丙橡胶(EPM/EPDM)

性能：乙丙橡胶的使用温度范围为-50℃～+150℃，物理机械性能略次于天然橡胶，而优于丁苯橡胶。

优点：具有抗臭氧、耐紫外线、耐老化性等优异特性，居通用合成橡胶之首。电绝缘性、耐化学性、冲击弹性很好，耐极性溶剂，如酮、酯等，但不耐脂肪烃和芳香烃。

缺点：自黏性和互黏性很差，不易黏合。

应用：主要用于化工设备衬里、电线电缆绝缘层包皮、蒸汽胶管、耐热运输带、汽车用橡胶制品及其他工业产品的制作。

2. 特种合成橡胶

特种合成橡胶一般较通用橡胶有一项或多项的特殊性能，如耐热性、耐寒性、耐油性、耐绝缘性等，可以满足一般通用橡胶所不能达到的特定要求，在国防、工业、尖端科学技术、医疗卫生等领域有着重要作用。

特种合成橡胶，主要有丁基橡胶(IIR)、丁腈橡胶(NBR)、氢化丁腈橡胶(HNBR)、硅橡胶、氟橡胶等众多品种。

1) 丁基橡胶(IIR)

性能：丁基橡胶(IIR)是异丁烯和少量异戊二烯或丁二烯的共聚体，使用温度范围为-40℃～+120℃。

优点：气密性好，耐臭氧、耐老化性能好，耐热性较高，可在130℃温度下长期工作；能耐无机强酸(如硫酸、硝酸等)和一般有机溶剂；吸振和阻尼特性良好，电绝缘性也非常好。

缺点：弹性差、加工性能差、硫化速度慢、黏着性和耐油性差。

应用：主要用于制作内胎、水胎、气球、各种密封垫圈、电线电缆绝缘层、化工设备衬里及管道、输送带及防震制品、耐热运输带、耐热老化的胶布制品。

2) 丁腈橡胶(NBR)

性能：丁腈橡胶是丁二烯和丙烯腈的共聚体(见图3-24)，使用温度范围为-30℃～+100℃。

优点：耐汽油和脂肪烃油类的性能特别好，仅次于聚硫橡胶、丙烯酸酯和氟橡胶，而优于其他通用橡胶；耐热性好，气密性、耐磨及耐水性等均较好，黏结力强。

缺点：耐寒及耐臭氧性较差、张力及弹性较小、耐酸性差、电绝缘性不好、耐极性溶剂性能也较差。

应用：用于制造各种耐油制品，如耐油管、胶带、橡胶隔膜和大型油囊等，常用于制作各类耐油模压制品，如O形圈、油封、皮碗、膜片、活门、波纹管、胶管、密封件等，也用于制作胶板和耐磨零件。

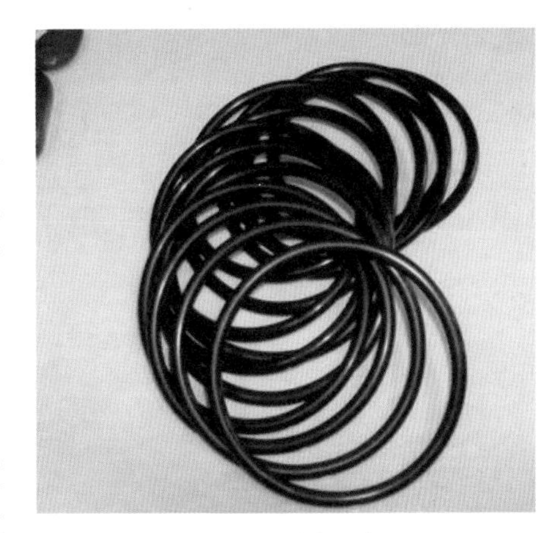

图3-24　丁腈橡胶产品

3) 氢化丁腈橡胶(HNBR)

性能：氢化丁腈橡胶是丁二烯和丙烯腈的共聚体，使用温度范围为-30℃～+150℃。

优点：机械强度和耐磨性高，与氧化物交联时耐热性比NBR好，其他性能与丁腈橡胶一样。

缺点：价格较高。

应用：广泛用于油田、汽车工业等方面的耐油、耐高温的密封制品，也用于制作胶板、模压制品。

4) 硅橡胶(Silicone Rubber)

性能：硅橡胶是无味、无毒的橡胶，在所有橡胶中，硅橡胶具有最广的工作温度，范围是-100℃～+350℃，在+300℃和-90℃时仍不失原有的强度和弹性。

优点：具有很好的绝缘性能，耐氧化、耐老化、耐光，具有防霉性。

缺点：拉伸强度和撕裂强度低，长时间高压力作用下可能形变；表面易沾灰；加工过程复杂，成型时间长，成本较高。

应用：由于硅橡胶所展现的独特性能，它在现代医学领域获得了极为广泛且重要的应用，它能够制作人造血管、人造气管、人造肺、人造骨骼，以及十二指肠管等，并成功植入人体。在工业产品领域，硅橡胶的应用进一步拓展，如专为儿童设计的产品、日常生活用品，以及仿生技术产品，如仿真机器人(见图3-25)等，其应用前景愈发广阔。在科技领域，硅橡胶凭借其卓越的耐寒性能、热稳定性能及优异的阻燃特性，成为不可或缺的材料，被广泛应用于飞机、火

图3-25　仿真机器人

箭、导弹、宇宙飞船等高端航空航天设备中，用于制造与燃料油和润滑油直接接触的胶管、垫片、密封圈及燃料箱的内衬等关键部件，确保了这些设备在极端温度和恶劣环境下的稳定运行。此外，硅橡胶在石油化工领域同样发挥着重要作用，其耐腐蚀性和耐高温性使得它成为该行业中许多关键设备的理想材料选择。硅橡胶的耐腐蚀性还促进了其在纺织行业的创新应用，用于制造具有抗腐蚀性能的特殊衣服和手套等纤维制品，有效保护穿戴者免受化学物质的侵害。

3.6 塑料、橡胶材料加工工艺

3.6.1 塑料材料加工工艺

1. 注塑

注塑成型又称为注射成型，是热塑性塑料的主要成型方法之一，也适用于部分热固性塑料。其原理是将颗粒状、火粉状的原料加入注射机的料斗里，原料经过加热熔化成熔融状态，在注射机的螺杆或活塞推动下，经喷嘴和模具的浇注系统进入模具型腔内等待硬化，如图3-26所示。

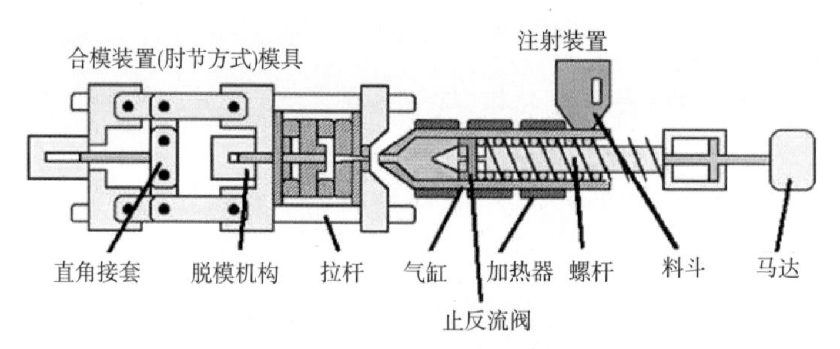

图3-26 注塑工具原理图

注塑成型工艺具备卓越的多项优势：它能一次性塑造出外形复杂且尺寸高度精确的塑料产品；凭借同一套模具，即可高效生产大量规格、形状、性能均保持完全一致的产品，确保了生产的一致性和标准化；其生产过程高效，成型周期短，易于实现自动化或半自动化作业，显著提升了生产效率；此外，注塑成型在材料利用上极为高效，损耗小，操作简便快捷，同时能在成型过程中直接赋予产品鲜艳的色彩，使产品外观更加吸引人。

在产品设计领域，注塑成型工艺展现出了其无可比拟的广泛应用性。它不仅被应用于家用电器的外壳制造，如出风机、吸尘器、果蔬清理机等，为这些日常用品提供了坚固耐用且外观精美的保护壳。同时，在厨房用具方面，注塑成型工艺也发挥了重要作用，从餐具、水壶到垃圾桶及各类容器，其生产的产品既实用又美观。此外，注塑成型还是玩具制造业的优选工艺，能够创造出形状各异、色彩鲜艳的儿童玩具。在汽车工业中，注塑成型工艺同样不可或缺，它用于生产各种汽车零部件，确保了汽车的高性能和美观度。总之，注塑成型工艺以其独特的优势，成为众多行业产品设计中不可或缺的重要技术。

2. 吹塑

吹塑成型法是一种加工中空容器的方法，其基本原理是先将热塑性树脂通过挤出或注射的方式预成型为管状型坯，随后将型坯放入金属型腔内，并通入压缩空气，使型坯膨胀并紧贴型腔内壁，最后冷却固化成型。吹塑成型主要包含如下几种方法。

(1) 注塑吹塑成型：首先用注塑成型法将塑料制成有底型坯，然后将型坯移到吹塑模中，吹制成中空产品，如图3-27所示。

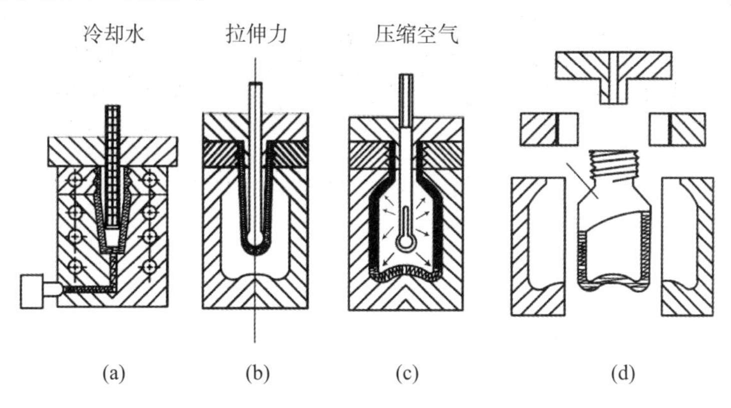

图3-27　注塑吹塑成型工艺

(2) 拉伸吹塑成型：先将型坯进行纵向拉伸，然后用压缩空气进行吹胀达到横向拉伸。拉伸吹塑成型可以使产品的透明度、冲击强度、表面硬度和刚性有很大的提高。拉伸吹塑成型包括注射型坯定向拉伸吹塑、挤出型坯定向拉伸吹塑、多层定向拉伸吹塑、压缩成型定向拉伸吹塑等。

(3) 挤出吹塑成型：首先用挤出吹塑成型法将塑料制成有底型坯，然后将型坯移到吹塑模中吹制成中空产品，如图3-28所示。

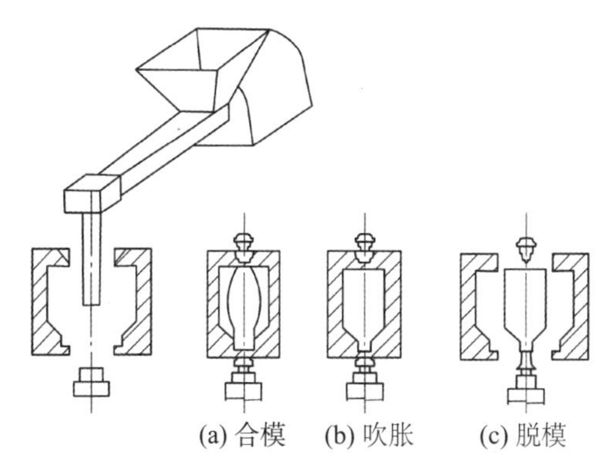

图3-28　挤出吹塑成型工艺

(4) 吹塑薄膜法：首先用挤出吹塑成型法先将塑料挤入模型，然后向管内吹入空气使其连续膨胀到一定尺寸的管式模，冷却后折叠卷绕成数层平整的膜卷。塑料薄膜可用许多方法制造，如吹塑、挤出、流延、压延、浇铸等，但以吹塑应用最为广泛。该方法适用于聚乙烯、聚氯乙烯、聚酰胺等薄膜的制造，如奶瓶、饮料瓶等容器。

3. 挤塑

挤塑成型，也被称为挤出成型，其工作机理如图3-29所示，适用于几乎所有的热塑性塑料及部分热固性塑料的加工。该成型方式凭借其设备成本低廉、生产过程连续高效、产品质地均匀密实的优势，能够轻松实现从薄膜、管材、管件、棒材、异型材、板材、片材，到电线、电缆、发泡材料及中空容器等多种塑料产品的生产。

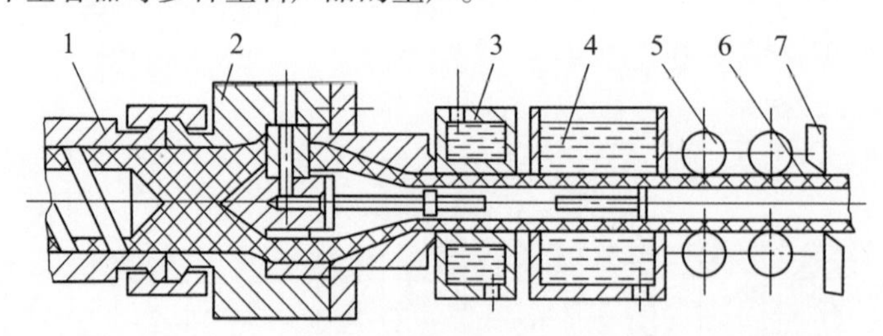

1. 挤出机料筒　2. 机头　3. 定位装置　4. 冷却装置　5. 牵引装置　6. 塑料管　7. 切割装置

图3-29　挤塑成型工艺

在当前塑料产品应用领域不断拓展、市场需求量持续攀升的背景下，挤塑成型因其设备结构简单、工艺易于调控、投资成本低而回报丰厚的特点，愈发凸显出其不可替代的特殊价值与重要意义。

3.6.2　橡胶的成型工艺

橡胶产品的主要原料是生胶，将炭黑及各种橡胶助剂与橡胶均匀混合成胶料；胶料经过压出制成一定形状的坯料；再使其与经过压延挂胶或涂胶的纺织材料(或与金属材料)组合在一起，形成半成品；最后经过硫化又将具有塑性的半成品制成高弹性的最终产品。

橡胶产品的基本生产工艺过程，包括塑炼、混炼、压延、压出、成型、硫化6个基本工序。

1. 塑炼工艺

塑炼是指采用机械或化学的方法，降低生胶分子量和黏度，使生胶由强韧高弹性状态变为柔软而富有可塑性状态，并获适当的流动性，以满足混炼和成型进一步加工的需要，经过塑炼的生胶称为塑炼胶。经塑炼后，有利于粉状配合剂的混入与分散，便于压延、压出、注射等工艺操作，使产品的尺寸稳定、轮廓花纹清晰，提高了质量。

塑炼可分为机械塑炼法和化学塑炼法：机械塑炼法主要通过开放式炼胶机、密闭式炼胶机和螺杆塑炼机等设备，通过它们的机械破坏作用完成塑炼过程；化学塑炼法是借助化学增塑剂的作用，引发并促进大分子链断裂。这两种方法在生产实践中往往结合使用。

2. 混炼工艺

混炼是通过机械作用使生胶与各种配合剂均匀混合的过程，是橡胶加工最重要的生产工艺，经混炼制成的胶料称为混料胶。混炼是为了提高橡胶产品的物理机械性能，改善加工成型工艺，降低生产成本的有效方法。

该工艺的本质是配合剂在生胶中均匀分散的过程，粒状配合剂呈分散相，生胶呈连续相。混炼是对胶料的进一步加工，对成品的质量有着决定性的影响，即使配方很好的胶料，如果混炼不好，也会出现配合剂分散不均，胶料可塑度过高或过低，易焦烧、喷霜等情况，使压延、压出、涂胶和硫化等工艺不能正常进行，还会导致产品性能下降。

混炼方法通常分为开炼机混炼和密炼机混炼，这两种都是间歇式混炼方法，也是目前应用最广泛的方法。

3. 压延工艺

压延工艺加工过程是利用压延机辊筒之间的挤压力作用，使物料发生塑性流动变形，最终制成具有一定断面尺寸规格和规定断面几何形状的胶片，或者使胶料覆盖于纺织物或金属织物表面，制成具有一定断面厚度的胶布，这是橡胶加工中最常用的工艺之一，也是成型流水线实现联动化不可缺少的工序。

压延机为主机，完成压片或在纺织物上刮胶等；而其余设备为辅机，完成其他工序作业，如混炼胶的预热和供胶、纺织物的导开和干燥、压延半成品的冷却、卷取、截断等。压延过程是一项非常精细的工艺，而压延机又是非常精密复杂的机械设备。压延操作是连续进行的，压延速度比较快，生产率高。

4. 压出工艺

压出工艺即挤出工艺，是利用挤出机(压出机)对混炼胶进行加热与塑化，通过螺杆的旋转，使胶料在螺杆和机筒筒壁之间受到强大的挤压作用，不断向前推进，并借助口型(口模)压出具有一定断面形状的橡胶半成品。

在橡胶制品工业中，压出工艺的应用很广，如轮胎的胎面、内胎、胶管、胶带、电线电缆外套，以及各种异形断面的连续制品，都可以用压出工艺来加工。此外，压出工艺还可用于对胶料进行过滤、造粒、生胶塑炼，以及对密炼机排料的补充混炼和为压延机供应热炼胶等。

橡胶压出工艺的操作简单、经济，半成品质地均匀、致密，容易变换规格。设备的占地面积小、结构简单，操作连续、生产率高，是橡胶工业生产中的重要工艺过程。

5. 成型工艺

在橡胶制品的生产过程中，成型工艺是一个关键环节，它涉及利用压延机或压出机等设备，依据预先设定的产品形状与尺寸要求，将橡胶材料加工成形态各异、尺寸精确的制品。

6. 硫化工艺

硫化是橡胶加工工艺中不可或缺的一环，最初人们利用硫黄作为交联剂，使天然橡胶产品实现交联，这一过程便被形象地称为“硫化”。硫化过程中，关键的化学变化在于硫的交联作用，即硫原子被引入并接合在聚合物链之间，构建起桥状结构，这种结构性的转变赋予了橡胶材料显著的性能提升。经过硫化，原本的非硫化胶转化为硫化胶，形成了弹性体，这一转变在多个性能维度上带来了显著变化。

值得注意的是，实现硫化所需的硫化剂不仅限于硫本身，还可以是其他具有相似功能的物质。随着橡胶工业的蓬勃发展，交联技术已不再局限于传统的硫磺交联剂，多种非硫磺交联剂的应用使得“硫化”这一术语在更科学的意义上被理解为“交联”或“架桥”过程，它描述的是线性高分子链通过交联作用转化为网状高分子结构的工艺。从物理性质上看，这一过程实现了从塑性橡胶向弹性橡胶乃至硬质橡胶的深刻转化。

硫化过程可细分为四个阶段：首先是硫化诱导期，然后是预硫化阶段，随后是正硫化阶段，最后则是过硫化阶段。这四个阶段共同构成了橡胶硫化过程的完整图谱。

3.7 塑料、橡胶产品案例赏析

3.7.1 塑料产品案例赏析

如图3-30所示，Blackmagic Design的大熊数码相机采用聚氨酯、乙缩醛和丙烯酸等多种材料，其塑料部件有聚氨酯涂层的硅按钮、聚甲醛释放闩锁、有色亚克力发光管，以及软质聚氨酯泡沫塑料护肩。

图3-30 大熊数码相机外观设计

如图3-31所示，在这款微型厨房玩具的设计中，采用了几十种不同的塑料和助剂，使用吹塑、注塑、热成型等加工方案制造而成。该微型厨房宽1.8m，切分出三个0.6m区域，分别设置烹饪处理、冷却摆放、清洗食材区域。微波炉、烤箱、可转换冰箱、洗碗机和电磁炉都以抽屉形式呈现。在微型厨房中，以聚丙烯、ABS树脂、聚碳酸酯和聚酰胺等作为外饰，不锈钢、镀锌钢、木材等作为内部材料。

图3-31 微型厨房

如图3-32所示，Fleep Reel鱼线轮，选用了聚丙烯与热塑性弹性体作为其主要构造材料。聚丙烯的坚固耐用为鱼线轮提供了稳定的骨架，而热塑性弹性体的加入则赋予它出色的柔韧性和抗冲击性。这样的材质组合，不仅确保了鱼线轮在恶劣环境下的耐用性，还提升了操作的舒适度和灵活性，让每一次垂钓都成为一次愉悦的体验。

图3-32　手卷鱼线轮

如图3-33所示，这款BLOW充气扶手椅，以创新的聚氯乙烯材质颠覆传统，挑战了工艺界的常规。其材料选择不仅经济实惠，还赋予椅子前所未有的轻盈与灵活性。聚氯乙烯的透明特性让椅子呈现出胖乎乎、可爱的外观，同时保证了视觉上的舒适与新奇感。这一材质的应用，不仅降低了成本，更让BLOW扶手椅成为易移动、可压缩的商业新宠，引领了设计界的新潮流。

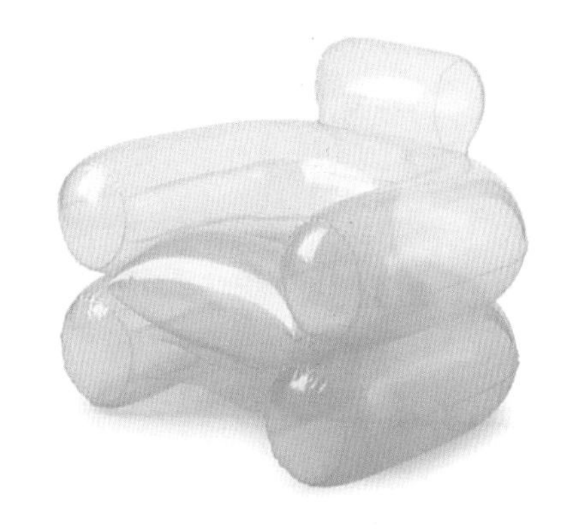

图3-33　充气椅子

如图3-34所示，这款名为“书虫”的书架是由著名设计师罗恩•阿拉德设计的，起初它以回火钢为主要材料，后历经多次实验探索，巧妙地将材料转换为聚氯乙烯塑料。这一变革不仅保留了设计的精髓，更赋予书架前所未有的生产灵活性与成本效益。聚氯乙烯塑料的采用，确保了书架既满足强度需求，又便于大规模生产，实现了按米销售的灵活模式，完美贴合用户的多样化需求。

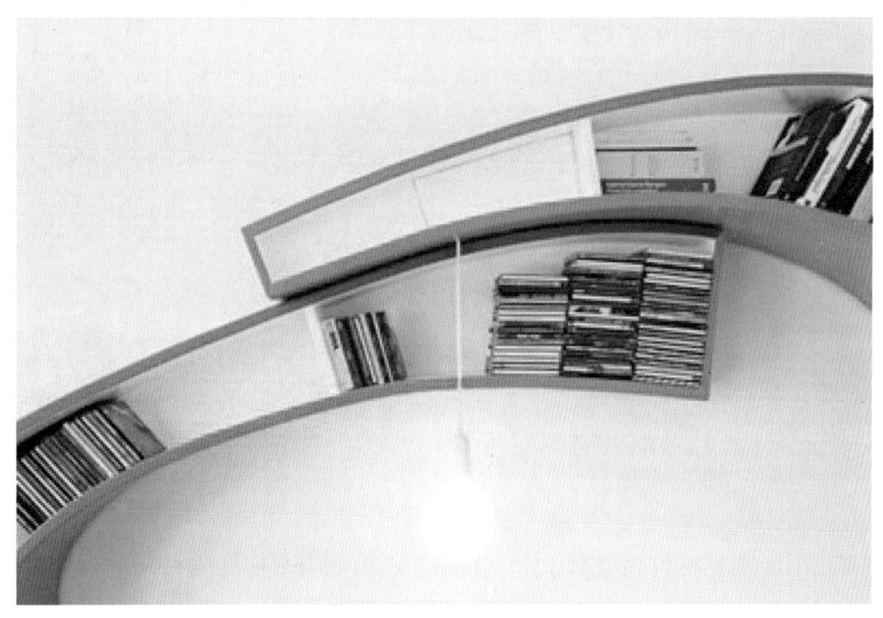

图3-34　“书虫”书架

如图3-35所示，这款Fura家具组合，精选了高品质的聚乙烯塑料作为主要材料，专为户外环境量身打造。聚乙烯塑料以其卓越的耐腐蚀性和耐用性，在公园、广场等公共场合中展现出非凡的适应力，确保了家具即使在恶劣的天气条件下也能保持稳定的性能和美观的外型。这一材质的选择，不仅提升了家具的整体品质，更为使用者带来了持久而舒适的户外休憩体验。

图3-35　Fura家具组合

如图3-36所示，这款发泡胶房采用了超轻质聚苯乙烯泡沫塑料，外观设计呈现圆顶形，看上去很像蒙古包，定制化的设计还允许用户把自己独特的想法融入房子中。此发泡胶房非常坚硬和稳固，同时保持绝缘、保温性能，还能抵御7级以下的地震。此外，房屋不存在腐烂或生锈的风险，也不会被白蚁侵袭。

图3-36　发泡胶房

如图4-37所示，这款药丸式书架，外面由一层坚硬的塑料外壳保护，而内部则是由海绵、橡胶、超薄铝片及铁片组成，这使书架结构具有非常强的灵活性，用户只需用手调整，就可以随意塑造贴合书籍的书档形态，既实用又便捷。

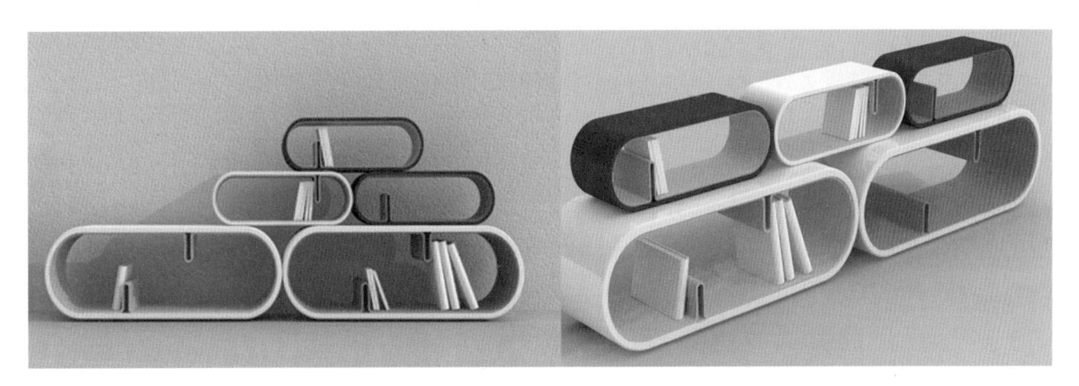

图3-37　药丸式书架

如图3-38所示，这款倾斜聪明茶杯，荣获2011年红点设计大奖，其独特的三角形倾斜杯底与可拆卸滤网设计，让泡茶变得随心所欲。该茶杯采用顶级SAN高食用性塑料搭配优质不锈钢材质，安全健康、品质卓越。使用者只需简单投入茶叶，注入开水，即可享受一杯香醇好茶，还可轻松调控茶味浓淡，让品茗时光更加惬意。

图3-38　倾斜聪明茶杯

如图3-39所示，Type-C U盘采用创新推拉式设计，集便捷与实用于一身。盘身精选铝合金与ABS塑料、聚碳酸酯精心打造，铝合金赋予其强烈的金属质感，而ABS与聚碳酸酯的巧妙融合，则在细节中展现出非凡的质感与耐用性。特别设计的亚光面，为塑料部件增添一抹低调奢华的设计韵味。内置黑胶体集成芯片，极致小巧，使得整体尺寸紧凑，随身携带轻松无负担，是科技与美学的完美结晶。

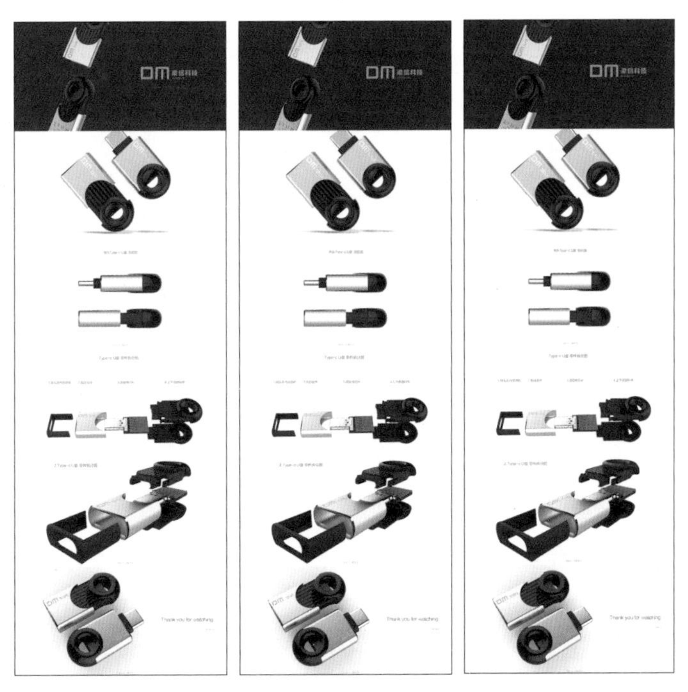

图3-39　Type-c U盘

3.7.2 橡胶产品案例赏析

如图3-40所示，KINZO精湛投线仪，以简约而不失精致的设计语言，展现了科技与美学的和谐共生。其整体造型凝练自然，通过几何形体的精妙切割，尤其是利落的斜切面与直面，勾勒出丰富的细节层次。主体采用深邃蓝色壳体，搭配黑色橡胶防护部分，色彩对比鲜明，既彰显自信沉稳的气质，又确保了使用的安全性与耐用性。银色高档底座，不仅提升了整体品质感，更添一抹奢华韵味。顶面按键采用软件一体式设计，与黑色双料壳体无缝融合，一次成型工艺不仅简化了装配流程，更显著提升了产品的防护等级与耐用性。

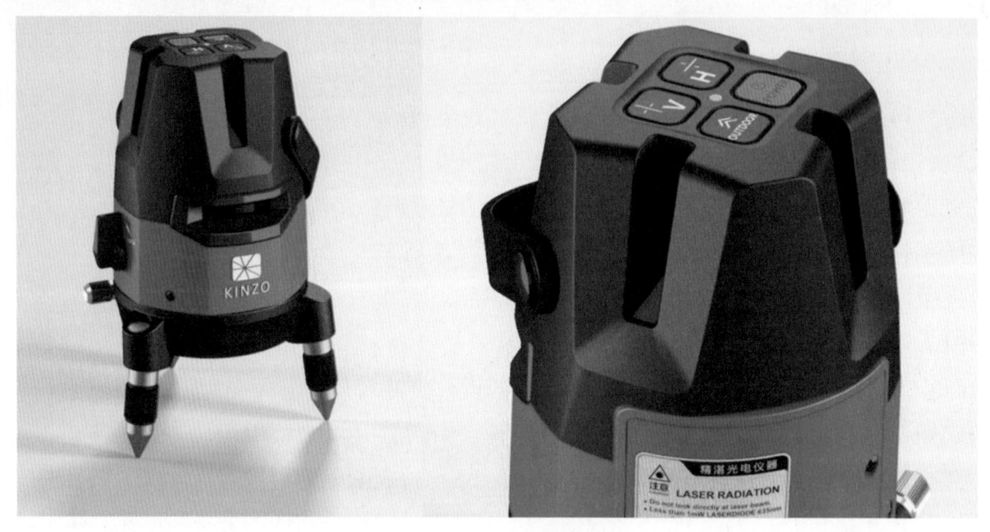

图3-40　KINZO精湛投线仪

如图3-41所示，这款订书机的设计独具巧思，内置锅状收纳空间，巧妙容纳订书钉、回形针等办公小物，取用便捷。最重要的是订书机的底部配置的防滑橡胶，不仅能稳固机身、防止滑动，更能够在用户每一次的按压过程中提供舒适的触感体验，确保操作精确无误。订书机侧边采用双开关设计，分别控制钉盒与订书机的便捷开启，细节之处彰显人性化考量，让办公更加高效有序。

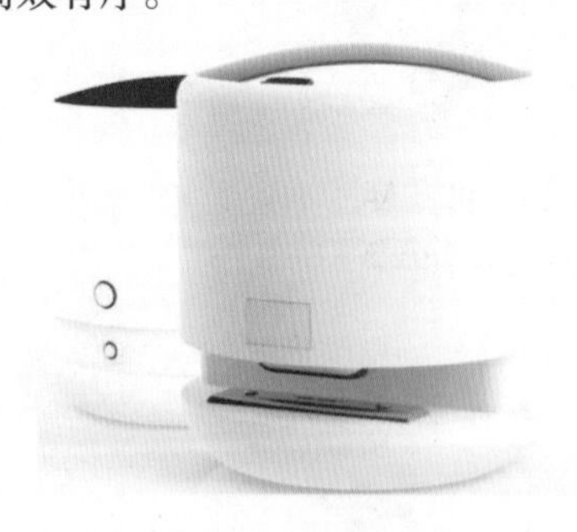

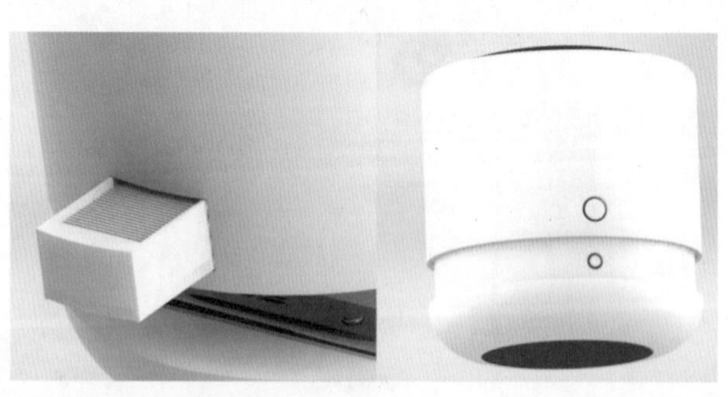

图3-41　订书机设计

如图3-42所示，这款创意手指剃须刀，专为旅途中的人提供方便，轻巧的设计让随身携带无负担。其独特之处在于橡胶材质手柄的巧妙运用，不仅赋予了产品柔软舒适的握持感，更确保剃须过程中的稳定与安全，即便在快速移动中也能精准操控。此外，其刀片设计支持随时更换，持续保持剃须效果的锋利与高效，满足用户对精致生活的追求。

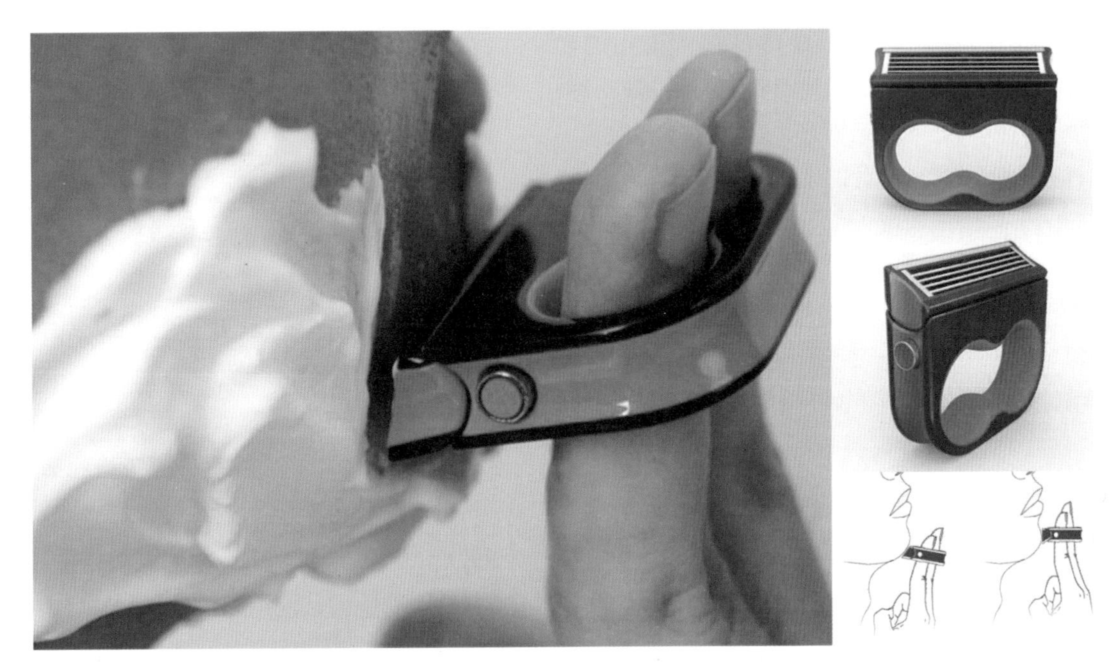

图3-42　创意手指剃须刀

如图3-43所示，这款双层轮胎的创新概念，灵感源自对安全与便捷的深刻洞察。通过将传统轮胎内部单一腔体革新为双腔并置设计，即便高速驰骋中遭遇意外穿刺，橡胶材质的韧性也能有效减缓漏气速度，避免急速瘪胎带来的安全隐患。这一设计不仅利用了橡胶的卓越弹性和密封性，更赋予驾驶者在意外事故中从容应对的余地，能够选择合适的时机安全停车检修，展现了科技与安全的完美融合。

图3-43　双层轮胎

如图3-44所示，这款橡胶海绵橱柜的设计，是设计师从家具运输与打包时使用的海绵填充物中得到的灵感创意，它将橡胶海绵这一材料推向了家居设计的新境界。全橡胶海绵材质的柔软橱柜颠覆了传统橱柜的坚硬形象，更凸显了橡胶海绵独特的柔韧性与多功能性。该橱柜以柔软之姿，轻松应对碰撞与挤压，有效保护内部物品安全无损。同时，其独特的材质特性也为家居空间带来一抹温馨而富有弹性的触感，展现了橡胶海绵在现代设计中的无限可能。

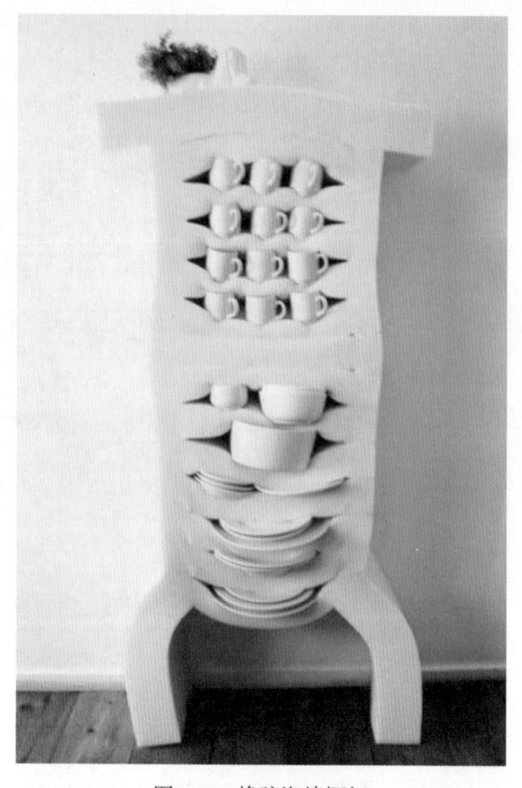

图3-44　橡胶海绵橱柜

如图3-45所示，Flexibler雨伞，是一款设计感与实用性并重的杰作，它巧妙融合柔性金属与高性能防滑橡胶于伞柄之中，重新定义了雨伞的便携与美学。其伞柄部分，利用橡胶材质的卓越防滑特性，在任何湿滑的情况下也能保持稳定抓握，为用户提供使用方面的便利。更令人称奇的是，这款雨伞通过轻轻一扭一弯，即可轻松塑造出最适合当前环境的摆放姿态，无论是狭窄的背包角落还是复杂的桌面布局，都能找到其完美的栖息之所。橡胶的柔韧与金属的巧妙结合，让雨伞的每一次开合都成为一场关于美学与实用的美妙互动，让使用者享受到前所未有的便捷与乐趣。

图3-45　Flexibler雨伞

如图3-46所示，这款名为Mykii的钥匙包，专为钥匙与随身物品的和谐共存而生，它不仅仅是一款钥匙收纳工具，更能为日常生活带来便捷与优雅。钥匙包采用精心挑选的弹性软胶材质，这种软性橡胶不仅触感舒适，更在每一次触碰间保护钥匙与贵重物品，有效防止刮擦与磨损。无论是裤兜、挎包还是与手机并置，该钥匙包都能以其温和的包裹力，避免任何不必要的划痕，让用户的随身物品保持完美如初。此外，软性材质使钥匙包有更大的包容性，虽然包体只是普通钥匙包的一半，但可收纳五把钥匙，一拉一按间钥匙便能轻松收纳与释放。

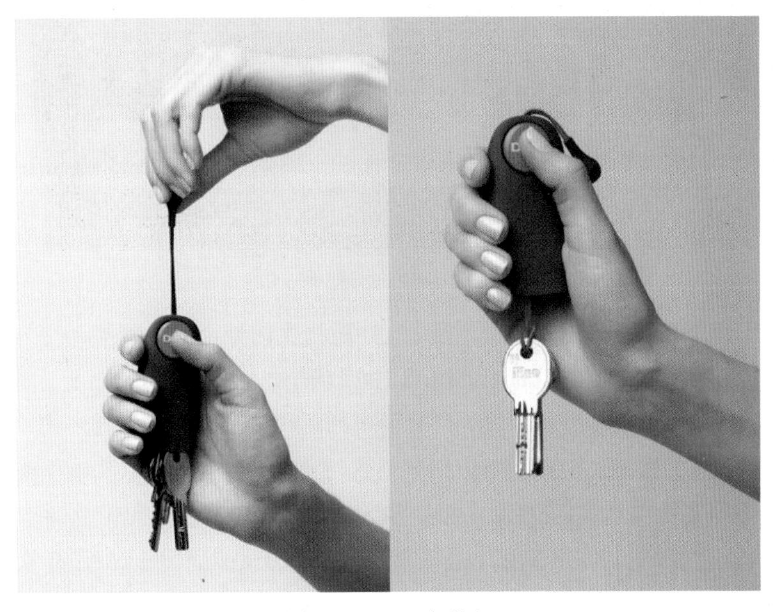

图3-46 Mykii钥匙包

如图3-47所示，这是一款颠覆传统的水槽塞子，其独特之处在于那形似树杈的底部构造，巧妙运用了弹性橡胶的非凡特性。橡胶材质的柔韧与弹性，赋予了它卓越的吸附能力，能够轻松缠绕并牢牢拴住人或动物的毛发，有效防止水管堵塞，保持下水道的畅通无阻。清理时，用户只需简单旋转并提起，虽然仍需手动处理积累的杂物，但相比直接面对湿滑肮脏的下水管，这一过程无疑更加卫生、便捷。这一设计，不仅让日常清洁工作变得轻松愉快，更彰显了橡胶材质在现代家居用品中的卓越应用价值。

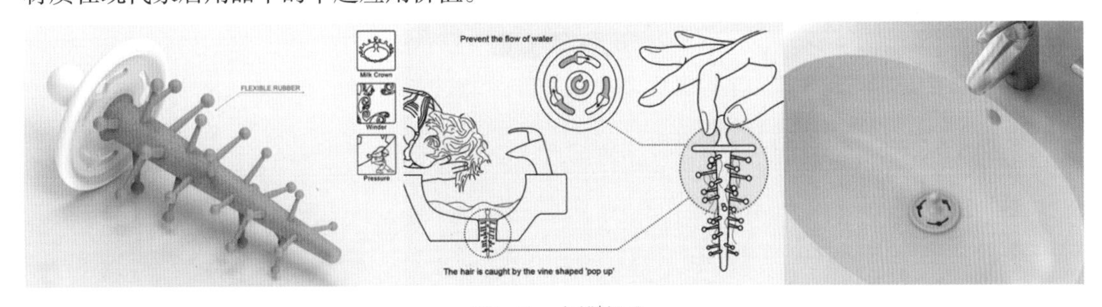

图3-47 水槽塞子

如图3-48所示，这款由Colorware推出的iPad把手，专为追求便捷与舒适的用户量身打造，它重新定义了iPad的单手握持体验。这款把手的核心魅力在于其精心选用的橡胶材质，它如同第二层肌肤般贴合手部轮廓，不仅提供了无与伦比的握持感，更确保了使用过程中的安全与稳定。橡胶的柔软触感与卓越防滑性能，让每一次握持都稳固可靠，即便在滑动或倾斜的情境中也能轻松应对，有效减轻长时间握持的疲劳感。同时，其韧性十足的特质，为iPad筑起了一道坚实的防护屏障，无论是意外掉落还是日常磕碰，都能有效缓冲冲击，避免设备遭受不必要的磨损与伤害。

图3-48　iPad把手

如图4-49所示，Egg Map是一款颠覆传统、妙趣横生的城市导航神器，专为现代旅行者量身打造。Egg Map表面印制了详尽的城市地图，色彩鲜明、区块分明，让人一眼即可捕捉到城市的脉络。其独特的蛋形设计巧妙地将弹性橡胶材质运用得淋漓尽致，通过简单的挤压动作，即可轻松放大感兴趣的区域，隐藏的街道细节、热门景点、便捷的公共交通及美食佳肴瞬间跃然“蛋”上，让导航变得直观而充满乐趣。此外，柔软的材质使其无论是握于掌心，还是轻松收纳于口袋、背包都毫无负担，无论是跌落、踩踏，还是随意抛掷，它都依然能保持完好无损。

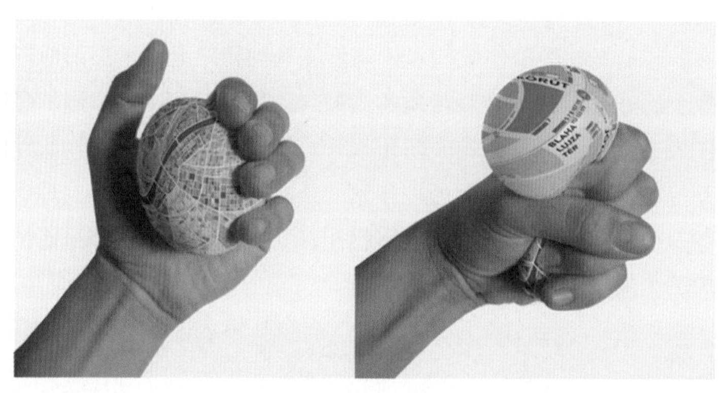

图3-49　Egg Map

第4章

木材及其加工工艺

主要内容：介绍木质材料的特性及加工成型工艺。
教学目标：了解木质材料的特性及加工工艺，并合理应用于工业产品设计。
学习要点：合理利用材料，充分体现木质材料在设计中的应用价值。

4.1 木材概述

木材，这一广泛分布于自然界的天然材料，以其庞大的蓄积量、广泛的分布范围，以及取材便捷、加工性能卓越的特性，自古以来便是人类生产生活中不可或缺的重要材料。从远古时期开始，人类便巧妙地将木材融入日常，不仅积累了丰富的采伐、加工、制作乃至维护保养的技术与经验，更使木材成为历史上最为广泛且常用的传统材料之一。时至今日，在科技日新月异、新材料层出不穷的时代背景下，木材依然保持着独特的魅力与地位，成为工业产品中不可或缺的基本材料之一。

在设计应用领域，木材更是占据了举足轻重的地位，设计师们巧妙运用其独特的纹理、色彩与质感，创造出既美观又实用的产品，完美契合了现代人对自然和谐与舒适生活的向往。木材正逐步演化为现代设计中不可或缺的灵魂元素，引领着设计潮流的新风尚。

鉴于树木种类繁多，每种木材均拥有其特性、质地及适宜的加工方法，这为设计师提供了广阔的创意空间。然而，在具体的产品应用中，使用部位与条件的差异，使得对木材的选用需求各不相同。木材的选择直接影响到产品的整体质量、结构强度、外观美感乃至成本价格，其重要性不言而喻。因此，对于工业设计师而言，掌握准确识别木材种类、深入理解各类木材特性及其加工工艺的能力，成为一项至关重要的技能。这既是对设计专业素养的考验，也是一个需要长期实践与积累经验的过程，旨在实现设计与材料的完美融合，创造出既符合功能需求又富有艺术美感的设计作品。

4.1.1 木材的构造

1. 树的结构

树木作为木材的来源，可分为乔木、灌木和藤木三类。其中，乔木以其粗大、挺拔的主干脱颖而出，成为传统木材加工的主要原料，也是工业产品不可或缺的基材之一。

树木的具体构造，如图4-1所示。

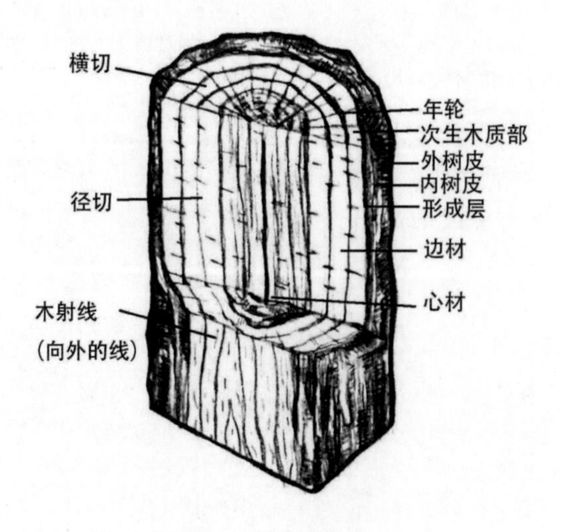

图4-1 树木的构造

(1) 树皮。树皮是树的保护层，是保护树木不受外界损伤的外衣，也是储藏养分、输送养分的渠道。

(2) 形成层。形成层是指木质部与树皮之间很薄的组织，一般由6 ～ 7 层细胞组成。这一很薄的细胞层具有不断分裂新细胞的功能，向内生成木质部，向外形成树皮。

(3) 木质部。木质部是由形成层向内分裂的细胞所形成的，为树干的主要组成部分，是木材加工中主要利用的部分，也是最具经济价值的部分。

(4) 髓心。髓心位于树干的中心部位，其形状在横切面上呈圆形或椭圆形，颜色为褐色或较周围材色更淡。它的功能是储藏养分以供树木生长，其组织较松软、强度低，易开裂和腐朽。

(5) 年轮。树木的年轮是树木在生长过程中，因季节变化而形成的同心圆状环纹。春夏季，细胞分裂快，形成的木材疏松、色浅，称为早材；秋冬季则细胞分裂慢，木材致密、色深，称为晚材。两者结合形成一圈年轮，记录了树木的生长历程。

2. 木材的切面

木材的切面特性因方向而异，展现出多样化的物理与美学特点，如图4-2所示。径切面，即垂直于树木生长方向的刨切面，以其低收缩性、抗翘曲性、良好的挺直度和牢固度著称，是许多家具与建筑材料的优选。横切面，则与树干生长方向及地平面平行，展现出高硬度、耐磨损的特性，但相应地，其加工难度也较大，不易刨削。而弦切面，作为沿树干生长方向但不穿越髓心的弧形切面，以其独特的纵向细胞纹理展现出美观的花纹，但这种切面也较易发生翘曲现象。每种切面都各有千秋，满足了不同领域对木材性能与美学的多样化需求。

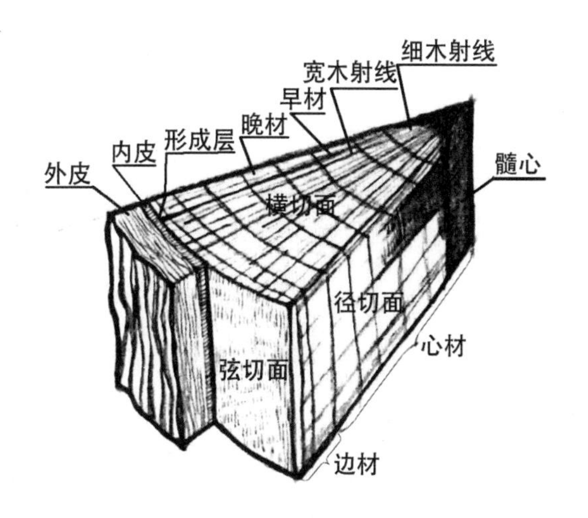

图4-2　木材的切面

当树木被采伐后，经过修剪去掉枝叶，再经过锯、切等初步加工工序，转化为原木材；原木材再进行加工，制作成板材、木方，或去掉树皮以原木的形式作为木材原料。树的取材位置，如图4-3所示。

图4-3　树的取材位置

4.1.2　木材的一般特性

木材因树种、取材位置、处理方法及环境状态的不同，其特性有很大差异。总体来看，木材通常具有以下几种特性。

1. 质轻

木材由疏松多孔的纤维素和木质素构成，所以质轻而强度大，而且有很好的柔韧性。木材因树种不同，密度通常在0.3～0.8kg/m^3，比金属、玻璃等材料的密度小很多。

2. 天然的色泽和花纹

不同树种的木材，乃至同种木材的不同材区，均展现出各自独特的、天然悦目的色泽。例如，红松的心材呈淡玫瑰色，边材呈黄白色；杉木的心材多为红褐色，边材呈淡黄色等。因年轮和木纹方向的不同，木材可形成各种粗、细、直、曲形状的纹理，经旋切、径切等方法还能截取或胶拼成种类繁多的花纹。

图4-4　高级轿车木纹内饰

随着几千年来对木材的使用和特性的理解，对木材纹理的喜爱可能已遗传记忆到我们的基因密码中。如图4-4所示，在高级轿车内饰中，木纹理与不锈钢、塑料等现代材料相得益彰。

3. 湿胀干缩性

木材由许多长管状细胞组成，随环境温度、湿度变化，吸收空气中的水分或释放水分，从而发生含水量的变化，并同时产生尺度的胀缩变化。

图4-5　木桶吸水防漏

如图4-5所示，普通的木船、木桶等，就是利用木材吸湿膨胀的特性，从而实现防漏功能。

4. 吸音隔声性

木材作为一种天然的多孔性材料，其独特的结构赋予了它卓越的吸音隔声性能。在声音传播过程中，木材内部的孔隙能有效吸收声波能量，减少噪音反射与传递，营造出更加宁静舒适的环境。因此，在追求高品质生活空间的今天，木材成为室内装饰与声学设计领域的优选材料。

5. 易加工性

木材加工方便，易锯、易刨、易切、易打孔、易组合加工成型，从手工到大型机械都能完成对其加工的要求。例如，木材可以通过胶、钉、榫眼等方法，牢固地结合；可用物理及化学方法，在热压作用下弯曲、模压成型；木材蒸煮后可以进行切片，具有很强的可塑性。

图4-6　弯曲木片灯饰

如图4-6所示，这是由木材经过精湛切片与巧妙弯曲工艺雕琢而成的灯饰，不仅展现了木材自然纹理的温润美感，更以其独特的形态与光影效果为空间增添了一抹温馨而雅致的氛围。

6. 良好的热、电绝缘性

木材因其对电和热传导性的低效率，即具备较小的热导率和电导率，而被广泛应用于隔热和绝缘材料领域。然而，当木材的含水率增加时，其绝缘性能会相应减弱，这一特性需在使用时予以注意。

7. 各向异性

木材作为一种具有各向异性的独特材料，以其坚韧与卓越的弹性著称。其纵向(顺纹方向)强度尤为显著，使之成为高效的结构支撑材料。相比之下，木材在抗压与抗弯方面的表现则稍显逊色，这为其在多样化应用中的性能平衡提供了考量基础。

除上述优质属性，木材也存在一些缺点：①木材的生长周期长，一般需要 30 ～ 50 年，长则上百年；②受温度与湿度影响大，在储存、加工、使用中易受温度与湿度影响，导致产品收缩或膨胀，以及形状变异和强度变化，发生开裂、扭曲、翘曲等问题；③木材的燃点低，容易燃烧；④容易遭到虫蛀，潮湿环境容易腐烂；⑤木材回收再利用困难。

4.1.3　木材的感觉特性

木材之所以被广泛用于景观环境设施、室内装饰及家具产品的制作等多个领域，其独特的感觉特性无疑是一个至关重要的因素。人们通过视觉、嗅觉、触觉等多种感官渠道，深刻感受材料特性，并在此过程中形成独特的体会和经验。这些丰富的感观体验对于造物材料的选择和使用产生了深远的影响。对于木材而言，其独特的使用体会和感觉，使之成为与人类最亲近、最富有人情味的材料。

1. 视感

(1) 纹理。木材那变幻莫测的纹理，犹如自然天成的艺术品，赋予它独特而迷人的气息，让人在视觉上得到极大的感官享受，如图4-7所示。这些纹理实则是由树木的年轮精心编织而成，它们以宽窄不一的形态，细腻地记录着自然环境的变化、气候的波动，以及树木自身茁壮成长的历程。通过这些纹理，我们仿佛能够穿越时空，感受树木所经历的每一个春夏秋冬，体验那份来自大自然的生命力和故事感。

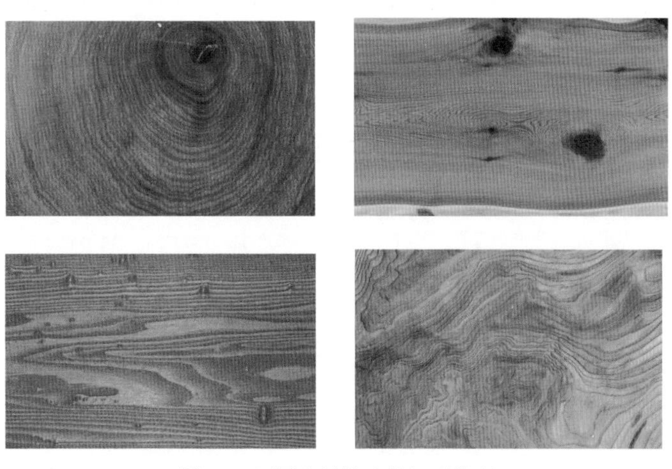

图4-7　不同木材构造的切面纹理

例如，针叶树由于纹理细、材质软、木纹精细，具有丝绸般光泽和绢画般的静态美；阔叶树由于组织复杂，木纹富于变化。材质较硬，材面较粗，具有油画般的动态美。此外，木材本身的一些不规则生长缺陷，如节子、树瘤等，增加了木材纹理的变化，增添了材质的情趣。樱子木就取材于树木病变后形成的丰富树瘤部分，其纹理展现出非凡的美感与无可复制的自然韵味，这使它成为古今文玩收藏、现代产品设计，以及高端装饰领域的时尚宠儿，如图4-8所示。

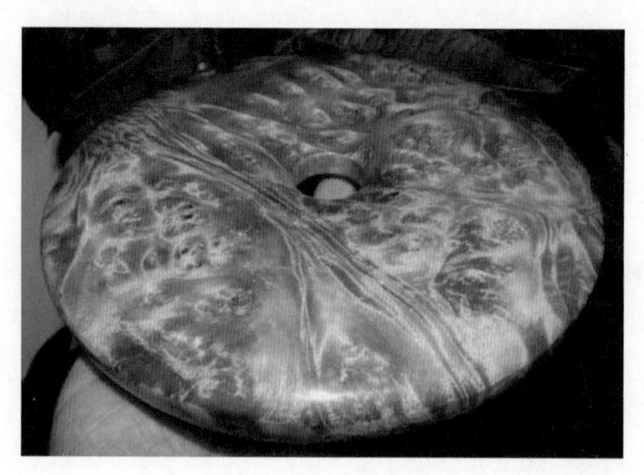

图4-8 樱子木的纹理

人们对木材纹理与图案的偏好，深受其文化背景与追求自然理念的双重影响。这种偏好不仅反映了不同文化群体对美的独特见解，也体现了人类对自然之美无尽的向往与崇尚。

(2) 色彩。色彩决定了木材给人留下的第一印象，它不仅是设计领域中最生动、最活跃的因素，还能深刻影响人们的感知和情绪。

木材有较广泛的色相，有洁白如霜的云杉，漆黑如墨的乌木等，但大多数木材的色相均聚集在以橙色为中心的从红色至黄色的某一范围内，以暖色为基调，给人一种温暖感。木材的明度和纯度也会产生不同的感觉，木材的色彩明度越高，明快、华丽、整洁、高雅的感觉就越强；明度低则有深沉、厚重、沉静、素雅、豪华的感觉。纯度高的木材有华丽、刺激、豪华的感觉；纯度低的则有素雅、厚重、沉静的感觉。

不同的树种、不同的材色，给人的印象和心理感觉也不同，因此有必要结合用途和场合选择木材。当需要明亮氛围时，可选用云杉、白蜡、刺楸、白柳桉等淡色彩的木材；当需要宁静高雅氛围时，可选用柚木、紫檀、核桃木、樱桃木等明度低的深色木材。

此外，木材及其制成的器具，随着时间的推移其色彩也在悄然蜕变，从初时的清新淡雅逐渐沉淀出温暖的岁月痕迹。这种变化，不仅赋予木材更深邃的质感，也让每一件木质器具都承载着时间的故事与温度。

2. 触感

(1) 冷暖感。人们对材料表面的冷暖感知，深刻受到其导热系数差异的影响。木材凭借其适中的导热系数，在触及时传递出一种温馨且舒适的温暖感，这一独特性质让木材在触感体验上显得格外亲切与宜人。进一步而言，木材之所以成为优异的隔热保温材料，归功于其内部空隙的独特结构，既非完全封闭，亦不自由相通，这一特性有效阻碍了热量的快速传递，从而保持了木材良好的保温隔热性能。

(2) 干湿感。温度与湿度是决定材料舒适度的关键因素，它们对人类心理活动的影响尤为显著。尽管木材作为吸湿材料，在吸湿后可能出现尺寸不稳定的弊端，但正是这一吸湿与放湿的特性，使得木材对环境湿度的变化起到了重要的缓冲作用。因此，从调节湿度的角度来看，木材实际上是一种具备优良调湿功能的材料，能够显著提升空间的居住舒适度。

3. 气味

天然木材中蕴藏着丰富的挥发性油、树脂、树胶及芳香油等多种成分，这些赋予了不同树种各自独特的韵味。新砍伐的木材更是香气扑鼻，其中松木散发出的，是清新宜人的松脂芬芳；柏木、侧柏、圆柏等则散发出浓郁的柏木香气，令人心旷神怡；雪松则带有一丝辛辣而独特的香气；杨木则散发着宛如青草的清新气息；而椴木以其特有的腻子气味，让人感受到别样的自然韵味。每一种木材都以其独特的香气，展现自身的气质。

气味是区分、鉴别木材的一个重要方法。例如，海南黄花梨散发辛香的气味，因此这种材料被广泛地应用于家具、装饰品及首饰等高端制作领域，人们利用其自然之美与独特香气，打造出既具有艺术价值又富含文化底蕴的各类产品，如图4-9所示。

图4-9 黄花梨手串

4.2 常用木材分类

4.2.1 树种分类

树木的种类繁多，对于设计师而言，精准地识别不同树种、深入理解其质地与独特性质是至关重要的，这一过程往往需要长时间的实践经验积累。本节将介绍一系列常用于木材制作的树木种类，旨在为设计师及相关从业者提供一个实用的参考指南。这些树种不仅各具特色，还在各自的领域内展现出卓越的应用价值，无论是家具设计、建筑构造还是艺术品创作，都能找到它们独特的身影。

1. 针叶树类

针叶树，以其树叶细长如针，且多为常绿树的特点而著称。针叶树种一般通直高大、纹理平顺、材质均匀、一般质软、变形较小、易加工，属软杂木，如图4-10所示。

图4-10 针叶树与树叶

针叶树中常见的树种主要包括杉木、松木、柏木等。

1) 杉木

特点：杉木，其树皮呈现灰褐色，特征性地裂成长条片状脱落，而内皮则呈现出淡红色泽。这种树木以其生长迅速、纹理通直、结构均匀、材质既轻又韧且易于加工的特性而著称，同时价格亲民，是市场上的优选材料。杉木还散发着宜人的香味，其材质中蕴含的“杉脑”成分，赋予它出色的抗虫耐腐性能。杉木存在两个显著的缺点：因为它是速生材，成材周期相对较短，所以木质纤维较为疏松，水分含量偏高，进而使得杉木的表面硬度较软，容易受到外力作用而产生划痕；杉木在生长过程中容易形成结疤，这些黑色的结疤每隔一小段距离便会出现，对木材的美观度和使用性能造成一定影响。

用途：制作纸浆、细木工板、密度板、刨花板、指接板或木制产品的内部材料。杉木条常作为装饰、装修用的龙骨。

产地：杉木的分布较广，主要产地为我国长江流域、秦岭以南广大山地地区。

2) 红松

特点：红松粗壮挺拔，其高度可达30～40m，树皮纵裂成不规则的长方鳞状块片，每当裂片脱落时，便会露出其下那层独特的红褐色内皮。红松的木材以轻软、纹理通直而著称。其木质层呈现黄褐色，微带肉红色，年轮清晰可辨，彰显出卓越的耐腐蚀性能。此外，红松的树皮可以提取出栲胶，具有多种工业用途；树干则能采集到松脂，是多种化工产品的原料。在加工方面，红松木材展现出优异的干燥性能，并且具备良好的防水特性，使其在建筑、家具等领域有着广泛的应用前景。

用途：建筑、家具及木制产品、门窗、乐器、船舶。

产地：我国东北长白山至小兴安岭地区。

3) 鱼鳞云杉(白松)

特点：鱼鳞云杉的树干圆满且通直，高度可达惊人的30～40m。其树皮在年轻时常呈现灰白色，随着年岁的增长逐渐转变为灰褐色，并展现出鳞状剥裂的独特纹理。木质部则呈现出浅驼色，略带白色，显得清新雅致。鱼鳞云杉的树脂道细小，树脂含量较少，这使得其材质轻软，易于加工与塑形。同时，该木材还具备优良的干燥性能，在加工过程中表现出色，是制作家具、建筑等用途的理想材料。

用途：细木工板、建筑、乐器，以及产品的内部材料。

产地：我国东北大、小兴安岭和长白山地区。

4) 马尾松

特点：马尾松的树皮呈深红褐色，略带灰色，其心材与边材之间的区别并不显著，整体呈现为淡黄褐色。在材质上，马尾松显得轻软，但在干燥过程中容易出现翘裂现象，且变形较为严重。此外，它的耐腐性不佳，且胶接性能也相对较差。

用途：胶合板、包装箱、造纸、建筑及产品的内部材料，是人造纤维板、细木工板的重要原材料。

产地：我国长江流域及以南各省。

5) 落叶松(黄花松)

特点：落叶松的树皮在幼时呈现暗褐色，并伴有片状剥落的现象；随着树木的成长，树皮逐渐转变为暗灰褐色。其木材特性方面，边材为淡黄色，而心材则由黄褐色渐变至红褐色，纹理直且结构细密。落叶松木材的树脂含量较多，这在一定程度上影响了其干燥性能，使得木材在干燥过程中容易出现变形和翘裂的问题。

用途： 桥梁、门窗、护栏等。

产地： 我国东北大、小兴安岭地区。

6) 樟子松

特点： 樟子松的高度通常在15～25m，最高可达30m。其树皮呈现灰褐色，并带有裂开的特征，内层则显露出红棕色。木质层为黄褐色，年轮纹理明显，既通直又清晰，展现出优美的木材纹理。此外，樟子松的木材中活节子较多，而木结疤则相对较少，这使得它在加工过程中更为顺畅，同时干燥性能也表现良好。

用途： 广泛用于中档实木家具及木制工业产品，也常用于建筑、车辆、船舶、桅杆、胶合板的制作，如图4-11所示。樟子松木材经过处理可作为防腐木，应用在户外、入户花园等场合。

产地： 我国东北大兴安岭地区。

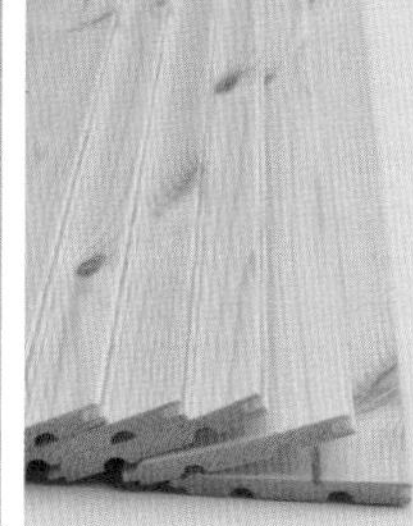

图4-11　樟子松家具及板材

2. 阔叶树类

阔叶树，普遍指的是那些隶属于双子叶植物类别的多年生木本植物，它们的叶片通常呈现出扁平而宽阔的形态，叶脉交错成网状结构，且叶子的形状随着树种的不同而展现出丰富多样的特征，如图4-12所示。这些树木的叶子既可以是常绿的，也可以在秋冬季节如落叶类树木般从枝条上自然脱落。

图4-12　阔叶树类

阔叶树具备极高的经济价值，它们中的许多种类都是极为珍贵的用材树种，特别是樟树、楠木这样的木材，更是以其卓越的质地和稀缺性而著称于世。此外，阔叶树家族种类繁多，这一大类树木通常被统称为硬杂木，它们因具有优良的工艺性能而成为家具制造业中备受青睐的原材料。

1) 水曲柳

特点： 水曲柳的树皮呈灰褐色微黄，表面规则地分布着裂隙。其木质则为褐色中略带黄色，材质略显重而坚硬。纹理方面，水曲柳的木材直且美观，自然流畅，无须过多修饰即能展现出非凡的视觉效果。在加工方面，水曲柳易于雕刻和切割，能够满足各种复杂的工艺需求。同时，它还具备出色的耐水性和耐磨性，能够在多种环境条件下保持稳定的性能。此外，水曲柳具有较高的强度和良好的抗震性能，为家具和建筑等领域提供了坚实可靠的支撑。水曲柳的木材在干燥过程中容易发生较大的变形，同时其干燥性能相对较差，需要更长的干燥时间和更严格的干燥条件，以确保木材的稳定性和耐用性。

用途：用于面板、家具、地板、胶合板及装饰性能强的产品，如图4-13所示。刷清漆能够最高限度地体现出它美丽的花纹。

图4-13　水曲柳材质的面板

产地：我国东北、华北等地。

2) 榆木

特点：榆木的树皮平滑，呈灰褐色至浅灰，大树皮则呈暗灰且深纵裂，粗糙。其木材质地优良，边心材色差显著，边材为暗黄，心材为暗紫灰。木材的纹理通直，花纹美观，坚实且弹性佳，硬度强度恰到好处。其刨面光滑，更兼具耐湿、耐腐、耐久的特性。

用途：可做木质家居产品、家具、精美的木雕产品，也可作为车辆及室内装修材料。

产地：我国北方各地，尤其黄河流域。

3) 楸木

特点：楸木源自高达30米的楸树，其生长周期悠长，通常需要40～50年方能成材。楸木以其软硬适中的质地、较低的密度，以及细腻均匀的结构而著称，展现出卓越的物理与力学性能。楸木的干缩率小，刨面光滑如镜，兼具出色的耐磨与耐腐性。其纹理清晰独特，细线交织着黑点，自然流畅而少见扭曲，着色效果极佳。

用途：广泛应用于乐器、家具、木制产品、室内装修等方面，也是仿制高档木材如各种红木的优质良材。

产地：我国东北等极寒冷地域。

4) 樟木

特点：樟木作为一种珍贵的软木种类，以其独特的黄褐色树皮和壮观的树径而著称，材幅宽广，自然纹理美不胜收。其最为突出的特性是蕴含一股浓郁而持久的香气，这种香气具备驱虫、防蛀、防霉、杀菌的实用功能，是自然界中的天然守护者。樟木的木质细密而坚实，展现出天然雕饰的美丽纹理，质地既坚韧又富有弹性，既不易折断，也难得见到裂纹的产生，这些特性使得它成为雕刻工艺的首选材料，无论是精细的雕花还是大气的造型，都能在樟木上得到完美的展现。

用途：樟木主要用于家具的背板、抽屉板。由于樟木具有驱虫、防蛀、防霉、杀菌功能，特别适用于衣箱、书箱的制作，如图4-14所示。

产地：我国广东、湖南、湖北、云南、江苏、浙江等各省都有分布。

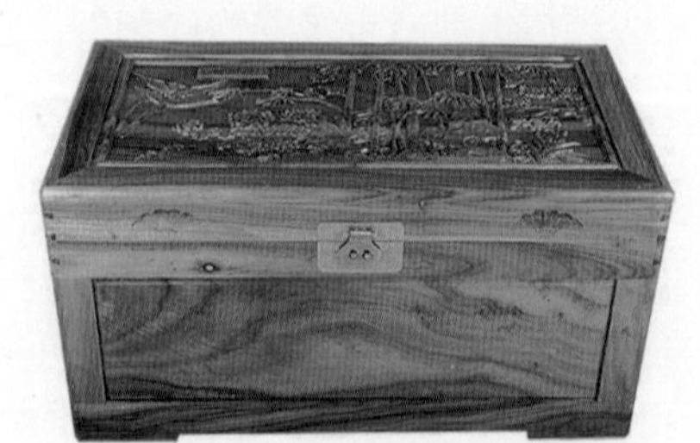

图4-14　樟木箱

5) 橡木

特点：橡木可细分为红橡与白橡两大类别，二者在颜色上差异并不显著，红橡略带黄色偏粉红，白橡则为浅黄色。橡木的质地坚硬、密度高，纹理直挺且结构略显粗犷。在力学强度上，橡木表现出色，耐磨损性能优异，是家具与建筑领域中的理想材料。然而，橡木不易于干燥、锯解和切削，这些特性要求在生产过程中需采取更为精细的工艺措施。此外，当大面积使用橡木时，还需注意其变形程度可能相对较大，需在设计与施工中采取相应措施以确保稳定性。

用途：在产品用材中，红橡应用比白橡广泛，白橡只用于饰面板，而红橡既可以用作饰面板，也可以用在实木产品中。此外，因橡木内含有特有的酸性物质，可以帮助中和葡萄酒中的涩味，使酒的口感更好，因此优质葡萄酒必定采用白橡木桶作为容器。

产地：广泛分布在北半球广大区域。

6) 榉木

特点：榉木的树皮呈暗褐色，木质则为黄褐至浅红褐色，坚硬且质地均匀，重实坚固。其特性包括出色的抗冲击、耐磨与耐腐性能，且不易变形。木材纹理直而清晰，色泽柔和，美观大方，是家具与建筑领域的上乘之选。

用途：在日常生活中，榉木常作为装饰面板、工艺品、胶合板、地板、装饰性强的产品使用。除了木色、纹理、硬度的优势，榉木还拥有承重性能好、抗压性强等优点，可用作建筑、桥梁之材。

产地：我国江苏、浙江、安徽、湖南、贵州等省，欧洲和北美洲一带也有分布。

7) 柚木

特点：柚木是一种热带树种，对生长温度要求严苛。其树皮淡褐，浅纵裂而薄，易自然剥落，展现出独特韵味。木质呈黄褐色至深褐色，因内含金丝而享有“金丝柚木”之美誉。柚木纹理流畅优美，表面油性光亮，色泽高雅且均匀，不仅美观大方，更兼具卓越的稳定性与极小的变形性，是高端家具与建筑装饰的理想之选，如图4-15所示。

图4-15 柚木板材

用途：柚木是制造高档家具、地板、室内外装饰的材料，适用于制作露天建筑、桥梁、高档木制产品、工艺品等，特别适合制造船的甲板。在欧洲国家，柚木大多用来做豪华游艇、汽车内饰。另外，柚木含有极重的油质，这种油质使之保持不变形，且带有一种特别的香味，能驱蛇、虫、鼠、蚁等。

产地：我国广东、广西、云南、福建等地，以及缅甸、泰国、印度和印度尼西亚等国家。其中，以缅甸的柚木最为著名，简称“缅柚”，是缅甸的国宝。

8) 胡桃木

特点：胡桃木源自胡桃科胡桃属，该属内共包含15种以独特色泽命名的珍贵木材。其中，最为人熟知的有黑胡桃木、黄金胡桃木，以及红胡桃木等。其中，黑胡桃心材呈茶褐色，带黑或紫条纹，颜色因地而异。胡桃木的木材色泽自淡灰褐至深紫褐不等，弦切面展现迷人抛物线花纹，增添无限雅致。其纹理直或交错，结构细密均匀，木质重硬，耐冲撞、耐腐朽，且易干燥、少变形、施工易、胶合佳，是家具与室内装饰的优选。

用途：国产胡桃木家具以山西晋作家具为主，南方基本少用。在实际使用中，可对核桃木施以任何涂装方法，是制造高档家具、木制产品、工艺品、胶合板、室内外装饰的材料，如图4-16所示。

产地：我国华北、西北、西南及华中等地区均有种植，主产于南美洲、北美洲、大洋洲、欧洲东南部、亚洲东部等地。

图4-16　胡桃木电视柜

9) 红木

特点：红木源自热带地区，种类繁多，其生长过程极为缓慢，铸就了材质的异常坚硬与木材表面令人赞叹的自然花纹，如图4-17所示。红木的独特之处在于其心边材色泽对比鲜明，边材呈现灰白色，而心材则从淡黄红色渐变至赤色。当暴露于空气中时，心材会逐渐氧化，最终转变为紫红色，这一独特现象正是红木得名的由来。常见的红木种类有降香黄檀、紫檀、花梨木、酸枝木、鸡翅木等。

图4-17　红木原木

用途：红木是高端、名贵家具用材的代表，其卓越的品质与独特的韵味，使得它在家具制作领域独占鳌头。自古以来，红木便是皇家贵族与文人雅士追求生活品质与文化底蕴的象征。它不仅用于打造奢华的宫廷家具，如庄重典雅的龙椅、精雕细琢的屏风，还常见于书房中的书桌、书柜，以及卧室中的床榻、衣柜等，每一件作品都蕴含着匠人的心血与对美好生活的向往。此外，红木还因其独特的色泽与纹理，被广泛应用于装饰艺术领域，如红木摆件、挂件、茶具等，这些精美的工艺品为居室增添了雅致的氛围。随着人们对生活品质要求的提高，红木家具与装饰品更是成为收藏与投资的热门选择，其保值增值的潜力得到了广泛认可。

产地：原产于我国南部的红木，早在明清时期就被砍伐得所剩无几；如今的红木大多产于东南亚、非洲地区。近年来，我国广东、云南省开始培育栽培和引种栽培。

4.2.2 木材加工分类

木材作为构建与装饰的重要材料，其分类方法繁多而细致。若按照加工方法来分类，木材可明确划分为两大类：原木与人造板材。本节将详细介绍这两种类型的木材。

1. 原木

原木，是指伐倒的树干经过去枝、去皮处理后，按规格锯成的一定长度的木材，如图4-18所示。原木直接取自自然界的树木，保留了其自然形态与纹理，无须过多加工即可展现木材的原始魅力与质感。

图4-18 原木

原木分为直接使用的原木和加工使用的原木。直接使用的原木，一般用作电柱、桩木、坑木，或在建筑工程中使用，通常要求具有一定的长度和较高的强度。加工使用的原木，也叫锯材，是指那些需要经过进一步加工处理，如锯切、刨削、旋切等工序，以制成板材、方材、木片或其他木制品的原木材料。这些原木在加工后才能满足特定的使用需求。

锯材按其宽度和厚度的比例关系，可分为板材、方材和薄木三种。

(1) 板材。横断面宽度为厚度的3倍及3倍以上的加工木材，被称为板材，如图4-19所示。其中，薄板为18mm以下；中板为19～35mm；厚板为35～65mm；特厚板为65mm以上。

图4-19 板材

(2) 方材。横断面宽度不足厚度的3倍，被称为方材，如图4-20所示。其中，小方宽厚相乘的积在54cm^{2}以下；中方宽厚相乘的积在55～100cm^2；大方宽厚相乘的积在101～225cm^2；特大方宽厚相乘的积在266cm^{2}以上。

(3) 薄木。厚度在 0.1 ～ 3mm 的木材称为薄木，厚度在 0.1mm 以下的称为微薄木，如图4-21所示。为了提高高档木材的利用率 (红木、柚木等)，近年来厚度在 0.05～0.07mm 的微薄木材得到了广泛应用，主要用于饰面贴皮。

图4-20 方材

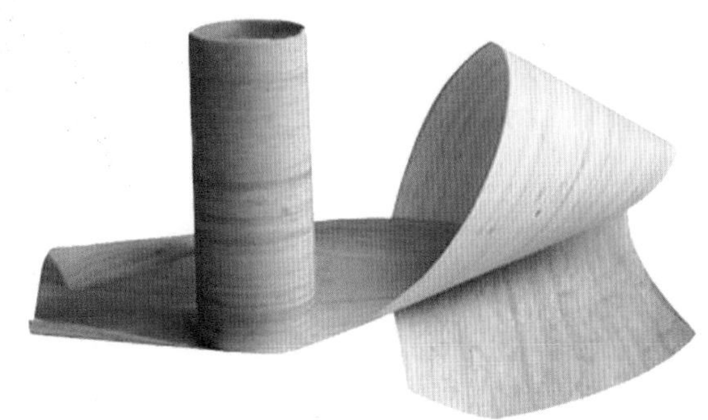

图4-21 薄木

2. 人造板材

人造板材，是利用原木、刨花、木屑、木材的边角下料及其他植物纤维为原料，加入胶黏剂和其他添加剂而制成的板材。由于它提高了木材的利用率，并且具有幅面大、质地均匀、变形小、强度大，便于二次加工等特点，现已成为产品制造业的重要基材。人造板材的种类很多，常用的有胶合板、刨花板、纤维板、细木工板、双包镶板，以及各种轻质板等。

人造板封边工艺尤为重要，不同的板材又有与它相适宜的封边方法，如薄木封边、金属封边、塑料封边等。

1) 胶合板

胶合板，以木材为核心原料，通过旋切技术制成约1mm厚的薄木片，随后采用奇数层(如3、5、7、9层)单板，确保各层纤维方向相互垂直，加压胶合而成，如图4-22所示。此法不仅高效利用木材资源，还显著改善了木板材的性能，有效克服了木材因各向异性而产生的内应力缺陷，从而避免开裂与翘曲。胶合板以其幅面宽广平整、材质均匀、纹理优雅美观而著称，具备极佳的装饰效果。

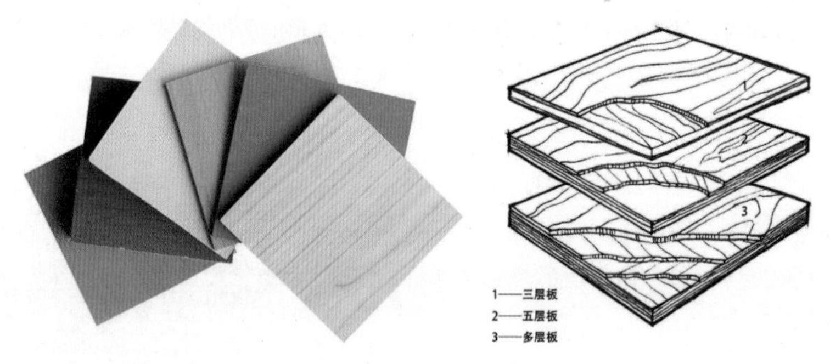

图4-22　胶合板样式及构造

此外，胶合板还能作为表面材料，复贴于刨花板、纤维板、细木工板及双包镶板等人造板材之上，进一步拓宽了应用领域。利用加热、加压及模压成型技术，胶合板还能塑造出曲面形态，展现出高度的设计灵活性，如图4-23所示。因此，在产品设计中，胶合板成为最为常用的人造板材之一。

图4-23　模压成型的胶合板坐具

2) 刨花板

刨花板是利用木材采伐和加工后的废料、碎木屑、刨花或秸秆为主要原料，经过切削成碎片碎粒，加胶、加热、加压制成的有一定强度的板材，如图4-24所示。刨花板幅面大而平整，纵横面强度一致，经过二次加工可表面复贴单板，如胶合板、PVC板、防火板、薄木或微薄木等。但刨花板的缺点是不宜开榫和着钉、表面无纹、不耐潮。

刨花板是制造板式家具、现代工业产品及装饰装修的重要材料，尤其是贴面刨花板广泛用于产品设计中，其具有吸尘、保温、隔热等功能。刨花板的边缘粗糙、多孔，容易吸湿，需要封边，如图4-25所示。

图4-24　刨花板样式

图4-25　贴面刨花板的封边

3) 纤维板

纤维板，是以木料加工的废料或植物纤维作为原料，经原料处理、成型、热压等工序而制成的板材，如图4-26所示。纤维板的颗粒细、密度大、强度高，材质构造均匀、各向强度一致，不易胀缩开裂，具有隔热吸音和较好的加工性能。

纤维板按原料可分为木质纤维板和非木质纤维板；按板面状态分为单面光纤维板和双面光纤维板；按密度分为软质纤维板、中密度纤维板和硬质纤维板。其中，硬质纤维板坚韧密实，也可经过二次加工，表面复贴胶合板、PVC板、防火板等单板，或薄木和微薄木，是产品设计应用的重要基材之一。

纤维板以其独特的性能和广泛的应用领域，在现代社会中发挥着越来越重要的作用。无论是家具制造、建筑装饰、车辆制造，还是包装材料等领域，纤维板都以其独特的优势赢得了市场的青睐。

4) 细木工板

细木工板又称为大芯板，由两片单板(胶合板、防火板等)中间胶压拼接无缝的木板木条(烘干材)组成，如图4-27所示。

细木工板具有质量轻、更接近原木板材的特点，它的尺寸结构稳定、坚固耐用、板面平整及不易变形等特点，有效地克服木材各向异性应力，是良好的结构材料，广泛用于产品、家具、装修及建筑壁板中。

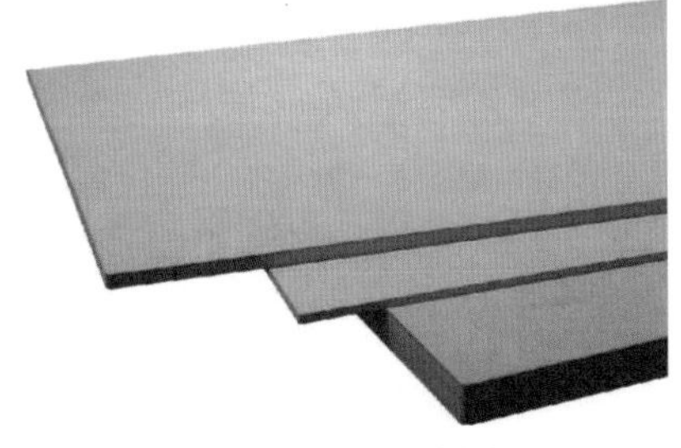

图4-26　纤维板样式

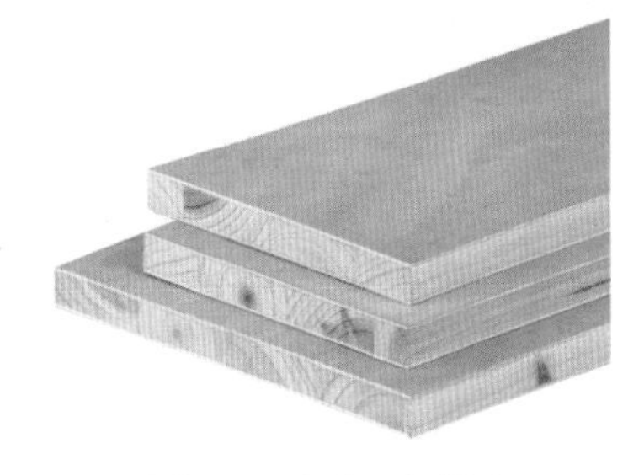

图4-27　细木工板样式

5) 双包镶板

双包镶板，亦被称为空心板，其独特之处在于其内部设计为空心结构，并填充有少量的轻质材料，如木条、纸张或发泡塑料等，以有效减少木材消耗，实现资源的节约利用，如图4-28所示。这种板材采用实木构建框架，内部空间的巧妙利用不仅减轻了整体重量，还保持了良好的结构强度，因此在众多产品中得到广泛应用。

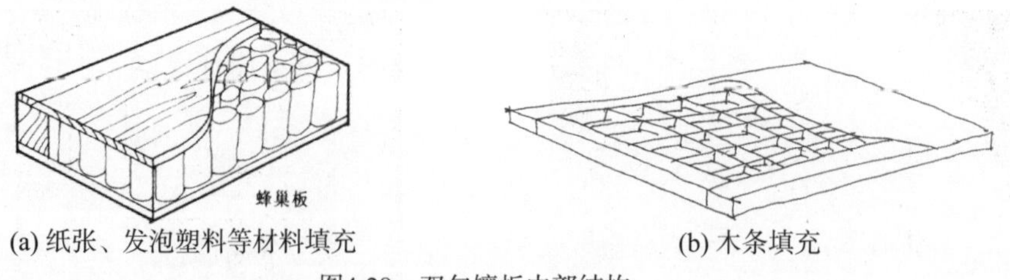

(a) 纸张、发泡塑料等材料填充　　(b) 木条填充

图4-28　双包镶板内部结构

双包镶板的规格尺寸根据具体生产需求灵活定制，其芯框设计尤为讲究，如图4-29所示。边框常采用宽木条制成，而内部则平行排列着细木条龙骨，这些龙骨不仅增强了板材的稳定性，还通过精确控制的间距来优化结构效率。龙骨的宽度则依据板材的幅面而定，如对于1米长的平面，通常会选择约30mm宽的龙骨，而对于更宽的板材，则可能采用40～50mm的龙骨。在芯框的两面，各覆盖有一层约3mm厚的胶合板或纤维板等材料，这些表层材料不仅提升了板材的外观质感，还增强了其耐用性和承载能力。双包镶板在设计上巧妙地采用气钉枪打上骑马钉的方式固定芯框结构，这一创新不仅简化了生产工艺，还进一步节省了材料和人工成本。

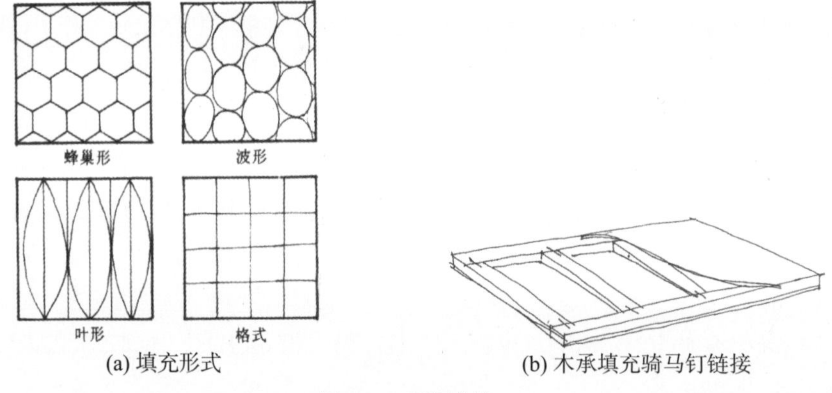

(a) 填充形式　　(b) 木承填充骑马钉链接

图4-29　双包镶板

双包镶板以其独特的空心设计、灵活的规格定制、优化的结构配置及高效的固定方式，在现代板材制造业中占据了一席之地，广泛应用于家具制造、建筑装饰、包装材料等多个领域。

4.3　木材的接合结构

木材的接合结构，作为构筑物稳固与承重的核心要素，承载着支撑与传递力量的重任。从古典工艺中的榫卯结构，以精妙契合实现稳固无隙的连接，到现代科技下的胶结与螺钉结合，不仅强化了木材间的结合力，还提升了结构的整体性和耐久性。这些接合方式不仅保障了木材制品的稳固性，还展现了木材加工技术的精湛与创意，为家具、建筑等领域带来了更多可能性与美感。本节介绍几种常见的木材接合方法。

4.3.1　榫卯结构

传统木制品多采用框架式结构，其核心在于精妙绝伦的榫卯装板技艺，这是实木工艺历经岁月沉淀的理想形态。其设计以细密的纵横骨架为支撑，辅以轻薄装板铺展，既轻盈又稳固。榫卯结构，凭借榫头与榫孔的丝丝入扣，不仅实现了结构的牢固性，更赋予制品以艺术美感与多样性。此结构广泛适用于支撑、贮存及装饰等各类木制产品，历经千年传承，愈发臻于完美，尤其在明清家具中达到巅峰。然而，榫卯之美，亦伴挑战，它对材料质地与工艺精度要求严苛，即便在机械化生产盛行的今日，仍需辅以手工精细打磨，因此生产效率受限，成本相对高昂，更显其匠心独运与珍贵价值。

榫卯接合技艺精妙，其形式依据结合部位的精确尺寸、独特位置，以及构件在整体结构中所承受的应力作用而千变万化。每种接合方式都经过精心设计，旨在确保结构的稳固性、美观性及功能性，如图4-30所示。

图4-30　榫卯结构的装板形式

榫卯结构是一种通过凹凸结合的连接方式，将两个或多个木构件牢固连接的结构方式。榫卯结构的基本构件包括榫、卯。

1. 榫(榫头)

榫(榫头)，是榫卯结构中的凸出部分，通常被精心加工成各种形状，以适应不同的连接需求。榫头的设计既要保证连接的牢固性，又要考虑美观和易于加工。榫的样式繁多，下面介绍一些常用类型。

(1) 以榫的形状分类，可分为直角榫、燕尾榫和圆棒榫，如图4-31所示。直角榫，榫尖与榫舌呈90°角的榫头都属于直角榫，框架结构中大都采用直角榫；燕尾榫，不呈90°角的为燕尾榫，它可以稳固连接点；圆棒榫，是在框架结构的基础上发展起来的新型榫结构，它适合机械化生产，加工精度要求较高。

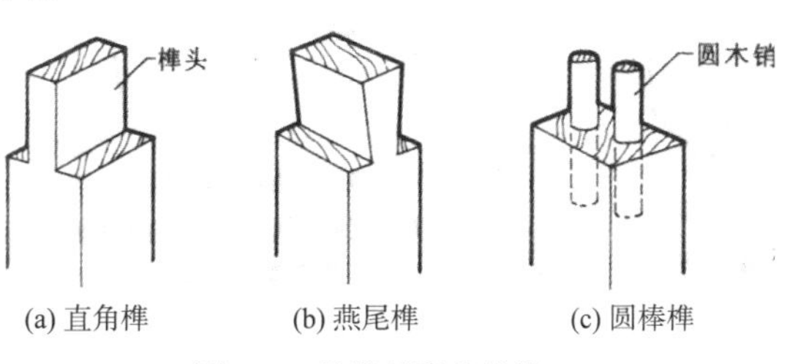

图4-31　按榫的形状分类

(2) 以榫的数目分类，可分为单榫、双榫和多榫，如图4-32所示。

(3) 以榫的深度分类，可分为贯通榫和不贯通榫，如图4-33所示。

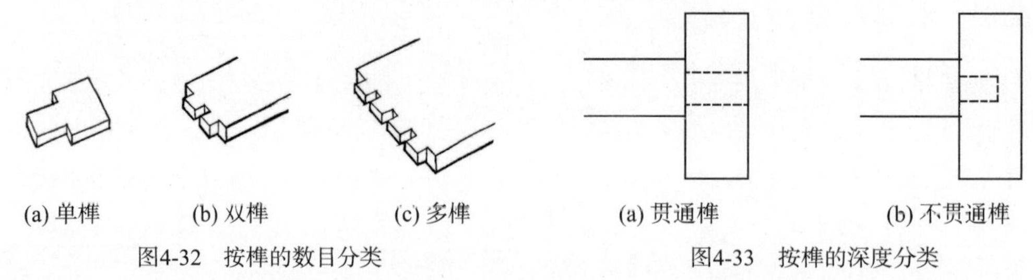

(a) 单榫　(b) 双榫　(c) 多榫

图4-32　按榫的数目分类

(a) 贯通榫　(b) 不贯通榫

图4-33　按榫的深度分类

(4) 以榫孔的深度和侧面开口程度分类，可分为开口榫和闭口榫，如图4-34所示。

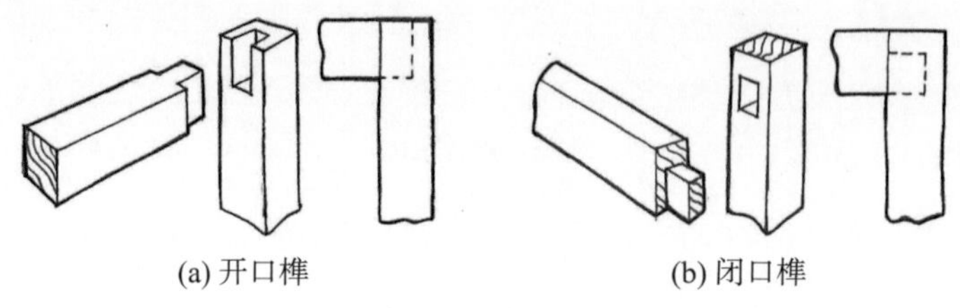

(a) 开口榫　(b) 闭口榫

图4-34　按榫孔的深度和侧面开口程度分类

(5) 以榫头的肩胛分类，可分为单肩榫、双肩榫、截肩榫、四肩榫、中间夹口榫、双肩斜角暗榫，如图4-35所示。

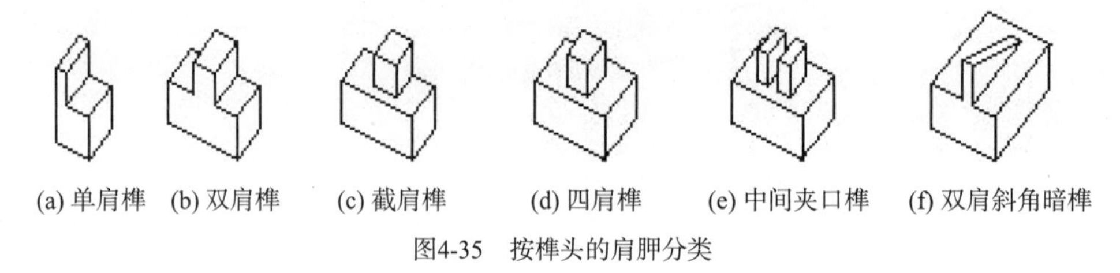

(a) 单肩榫　(b) 双肩榫　(c) 截肩榫　(d) 四肩榫　(e) 中间夹口榫　(f) 双肩斜角暗榫

图4-35　按榫头的肩胛分类

2. 卯(卯眼、榫槽)

与榫头相对应，卯是榫卯结构中的凹进部分，用于接收并固定榫头。卯眼的形状和大小需与榫头相匹配，以确保两者能够紧密咬合。

卯的具体分类并不直接基于其本身的形态，而是更多地与榫卯结构的整体类型、使用部位、功能和形态等因素相关。

3. 榫卯结合的技术要求

木制产品的耐用性常受接合部位影响，尤其是榫接合的设计与加工。合理的榫卯结构需确保整体稳固，加工精度至关重要，任何偏差都可能削弱其强度，加速损坏。有关榫卯接合的技术要求，主要包含如下几点。

(1) 榫头的宽度和厚度。在榫卯结构的设计中，对于榫头的尺寸有着特定的要求以确保连接的稳固性。具体来说，单榫的宽度或厚度应大致等于其所连接的方材厚度或宽度的1/2，这样的设计可以平衡连接的强度和稳定性。而当木材的截面尺寸超过40mm × 40mm时，建议使用双榫以增强连接的稳固性，双榫的总厚度应控制在所连接工件宽度的1/2到1/3，这样的设计比例既能保证连接的强度，又能避免浪费材料，如图4-36所示。这样的尺寸规划旨在优化榫卯结构的整体性能和耐用性。

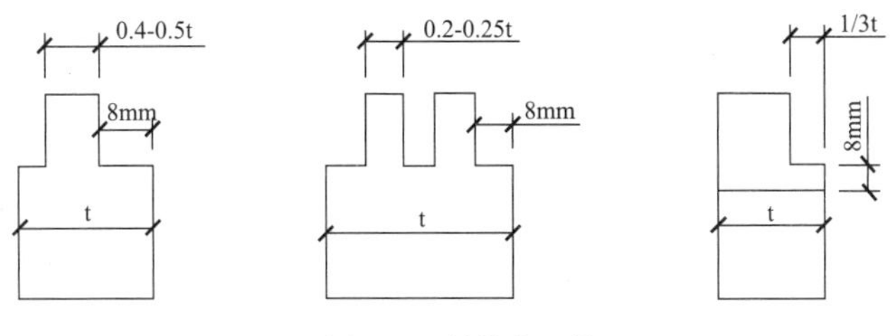

图4-36　单榫和双榫

(2) 榫舌的宽度和厚度。榫舌的厚度设计至关重要，其最佳厚度应等同于孔的宽度，或略小于孔宽0.1mm至0.2mm，这样的设计能确保连接强度达到最大化，同时保证榫卯结构的稳固与耐用。

(3) 榫孔的长度。榫孔的长度设计需考虑榫舌的适配性。对于通榫而言，榫舌的长宽应比榫孔长度多出0.5mm～1mm，以确保稳固连接；半榫的榫孔长度应比榫舌深2mm。

(4) 榫卯结合的倾斜角度。榫卯结合的倾斜角度是考量其结构稳定性的重要因素，倾斜角度的设计需基于木材的自然属性与力学原理，确保在轻微倾斜情况下仍能维持结构的紧密与稳固，如图4-37所示。合理的倾斜角度不仅能吸收部分应力，还能增强连接的灵活性，避免刚性过大导致的断裂。

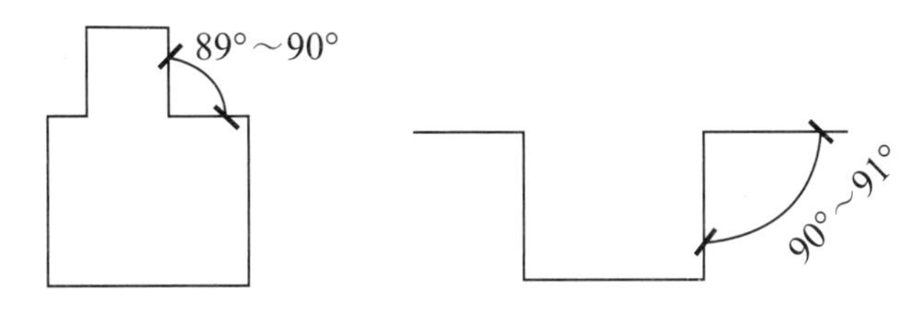

图4-37　榫卯倾斜角度

(5) 榫卯结合弯曲度。榫卯结合弯曲度要求榫卯结构在承受外力时，能适度变形而不破坏整体结构，这依赖于精确的尺寸控制与材料的选择，如图4-38所示。

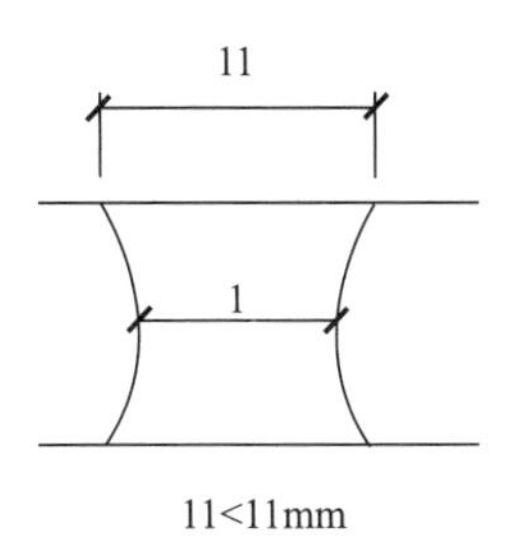

图4-38　榫卯弯曲角度

4.3.2　板式结构

板式结构，即以各种人造板作为基材，通过连接件实现部件间接合的一种木制产品构造方式。这种结构因其设计简洁、加工工艺的便捷性，极大地促进了机械化与自动化生产的进程，因此在当今社会中得到了广泛应用，并展现出巨大的发展潜力。根据连接结构的种类和使用方法的不同，常见的连接方法有固定式结构和拆装式结构。

1. 固定式结构

板式结构中的固定式结构，主要指在家具或建筑构件中，各个部件之间通过焊接、铆接或其他固定方式连接，形成稳定且不可拆卸的结构。固定式结构，主要包括暗燕尾榫接合、明燕尾榫接合、圆插销插入榫接合、外向螺钉接合、内侧螺钉接合、替木螺钉接合和隔板尼龙倒刺接合几种形式，如图4-39～图4-45所示。

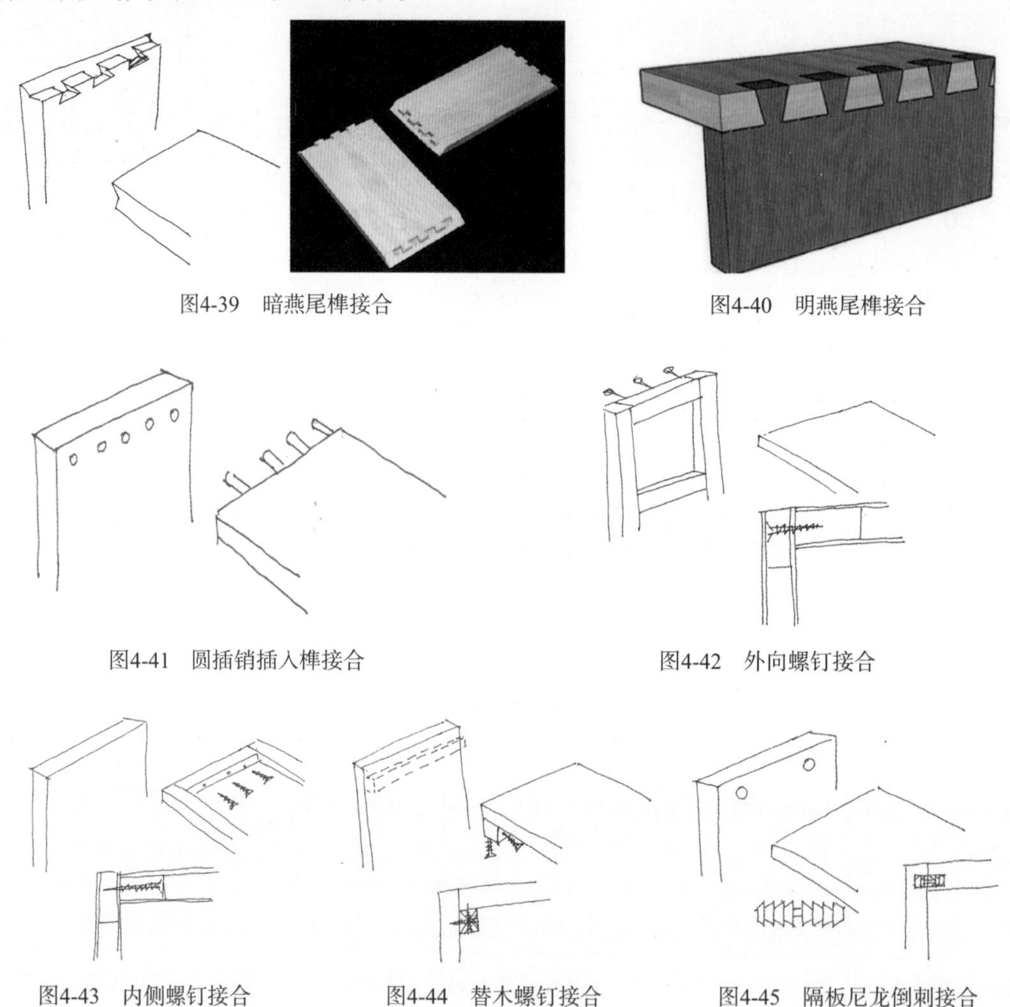

图4-39　暗燕尾榫接合

图4-40　明燕尾榫接合

图4-41　圆插销插入榫接合

图4-42　外向螺钉接合

图4-43　内侧螺钉接合

图4-44　替木螺钉接合

图4-45　隔板尼龙倒刺接合

固定式结构的各个部件之间通过焊接、铆接等固定方式连接，使得整体结构非常稳定，能够承受较大的载荷。它具有较高的耐用性，能够长时间保持结构的稳定性和完整性。固定式结构在视觉上具有更强的整体感，能够提升家具或建筑的美观性，而且充分利用了空间，避免浪费。

但是，固定式结构的加工过程相对复杂，需要较高的工艺水平和成本投入，并且产品一旦制成便无法轻易拆卸，这在一定程度上限制了其灵活性和可变性。由于结构稳定且体积较大，固定式结构在运输过程中可能会受到一定的限制，增加了运输成本和难度。

2. 拆装式结构

板式结构中的拆装式结构，是一种灵活且便捷的家具或建筑构件组装方式。在这种结构中，各个部件之间通过特定的连接件(如五金件、圆榫等)进行连接，使得整体结构可以在需要时进行拆卸和重新组装。拆装式结构主要通过以下方式实现连接。

(1) 偏心件连接。偏心连接件由圆柱塞母、吊杆及塞孔螺母等组成，吊杆的一端是螺纹，可连入塞孔螺母中，另一端通过板件的端部通孔，接在开有凸轮曲线槽内，当顺时针拧转圆柱塞母时，吊杆在凸轮曲线槽内被提升，即可实现两部分之间的垂直拆装。偏心件连接结构是普遍采用的一种拆装结构形式，如图4-46所示。

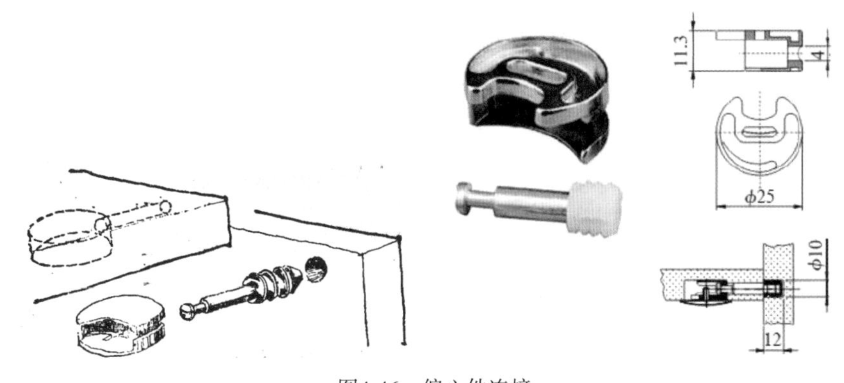

图4-46 偏心件连接

(2) 圆棒榫连接。圆棒榫连接一般起定位作用，与其他方法结合使用，如图4-47所示。

(3) 倒刺螺母与螺钉结合。由倒刺螺母、直接倒刺和螺钉组成，常用于板与板的结合，如图4-48所示。它也是普遍采用的一种拆装结构形式。

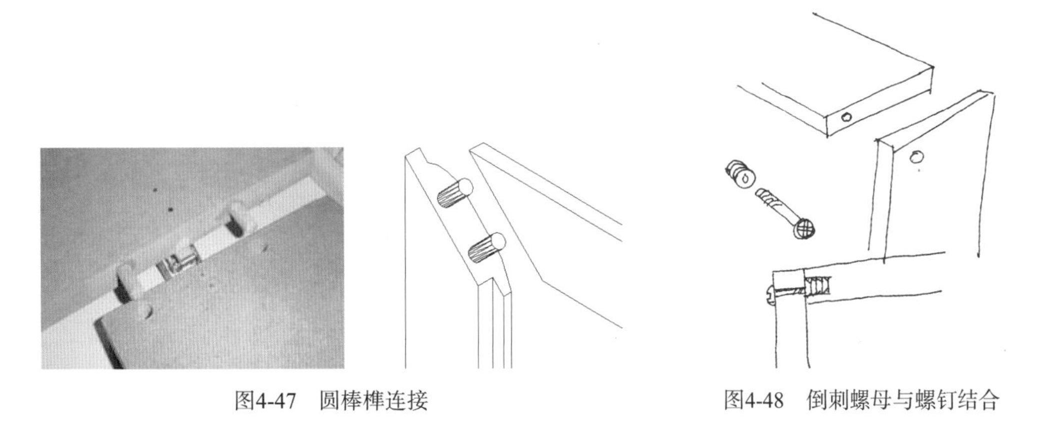

图4-47 圆棒榫连接

图4-48 倒刺螺母与螺钉结合

拆装式结构允许用户根据实际需求调整家具或建筑构件的布局和形态，当某个部件出现故障或损坏时，可以单独进行更换或维修，无须更换整个家具或建筑构件，具有高度的灵活性。由于各个部件可以拆卸，因此拆装式结构在运输过程中更加便捷，降低了运输成本和难度。

拆装式结构通过标准化和模块化的设计，可以降低生产成本和制造周期，并且这种设计使得部件可以重复使用，减少了资源浪费。用户还可以根据自己的喜好和需求进行组装和调整，提升了使用的便捷性和舒适度。

4.3.3 胶结合结构

胶结合作为木制品中常见的连接方式，广泛应用于实木板的拼接及榫卯结构的加固中。其显著特点在于操作简便快捷，通过高黏性胶水将部件紧密结合，确保结构稳固可靠。同时，这种结合方式还能保持木材的天然纹理与美感，使得最终成品既坚固耐用又外形美观，满足了对实用与美观的双重追求。

在装配过程中使用黏合剂时，精准的选择至关重要。首先，需综合考虑操作环境的温湿度条件、被黏木材的具体种类及其表面特性，这些因素直接影响黏合效果。同时，明确制品所需达到的黏结强度、耐水性、耐候性等性能要求，以便选用最合适的黏合剂类型。

在黏合过程中，需要重点关注五个关键要素：一是涂胶量，过多易导致溢胶，过少则影响黏结强度；二是晾置和陈放时间，确保胶水适度固化，形成良好黏合力；三是压紧力度需均匀适中，以促进黏合剂与被黏物充分接触；四是操作温度，适宜的温度有助于胶水快速固化且性能稳定；最后是黏结层厚度，需根据具体需求调整，以平衡黏结强度与材料用量。

木质产品常用的黏合剂多种多样，每种都有其独特的特性和应用场景。白乳胶是其中较为常见的一种，以其常温固化快、强度高、耐老化等优点广泛应用于木材的黏结。此外，万能胶因其应用范围广、使用方便，也常被用于木材及多种软硬材料的黏结。黄胶则是木质工艺中的专业压板胶水，特别适用于中纤板、实木等材料的加厚与贴合。这些黏合剂不仅提高了木质产品的牢固性和耐用性，还促进了木材加工行业的发展。在选择黏合剂时，需根据具体需求和材料特性进行合理搭配，以确保黏接效果和使用安全。

4.3.4 钉结合结构

钉结合结构是一种通过钉子将两个或多个零部件紧固连接在一起的结构形式。钉结合结构广泛应用于家具制造、建筑安装等多个领域。在家具制造中，钉结合常用于连接板材、五金配件等；在建筑安装中，则用于固定门窗、吊顶等部件。

钉子的种类很多，按材质可分为金属钉、竹制钉和木制钉三种，其中金属钉应用最为普遍。金属钉又可分为螺钉、圆钉等多种类型。

1. 螺钉结合结构

螺钉结合结构，又称螺钉联结或螺钉接合，是一种通过螺钉(一种表面带有螺纹的金属连接件)与被连接件之间的螺纹副，将两者紧固连接在一起的结构形式。这种结构在多个领域中都有广泛应用，包括但不限于机械制造、汽车制造、建筑安装、家具制造，以及航空航天等领域。

螺钉包含盘头螺钉、圆柱头螺钉、半沉头螺钉和沉头螺钉。

2. 圆钉结合结构

圆钉结合结构是一种常见的木质产品连接方式，主要通过圆钉将两个或多个零部件紧固连接在一起。圆钉结合的强度受多种因素影响，包括基材的种类、密度、含水率，圆钉的直径、长度，以及钉入的深度和方向等。在实际应用中，需要根据具体情况选择合适的圆钉类型和安装方式，以确保接合的牢固性和耐久性。

圆钉包含普通圆钉、镀锌圆钉、不锈钢圆钉、螺旋圆钉、水泥钉，以及其他特殊类型圆钉。

螺钉与圆钉在木材中的结合强度深受木材硬度、钉子的直径与长度，以及木材纹理方向的影响。具体而言，当木材硬度较高、钉子直径较大且长度适中，并沿着木材的横纹方向进行固定时，其结合强度会显著增强。反之，若木材较软、钉子尺寸不匹配或未遵循木材纹理方向，则结合强度会相应减弱。在实际操作中，合理确定钉子的有效长度至关重要，这既要确保足够的穿透深度以形成稳固的连接，又要避免过长导致木材构件劈裂的风险。同时，选择合适的钉子直径，并考虑木材的纹理方向进行钉入，是提升结合强度、确保结构稳固性的关键步骤。

钉结构以其简便快捷的安装方式著称，能够迅速实现零部件的紧固连接。其结构稳定，在适当的条件下能提供可靠的承重和支撑。此外，钉结构成本相对较低，适合大规模生产和广泛应用，是家具制造、建筑安装等领域的优选方案。然而，钉结构也存在一些不足。首先，其连接强度可能受到材料质地、钉子尺寸及安装技术的影响，存在一定的不确定性。其次，钉子的存在可能会对木材等被连接材料造成局部损伤，长期使用下可能导致连接松动或构件损坏。最后，钉结构不适合用于需要高度精确和复杂连接的场合。

4.4 木材的加工工艺

木材加工工艺，作为将木材通过木工工具或机械设备进行精细处理，从而改变其形状、尺寸规格及物理性能，进而制成产品零件、部件乃至完整产品的核心环节，涵盖了从初步切削到最终装配的全过程。这一工艺体系广泛划分为手工木工工艺与机械木工工艺两大类别，两者均是产品实现过程中不可或缺的关键技术，也是产品设计师必须深入学习与熟练掌握的重要知识领域。

鉴于材料、结构及加工条件的多样性，木材的加工工艺在具体实施上展现出了极大的灵活性和差异性。本节主要以手工木材加工工艺和机械弯曲木材成型工艺为例，对木材加工工艺进行简单介绍。

4.4.1 手工木材加工工艺

手工木材加工工艺，要求工匠们运用传统或现代的手工工具，通过锯割、刨削、雕刻、拼接等一系列精湛的手工技艺，将原木转化为形态各异、尺寸精准的木制品部件。此过程不仅考验着工匠的技艺水平，更蕴含着对木材自然纹理与特性的深刻理解和尊重。

手工木材加工工艺的基本操作步骤为：板材干燥→配料→平面加工→画线→连接处加工→装配→修整。

1. 板材干燥

木材因其重量适中、韧性优良、色泽悦目、纹理自然美观，且取材便捷、加工容易，成为设计界的优选材料。然而，木材易变形的特性是其不容忽视的短板，其中，水分是变形的主要诱因。木材内部含有大量水分，这些水分直接影响其性质，水分的增减会导致木材材性显著变化。为解决这个问题，干燥处理成为关键。通过干燥，木材在加工前先行经历形变，从而在一定程度上稳定其形态，减少后续加工中的变形风险。因此，木材的干燥不仅是必要的预处理步骤，更是确保木材制品品质与稳定性的重要措施。

1) 木材的含水量

木材中的水分可分为自由水、吸着水和化合水三种状态，其中自由水是木材含水量的主要部分。新砍伐的木材，含水率通常较高，平均可达50%～100%，甚至在水运湿存后可能超过100%。而经过人工干燥处理的木材，如气干材和室干材，其含水率会显著降低至适应不同地区气候的水平。值得注意的是，木材的平衡含水率受大气湿度影响显著，不同地区存在明显差异，如北方约为12%，南方约为18%，华北地区约为16%。因此，在木材加工和使用过程中，精确控制含水率，是确保产品质量和稳定性的关键，如图4-49所示。

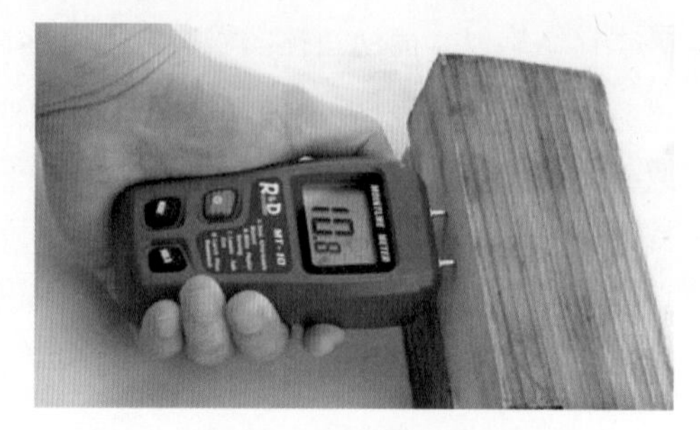

图4-49　木材含水率测试

木材含水率在生产过程中具有举足轻重的意义，它直接关联到产品的最终质量和使用稳定性。由于地区间气候差异，木材在使用前必须干燥至其所在地区的平衡含水率以下。具体而言，南方地区的木材含水率一般应控制在12%～18%，而北方地区则为11%～14%。这一要求是为了防止木材制品在使用过程中因水分变化而出现开裂和变形现象。

2) 木材的干燥方法

木材的干燥过程可根据实际条件与需求灵活选择天然方法或人工方法。天然干燥利用空气与阳光的自然力量，通过合理堆积与场地选择，让木材在较长时间内逐渐失去水分，此方法无须额外的能源消耗，但效率较低。相比之下，人工干燥则采用热风、蒸汽、微波或真空等现代技术，通过精确控制温度、湿度与气流，加速木材内部水分的蒸发，从而实现快速、高效的干燥效果。其中，热风干燥以其广泛的适用性和可控性成为主流；蒸汽干燥则利用高温高湿环境促进木材均匀干燥；微波干燥以其极快的加热速度著称，但设备成本较高；而真空干燥则适用于对干燥质量要求极高的场合。

炉气干燥作为传统而普遍的方法，通过炉灶燃烧产生的热气对木材进行干燥，具有生产能力强、工艺成熟等优点，如图4-50所示。

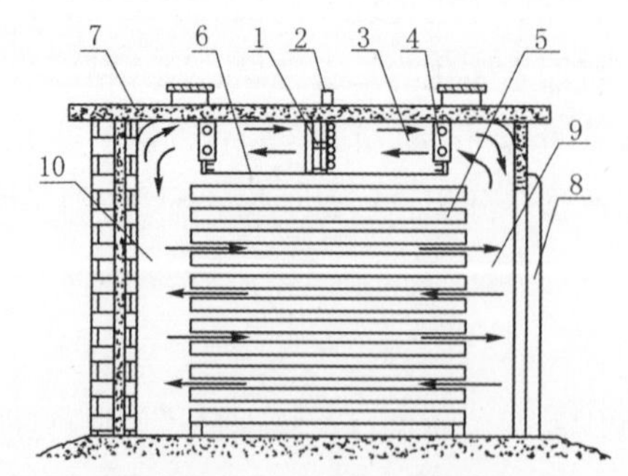

1—风机 2—驱动装置 3—水平风道 4—加热器 5—木材堆垛
6—隔板 7—导流板 8—门 9—右侧竖直风道 10—左侧竖直风道

图4-50　木材干燥炉示意图

在选择木材干燥方法时，需要根据木材的种类、尺寸、干燥要求及经济成本等因素综合考虑。天然干燥虽然成本低但耗时较长；人工干燥则可以根据需要选择不同的方法和设备，以达到快速、高效的干燥效果。同时，无论采用哪种干燥方法，都需要注意控制干燥过程中的温湿度变化，以防止木材开裂或变形。

3) 木材干燥后的处理

木材在干燥过程中，可能经历几种形态的变化，具体包括如下几种。

(1) 歪偏。这种变形表现为板面虽然保持平直，但横切面的形状却发生了变异，如图4-51所示。这主要是木材在干燥时，其径向干缩差异所导致的。不同方向的干缩率不一致，使得横截面形状偏离原始状态。

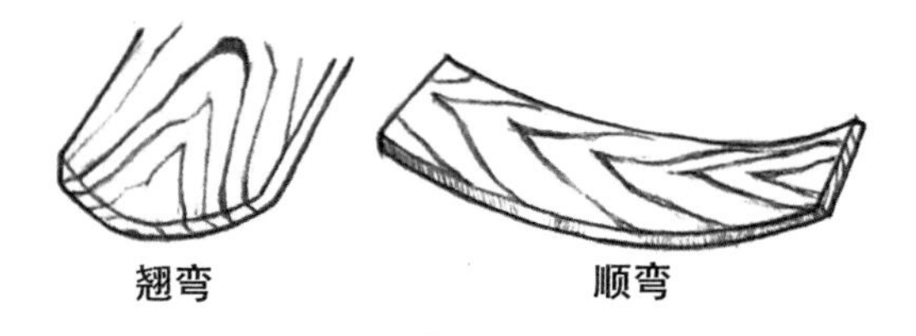

图4-51　木材的歪偏

(2) 翘曲。木材干燥后，其板面不再保持在一个平面上，而是发生了纵向的形状改变，这种现象称为翘曲，如图4-52所示。翘曲是木材内部各层或各部分在干燥过程中收缩不均匀，导致整体形状扭曲。

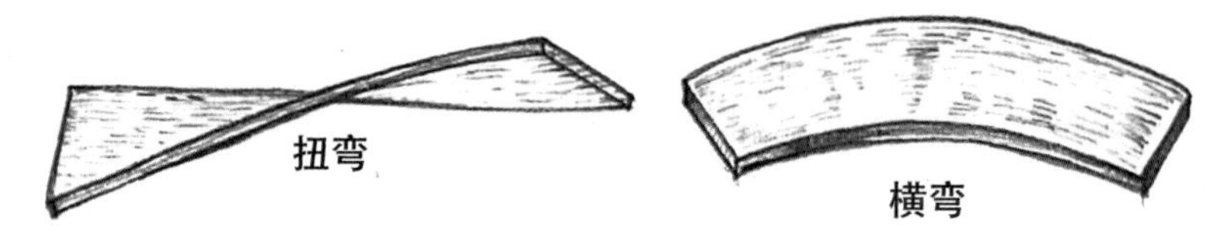

图4-52　木材的翘曲

(3) 干裂。在木材的干燥过程中，如果收缩不均匀，可能会产生裂隙，这种裂隙被称为干裂，如图4-53所示。干裂通常从木材的端头开始，并逐渐向内部延伸，其发生与干燥方法密切相关。干裂不仅影响木材的美观性，还可能降低其力学性能和使用寿命。

图4-53　木材的干裂

为有效避免木材干燥过程中的歪偏、翘曲和干裂等问题，可采取多种预防措施。首先，选择径切板，能够减少因径向干缩差导致的变形。其次，利用多层胶合板和细木工板的结构特点，使各层之间相互制约，增强整体稳定性。高温处理(110℃～150℃)虽然能稳定木材尺寸并降低吸湿性，但需权衡其对木材强度和颜色的影响，如制作铅笔等特定用途的木材可考虑此方法。另外，对木材进行封闭处理，如打石蜡，能有效隔绝空气，减缓湿度变化对木材的影响。

最后，采用拼板、指接等工艺方法，通过精细加工增强木材的结构强度，进一步防止变形和开裂。这些方法各有优劣，需根据木材的具体用途和加工要求灵活选择。

2. 木材配料

木材的配料过程，作为木制产品制作中至关重要的一环，直接关系到最终产品的品质与成本效益。这一过程不仅要求精确遵循产品图纸和料单所规定的各项参数，如尺寸、形状、材质等，还需考虑材料的合理利用与节约，以及后续加工的便利性。下面将详细介绍木材的配料方法及其关键工序。

1) 配料方法

配料首先是对木材原料进行精挑细选，确保所选材料能够满足产品的设计要求和性能标准。随后，通过一系列精确的加工操作，将原材料转化为符合生产需求的半成品，即毛料。这一过程不仅要求技术精湛，还需严格的质量控制和高效的流程管理。

2) 配料的关键工序

(1) 选料：①通过目视检查木材的纹理、色泽、有无节疤、裂纹、腐朽等缺陷，初步筛选出适合加工的木材；②使用测量工具对木材的长度、宽度、厚度进行精确测量，确保所选木材的尺寸符合设计要求；③根据产品的使用环境和功能需求，评估木材的硬度、强度、耐候性等物理力学性能，选择最合适的材料。

(2) 横向截断：①按照产品图纸或料单上的长度要求，使用圆锯机、带锯机等设备将木材截断成指定长度的段。这一步骤需严格控制截断精度，避免材料浪费；②截断后的木材端面可能不平整或有毛刺，需进行打磨、刨平等处理，以便于后续加工。

(3) 纵向锯解：①根据产品的零部件需求，合理规划锯割路径，以减少材料浪费并提高效率；②使用推台锯、多片锯等高效锯解设备，按照规划好的路径对木材进行精确锯解，得到所需宽度和厚度的毛料。锯解过程中需注意保持锯面的平整度和直线度；③在锯解过程中，需根据后续加工工序的需要预留一定的加工余量，以确保最终产品的尺寸精度和品质。

木材的出材率，产品的材质纹理等许多方面都取决于配料工序。在配料时应注意的事项为：①材料取材合理，避免浪费；②根据产品颜色及漆种进行选材；③每套或每批产品材质要一样；④拼板要软硬材质一致；⑤内外部材料要有区别。

3. 平面加工

木材在经过配料加工后，通常会保留一定的加工余量作为毛料，以便进行后续的精细处理。这些毛料的平面加工是转化为净料的关键步骤，它主要包括基准面加工和相对面加工两个重要方面。基准面的确定至关重要，它涵盖了平面、侧面及端面，是后续加工定位的基础。

基准面加工，主要包含锯割、刨削、铣削几个步骤，具体内容如下。

1) 锯割

木材的锯割是小材成型加工中使用最多的一种操作，按设计要求将尺寸较大的原木、板材或方材等，沿纵向、横向或按任意曲线进行开锯。分解、截断、下料时都要运用锯割加工。

锯割的工具有框锯、圆锯、带锯和钢丝锯等，如图4-54和图4-55所示。

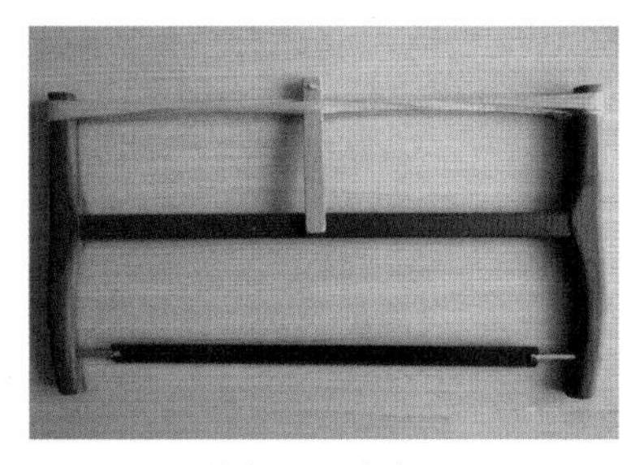

图4-54　框锯

图4-55　圆锯

2) 刨削

木材经锯割后的表面一般较粗糙且不平整，须进行刨削加工，它是木材加工的基本工艺方法之一。木材经刨削加工后可以获得尺寸和形状准确、表面平整光洁的构件。刨削加工是使用刨刀刃口沿木材表面倾斜一定角度相对运动，刮削木材表面，从而达到加工要求。

刨削的工具主要有手工刨床、压刨削机床和平刨削机床，如图4-56～图4-58所示。

图4-56　手工刨床

图4-57　压刨削机床

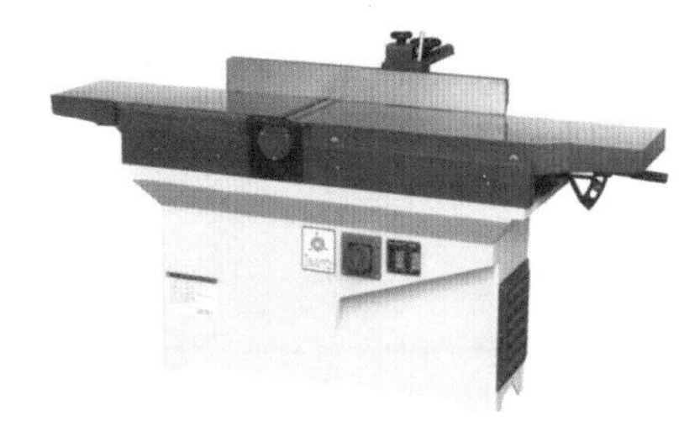

图4-58　平刨削机床

刨削过程中的注意事项包括：①基准面必须平整；②面和面之间必须按要求呈90°；③除长度留有加工余量，其余都为净尺寸(净料)。

3) 铣削

木制品中的曲线零件制作工艺繁复。此时需要采用铣削方式切削工件，通过刀具的旋转和工件的移动，使切削刃与工件表面接触，将工件表面的材料削除，从而得到所需形状。

木工铣削机床作为多功能设备，既可胜任截口、起线、开榫、开槽等直线成型的表面加工和平面加工任务，又擅于曲线外形加工，是木材制品成型加工中不可或缺的工具，如图4-59所示。

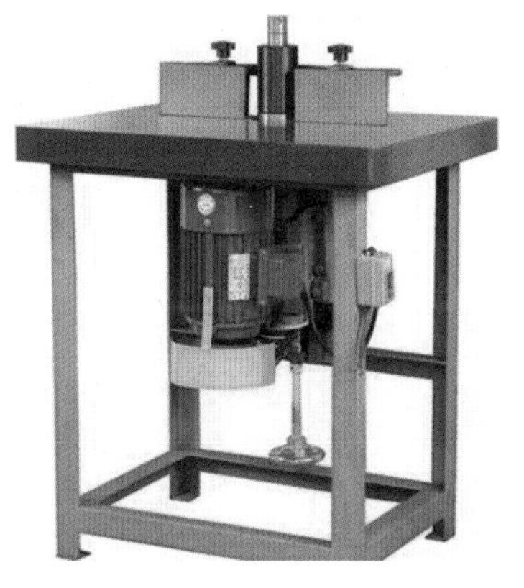

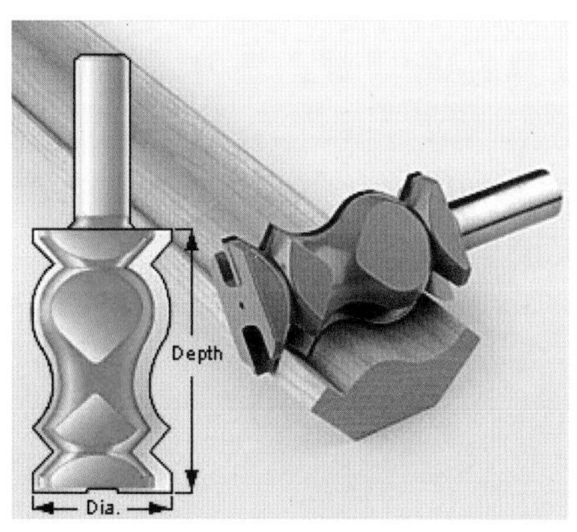

图4-59　木工铣削床及铣削刀

4. 画线

画线技术是手工木材加工工艺中不可或缺的一项核心基本功，它不仅是实现精确加工的前提，更是确保每一件木制品结构稳固、外观美观的关键步骤。在木工制作过程中，无论是传统的开榫打眼，还是复杂的组装拼接，都离不开精确无误的画线工作。这一技艺要求加工者在深刻理解图纸设计意图和料单规格要求的基础上，通过细致入微的观察和计算，将设计图纸上的二维信息准确转化为三维空间中的实际尺寸与位置。

画线主要包含以下几个主要步骤：

(1) 详细审阅设计图纸和料单，明确各部件的尺寸、形状、位置关系及加工要求，确保对设计意图有全面的理解；

(2) 在木料上选择合适的基准面，使用直尺和铅笔画出基准线；

(3) 根据图纸要求，使用直尺、角尺和量角器等工具，在基准线上精确测量出各加工点的位置，并用铅笔轻轻标记；

(4) 将各个标记点用铅笔连接起来，形成完整的加工线条；

(5) 完成画线后，务必进行复核，检查线条是否准确、清晰，各加工点位置是否无误；

(6) 在进行加工前，需防止线条在搬运或加工过程中被擦除。

画线过程中的注意事项包括：①看懂图纸，弄清结构、规格、数量；②根据每一根工件纹理节疤等因素，确定表里位置；③在工作的一端留出截头余量，用角尺木工笔画清边与基准线。

5. 连接处加工

木材连接处的加工直接关系到木制品的结构稳固性和使用寿命。因此，木材连接处的加工需要遵循一定的规范，以确保加工出的连接处符合设计要求，并具有良好的稳固性和美观性。

连接处加工主要包含以下几个主要步骤：

(1) 审阅图纸与料单。仔细审阅设计图纸和料单，明确连接处的尺寸、形状、位置及加工要求。

(2) 准备木料与工具。根据设计要求选择合适的木料，并准备好所需的加工工具，如锯、刨、凿、钻、尺、画线工具、胶水、钉子或螺丝等。

(3) 画线。在木料上按照设计要求画出连接处的轮廓线和加工线。这一步要求极高的精确度，因为线条的准确性将直接影响后续加工的精度和连接的稳固性。

(4) 粗加工。使用锯子等工具按照画好的线条进行粗加工，去除多余的部分，初步形成连接处的形状。

(5) 细加工。使用刨子、凿子等工具对连接处进行精细加工，去除毛刺，修整表面，确保连接处平整光滑，符合设计要求。

(6) 开榫卯或钻孔。根据连接方式(如榫卯连接、螺纹钉连接、木栓连接等)，在连接处开榫卯或钻孔。榫卯连接需要精确制作榫头和榫眼，可使用手工凿子或榫孔机床(见图4-60)，确保它们能够紧密配合；螺纹钉连接和木栓连接则需要在连接处钻孔，以便后续安装螺纹钉或木栓。

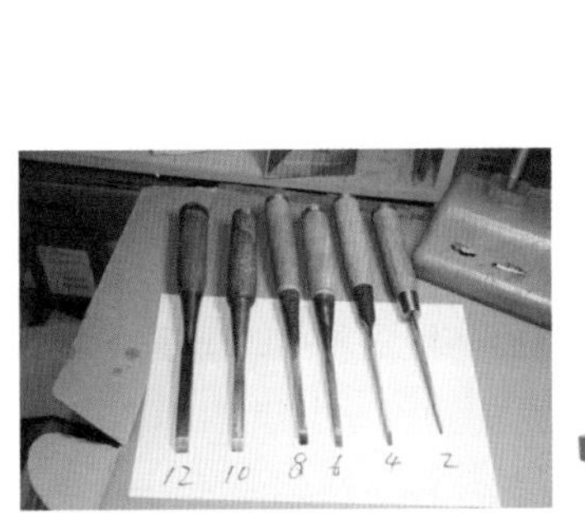

图4-60　木工手工凿子及木工榫孔机床

(7) 安装连接件。在连接处安装螺纹钉、木栓、金属支撑等连接件，并使用胶水或锤子等工具将其固定牢固。在安装过程中，需要注意连接件的数量、位置和安装顺序，以确保连接的稳固性和美观性。

(8) 试装与调整。将加工好的木料进行试装，检查连接处的配合情况和稳固性。如有必要，根据试装结果进行调整，确保连接处符合设计要求。

连接处加工的注意事项包括：①在加工过程中需要严格控制尺寸和形状精度，确保连接处能够紧密配合且不易松动；②选择合适的木料进行加工；③加工时需要注意安全操作规范，避免发生意外伤害；④仔细检查连接处的配合情况，确保它们能够紧密配合且不易松动；⑤在加工过程中需要注意环境控制，避免木材受潮、受热或受污染等不利因素的影响。

6. 装配

按照木制品结构装配图及有关的技术要求，将若干构件结合成部件，再将各部件结合或若干部件和构件结合成木制品的过程，称为装配，如图4-61所示。木制品的构件间的结合方式，常见的有榫结合、胶结合、螺钉结合、圆钉结合、金属或硬质塑料连接件结合，以及混合结合等。采取不同的结合方式对制品的美观和强度、加工过程和成本均有很大影响，需要在产品设计时根据质量技术要求确定。

图4-61　木工件装配

装配时应注意的事项包括：①必须看清图纸工件和图纸上的零件；②涂胶均匀不可遗漏，多余的胶要清除，尤其是浅色家具；③对于装配完的部件框架应随时按要求进行校检，如发现串角、翘楞、接合不严等问题，应及时校正；④门抽屉要确保灵活。

7. 修整

在对木制品的修整过程中，严格遵循标准化作业至关重要，这涵盖了企业标准(企标)、行业标准(部标)乃至国家标准(国标)。例如，修整需确保外形误差严格控制在不大于3mm的范围内，以维护结构的精准对接；同时，正视倾角亦需精细调整至不超过2mm，以保障视觉上的平整与和谐。这一系列高标准要求，不仅体现了对工艺细节的极致追求，更是确保木制品质量卓越、结构稳固的关键所在。

4.4.2 机械弯曲木材成型工艺

在木制品的制造过程中，为了满足产品多样化的造型与功能需求，经常需要设计并加工出各种曲线与曲面形态的零部件。鉴于木材本身的特性，采用科学合理的技术手段，通过弯曲成型工艺来实现这些复杂形态，成为一种既经济又高效的方法。这种方法不仅能够精准塑造出所需的曲线与曲面，还能最大限度地利用木材资源，确保木制品既美观又耐用。

木材弯曲成型工艺分为实木弯曲与多层板弯曲两种工艺，都是利用模具，通过加压的方法，将实木或多层薄木单板压制成各种弯曲件。用这种方法制成的弯曲件，具有线条流畅、形态美观、力学强度高、表面装饰性能好、材料利用率高等优点。

1. 实木弯曲工艺

1) 实木的软化

实木在常态下可塑性有限，难以满足复杂的弯曲造型需求。然而，在特定条件如高温蒸汽的熏蒸下，实木的塑性会显著提升，变得异常柔软，此时易于弯曲和塑形。待恢复至常态后，实木的力学特性得以恢复，而其弯曲形态却能永久保持，这构成了现代实木弯曲技术的基础。为了将实木调整至适合弯曲加工的可塑状态，所采用的技术手段统称为实木软化处理。目前，主要的软化方法包括水热处理、高频加热处理等。

目前，工业生产中主要采用汽蒸方法对木材进行热处理。汽蒸法利用高温饱和蒸汽对木材进行熏蒸处理，其效果受多个因素综合影响，包括木材的厚度、初始含水率、树种特性，以及所需的塑化程度等。这些因素共同决定了熏蒸所需的温度和持续时间。

高频加热处理的原理与微波炉有异曲同工之妙，它通过将待弯曲的木材置于高频电场中的两电极板之间，利用极性分子在高频交变电磁场的作用下发生剧烈振动并相互摩擦，从而产生热量，实现木材的快速升温与加热。这一过程显著提高了木材的塑性，为后续的弯曲加工提供了便利。高频加热处理以其速度快、效果佳的特点著称，使得木材在完成弯曲后能够立即进入干燥定型工序，整个生产过程紧凑而高效。

2) 实木的定型

木材经过软化处理后，随即进入弯曲定型的关键阶段。在加压弯曲过程中，我们依赖于预先制作的样板、模具，以及简易夹具来辅助完成。具体操作时，首先将待弯曲木材的拉伸面牢固地贴合在带有手柄与挡块的金属夹板内表面上。这一步骤通过在被弯曲木材的端面与金属夹板挡块之间打入模型木块来实现，确保木材拉伸面与金属夹板表面紧密无间，如图4-62所示。当木材与金属夹板固定，便将其放置于工作台上，确保木材的压缩面与模型样板精确对齐，并迅速夹紧。随后，操作人员握住金属夹板上的木柄，施加力量进行弯曲操作。弯曲到位后，立即使用金属拉杆进行锁紧，以保持木材的弯曲形态。至此，弯曲成型的木材即可被送入干燥室中进行干燥定型处理，以确保其形状的稳定性和持久性。整个流程紧凑有序，既体现了手工操作的灵活性，又确保了弯曲定型的精确度和效率。

对于较大的弯曲件及板材的弯曲作业，通常采用压力机来完成这一复杂过程。操作时，首先将待弯曲的材料精准地定位于一套特制的子母模具之间，这些模具设计精巧，能够确保弯曲的精确度和一致性。然后利用压力机的强大压力施加于材料之上，使其按照模具的形状进行弯曲。最后将固定好的弯曲件送入干燥室中进行干燥定型处理，这一过程对于确保弯曲件的形状稳定性和最终品质至关重要。整个生产流程高效、有序，充分展示了现代木材加工技术的精湛与高效，如图4-63所示。

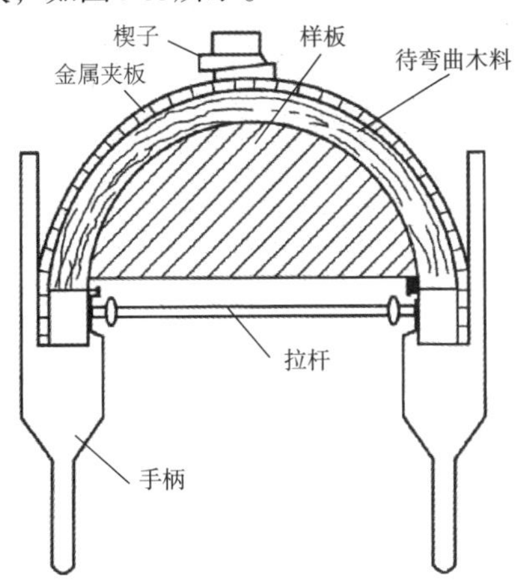

图4-62　手工弯曲定型夹具

图4-63　压力机弯曲定型

2. 多层板弯曲工艺

多层板弯曲技术，作为当今全球木质产品领域备受推崇的一种创新形式，不仅赋予了产品以独特的美学魅力，还深刻体现了现代设计的简约精髓。其造型设计既美观又大方，完美融合了简约而不失格调的设计理念，彰显出产品的高雅品位。同时，多层板弯曲所呈现的线条流畅而优雅，宛如自然之美的延伸，精准契合了当代人追求简约、时尚与功能并重的审美理念。

多层板弯曲工艺采用奇数薄木堆叠为芯，覆以刨切或微薄木为表，经涂胶、精确配坯后，在高频介质加热法下热压弯曲，成型为流畅的曲线部件，最终组装成多样木制精品。此工艺尖端之处在于高频加热，它直击材料分子层面，通过分子在电场中的快速极化与摩擦生热，实现均匀高效胶合。此法确保了各层受热一致，含水率与应力平衡，从而赋予部件卓越的尺寸稳定性与外形保持力。相较于实木弯曲，多层板弯曲展现出更多优势，引领木质加工新风尚。

多层板弯曲工艺具有如下优点：

(1) 木材利用率高。通常生产1m^3弯曲的多层板，耗用原木2.2m^3左右，木材利用率达到45%左右，甚至可以提高到75%。

(2) 工艺简化，生产周期短。多层板弯曲产品可减少原木处理、板材干燥，以及平、压刨加工和塑化等工序。生产周期可缩短，适合机械化大批量生产。

(3) 抗压强度高。多层板弯曲的可弯性能良好。它的最小弯曲半径可达15mm左右，抗弯、抗剪、抗压强度提高15%以上。

(4) 生产成本降低。采用多层板弯曲工艺，生产曲木家具的方法更简单、成本更低。

多层板弯曲工艺保留了木材的自然纹理，线条流畅，无损纤维，确保了产品的耐用性。此外，该工艺能灵活应对大曲面设计，依据人体工学与使用需求精准弯曲成型，展现了高度的定制性与实用性。图4-64生动展示了家具设计大师阿尔瓦•阿尔托的经典之作——帕米奥多层板曲木椅的加工过程，完美诠释了这一工艺的艺术魅力与实用价值。

图4-64　多层板曲木椅的加工过程

4.5　木材涂饰工艺

木材涂饰工艺是专为提升木材制品美观与耐久性而设计的精细过程。它通过在木材表面均匀涂布多层涂料，如底漆、面漆等，以填补木材表面的微小孔隙，增强表面光滑度，并形成保护层，有效抵御水分、污渍及日常磨损。这一过程不仅凸显了木材的天然纹理与色泽，还大大延长了木制品的使用寿命，使其更加美观耐用。

4.5.1　木材涂饰的目的

1. 保护性

木材涂饰的核心目的在于赋予其表面卓越的多重性能，确保涂层与木材之间形成牢固附着，同时展现出色的机械强度。这一工艺旨在增强木材的耐寒、耐水、耐磨及耐酸碱特性，有效抵御外界环境的侵蚀。通过涂饰，木材制品能够灵活应对含水率变化带来的龟裂、弯曲与变形，保护其免受虫蛀与腐朽的侵害。此外，涂饰层还显著提升木材的耐污染、耐水侵及耐磨损能力，延长使用寿命，维护其美观与实用价值。

2. 装饰性

木材涂饰的精髓在于彰显其独特的自然美感，通过精心挑选的涂料与工艺，将木材原有的纹理、材色及质感提升至新的艺术高度，使之充满无限魅力。这一过程不仅能够保护木材，更是对其进行美化。根据设计理念的差异与功能需求的多样性，我们精心选择不同质地、色彩与深浅的涂料，运用恰当的涂饰工艺，为被涂饰的产品披上华丽的外衣，赋予其独特的视觉享受与审美价值。

3. 工艺性

木材涂饰的另一重要目的在于优化生产流程与提升操作工艺的效率。通过科学合理的涂饰设计，可以简化生产步骤，降低生产成本，同时确保涂饰质量的稳定与可靠。此外，先进的涂饰技术还能提高操作工人的工作效率，减少失误，使木材制品的制造过程更加顺畅与高效。因此，涂饰不仅美化木材，还促进了生产的顺利进行。

4. 经济性

木材涂饰的核心目的之一，在于显著提升被涂木质产品的商品价值。通过精细的涂饰工艺，不仅能够有效保护木材，延长其使用寿命，更能在其表面创造出丰富多样的色彩、质感与光泽，极大地增强了产品的视觉吸引力和市场竞争力。涂饰后的木质产品，无论是作为家居装饰、艺术品还是实用工具，都能更好地满足消费者的审美与功能需求，从而赢得更高的市场认可与商业价值。

4.5.2　木材涂料的分类

在对木材进行涂饰工艺时，可选涂料品种非常多，常见的有以下几种。

(1) 按涂料中的成膜物质进行分类，主要分为硝基漆、聚氨酯漆等。

(2) 按涂料的状态进行分类，可分为水性漆和油性漆。水性漆以水作为溶剂，包括水溶型、水稀释型和水分散型(乳胶漆)三种。油性漆是以干性油为主要成膜物质的一类涂料，如硝漆、聚氨酯漆等。

(3) 按涂料的作用形态进行分类，可分为挥发性漆(含溶剂，如水和溶剂汽油等)和不挥发性漆(不含溶剂，如蜂蜡和核桃油等)。

(4) 按涂料的装饰效果进行分类，可分为清漆、色漆和半透明漆三种。清漆指的是在涂刷完毕后仍可以见到木材本身的纹路及颜色；色漆即在涂刷以后会完全遮盖木材本身的颜色，只体现色漆本身的颜色。

(5) 按木材导管纹理进行分类，涂料可分为开放式(底修色)和封闭式(面修色)两种。开放式涂料是一种完全显露木材表面管孔的涂料，其主要成分为聚氨酯，表现为木孔明显，纹理清晰。封闭式涂料是能将木材管孔深深地掩埋在透明涂膜层里的一类涂料，其主要成分为不饱和树脂，其表面涂膜丰满、厚实、光滑。

4.5.3　木材涂饰的操作

本节介绍木材涂饰工艺的操作方法，由于木材的种类、装饰要求和使用环境等因素的不同，具体的涂饰工艺可能会有所差异。因此，在实际操作中应根据具体情况进行调整和优化。

木材涂饰工艺的具体操作步骤，包括以下几个关键环节：

1. 基材处理

目的：确保木材表面光洁平整，无明显缺陷，为后续的涂饰工作打下良好基础。

步骤：

(1) 清除木材表面的灰尘、油污、斑点、胶迹等杂质。

(2) 使用砂纸或砂光机顺木纹打磨，直至表面光滑，特别注意线角和四口平面的处理。

(3) 对木材表面的硬角进行倒圆角处理，圆角半径一般为2mm，确保均匀一致。

2. 填孔与着色

目的：填补木材表面的孔隙，并根据需要进行着色，以增强木材的美观性和保护性。

步骤：

(1) 根据木材的孔隙情况和装饰要求，选择合适的填孔材料(如水粉填孔着色剂、油粉填孔着色剂等)进行填孔作业。

(2) 在填孔的同时，可以根据需要进行着色处理，使木材表面呈现出所需的颜色效果。

3. 涂饰涂料

目的：在木材表面形成一定厚度的涂层，以保护木材并增强其美观性。

步骤：

(1) 涂饰底漆：底漆的主要作用是封住木材表面，减少面漆的消耗，并为后续涂层提供良好的基础。

(2) 涂饰面漆：在底漆干燥后，进行面漆的涂饰。面漆的选择应根据装饰要求、使用环境等因素来确定。涂饰面漆时，应注意涂刷均匀，避免出现流挂、气泡等缺陷。

4. 涂层干燥

目的：使涂料在木材表面固化成膜，达到预期的装饰和保护效果。

方法：常用的干燥固化方式有自然固化、加热固化和辐射固化等。具体采用哪种方式，应根据涂料的种类、环境条件等因素来确定。

5. 涂层修整

目的：确保涂层表面平整光滑，无缺陷。

步骤：

(1) 在每一层涂层干燥后，使用砂纸进行打磨，以去除涂层表面的缺陷和不平整处。

(2) 对于需要抛光的产品，还应在最后一道涂层干燥后进行抛光处理，以提高产品的光泽度和美观性。

在整个涂饰过程中应注意：保持工作环境的清洁和通风，避免灰尘和有害气体的积聚；涂料的选择和配比应根据木材的种类、装饰要求和使用环境等因素来确定，以确保涂饰效果和质量；涂饰过程中应注意安全操作，避免火灾和中毒等事故的发生。

木材涂饰工艺是一门集材料科学、工艺技术、操作技能和生产管理于一体的综合性学科。在实际应用中，需要综合考虑涂料种类、操作者水平、生产条件及设备配置等多方面因素，灵活运用各种工艺方法和技巧，以实现最佳的涂饰效果和经济效益。

4.6 木制产品案例赏析

木制品的经典案例不胜枚举，不同时期、不同环境、不同文化对造物的追求目标总是不同的，我们用今天的设计、生活观念去诠释、理解和解读，难免挂一漏万、以偏概全。在此，我们按照材料利用的合理有效性、设计观念的影响，设计、技术对后来的影响等几个因素，选择几件产品做一下简单的介绍和评价。

1. 斗拱

斗拱作为中国古代建筑上特有的构件，是将木材料特性与力学结构、美学完美结合的典范，如图4-65所示。

图4-65　斗拱结构

斗拱位于较大建筑物的支撑柱与屋顶间的过渡部分，其功用在于承受上部支出的屋檐，将其压力或直接传递到支撑柱上，或间接地先转移到额枋上再转到支撑柱上。

斗拱是榫卯结合的一种标准构件，是力传递的中介。斗拱的结构是由多件较小的构件相互咬合、榫接、叠合而成的大构件。斗拱的构架节点不是刚接，保证了建筑物的刚度协调，在遇到地震时，榫卯结合的空间结构虽会“松动”却不致“散架”，消耗地震传来的能量，使整个房屋的地震荷载大为降低，起到了抗震的作用。

斗拱使人产生一种神秘莫测的奇妙感觉，它构造精巧，造型美观，如盆景、似花篮，在美学和结构上拥有着独特的风格。无论从艺术或技术的角度来看，斗拱都足以象征和代表中华古典建筑的精神和气质。

2. 索耐特14号曲木椅

1859年，索耐特14号(thonet 14)曲木椅被设计并生产推出，如图4-66所示。

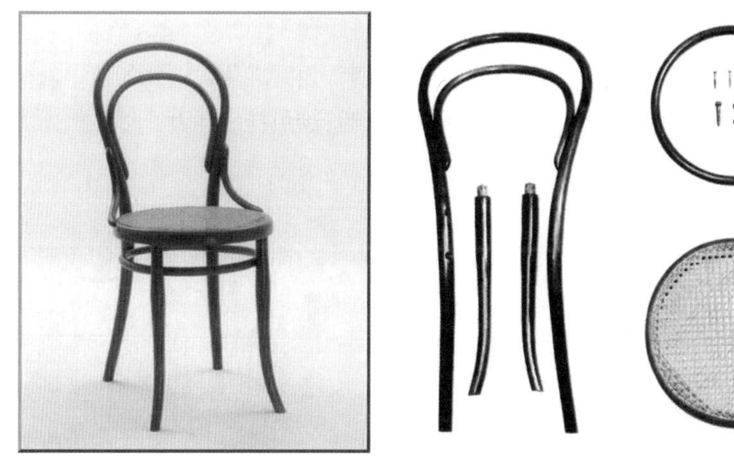

图4-66　索耐特14号曲木椅

这把椅子利用蒸汽曲木技术制作，造型优美、流畅、轻巧，所有零部件都可以拆装，方便运输及工业化生产(见图4-67)，被称为“椅子中的椅子”，因此一亮相即博得广泛赞誉，迅速流传开。截至1930年，该椅子已经生产了3000万把，至今已经生产超过5000万把。

索耐特14号曲木椅的成功不仅代表技术、生产方式的进步，更是现代设计理念的进步。索耐特发明了蒸汽曲木技术，并完美地运用了新的技术，满足了新的消费需求，开拓了工业革命时期家具的新风格，加速了家具进入成熟和完美阶段的步伐。

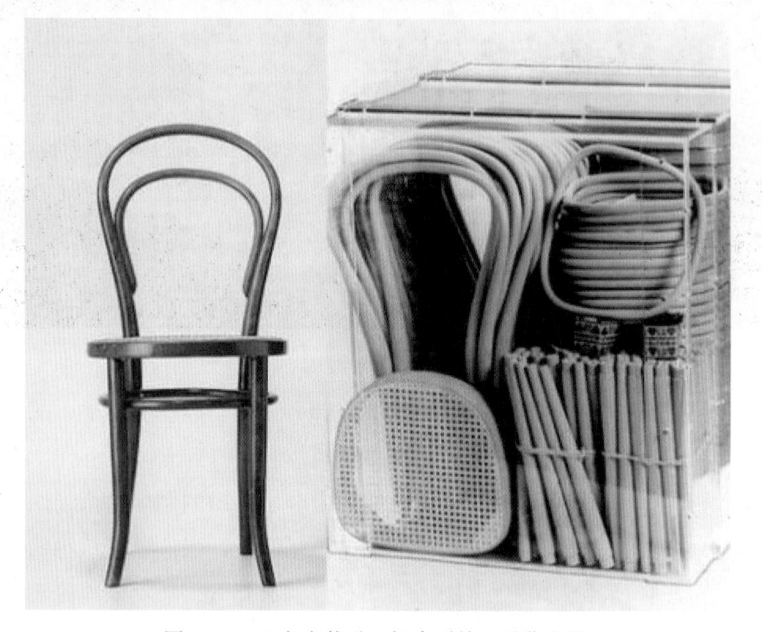

图4-67　1立方米装进36把索耐特14号曲木椅

3. 明式圈椅

圈椅是明代家具中最为经典的作品，其最明显的特征是圈背连着扶手，从高到低一顺而下，座靠时可使人的臂膀都倚着圈形的扶手，感到十分舒适，颇受人们喜爱。圈椅造型圆婉优美，体态丰满劲健，是中华民族独具特色的椅子样式之一。

明代圈椅，造型古朴典雅，线条简洁流畅，制作技艺达到炉火纯青的境界，如图 4-68 所示。“天圆地方”是汉族文化中典型的宇宙观，不但传统建筑受其影响，这种观念也融入家具设计之中。圈椅是方与圆相结合的造型，上圆下方，以圆为主旋律，圆是和谐，象征幸福；方是稳健，宁静致远，圈椅完美地体现了这一理念。从审美角度审视，明代圈椅造型美、线条美，与书法艺术有异曲同工之妙，又具有中国泼墨写意画的手法，抽象美产生的视觉效果十分符合现代人的审美观点。

明代家具以其精湛的结构美学著称，巧妙运用多样化的榫卯结构，这些精巧的构件不仅完美契合了家具的复杂构造需求，更在功能、力学原理上展现出卓越的智慧，确保了家具的稳固耐用与视觉上的和谐统一。在中国悠久的设计传统中，明椅无疑是一座巍峨的巅峰，其设计理念与技艺的完美结合，为后世留下了宝贵的文化遗产。如何在新时代背景下，继承并创新性地发展明代家具的设计理念，使之成为当代设计领域可借鉴的宝贵资源，是一个值得我们深入探索与实践的重要课题。

图4-68　明代圈椅造型

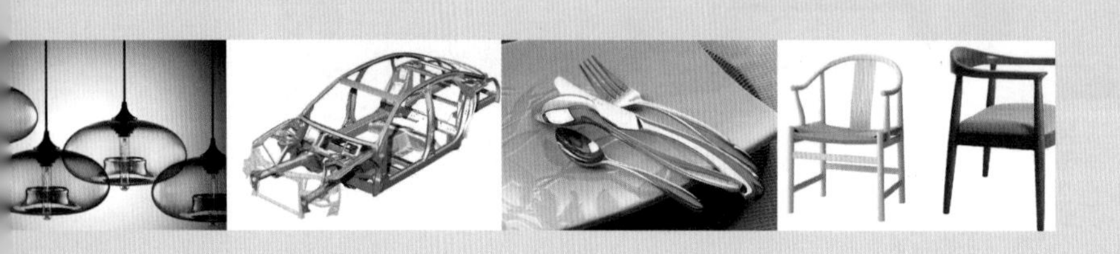

第5章

陶瓷材料及其加工工艺

主要内容：介绍陶瓷材料的特性及加工成型工艺。
教学目标：了解陶瓷材料的特性及加工工艺，并合理应用于工业产品设计。
学习要点：合理利用材料，充分体现陶瓷材料在设计中的应用价值。

Product Design

5.1 陶瓷概述

陶瓷是陶器和瓷器的总称。陶器是由黏土或以黏土、长石、石英等为主的混合物，经粉碎、研磨、筛选、柔和、成型、干燥、烧制而成，烧制温度一般在900℃左右的器具的总称；瓷器则是用瓷土烧制的器皿，也是经研磨、筛选、柔和、成型、干燥、烧制而成，烧制温度需在1300℃左右的器具的总称。

现在，人们习惯上把用黏土或瓷土制成的坯体，放置在专门的窑炉中高温烧制的器具总称为陶瓷。有关陶瓷概念的界定目前还存在不同意见。广义上认为，凡是用陶土和瓷土(高岭土)的无机混合物做原料，经过研磨、筛选、柔和、成型、干燥、烧制等工艺方法制成的各种成品统称为陶瓷。

陶瓷材料是人类应用时间较早、领域较广泛的材料之一。它的主要原料取之于自然界中的硅酸盐矿物(如黏土、石英等)，因此与玻璃、水泥、搪瓷等材料同属于“硅酸盐工业”的范畴。由于陶瓷泥料有着天然的亲和力，所以自陶瓷器物生产以来，一直受到人们的喜爱。在当下的产品设计领域，陶瓷材料的运用依旧占据着重要的地位，尤其近年来有关人与自然和谐共处的问题开始普遍受到社会的关注，陶瓷材料更是以其独有的自然魅力受到大众的青睐，它的价值也逐渐被大众认识和接受。在专业领域中，围绕着陶瓷产品所展开的相关研究也逐渐多了起来。

5.1.1 陶瓷的产生和发展

中国是世界上发明陶器最早的国家之一，早在约8000年前(新石器时代)，当时的人类就已经开始使用陶器。通过历史的演进，从最早的陶器到商朝出现的早期釉陶，到隋唐的三彩技术、元朝的青花和釉里红技术、明清时期的五彩、斗彩和珐琅彩技术，一直到现代陶艺，中国陶瓷的发展在相当长的历史时期内，对世界陶瓷艺术和文化产生了深远的影响。

中国的陶器发展始于公元前5500至5000年，黄河流域的裴李岗文化首现双耳三足陶壶，是以红色的泥土为主的红陶烧制。河南仰韶文化最早出现彩陶，其中最具代表性的是人面网纹盆，如图5-1所示。山东龙山文化出现了黄陶、蛋壳陶。在长江流域巫山一带大溪文化出土的红陶陶器，以及湖北屈家岭的黑陶，浙江河姆渡的夹灰黑陶、马家浜文化的夹砂红陶，均各自承载着地域文化的独特韵味。

图5-1　人面网纹盆

在商代时出现了原始的瓷器，工匠们发现在烧制陶器的过程中将陶器表面涂上氧化物质一起烧制，当炉温达到一定高度时，涂抹的物质会熔化后流下来形成釉滴，这种釉滴是近透明的玻璃态物质，并且会附着在陶器上，从而形成原始的瓷器形态。

秦统一六国后，也对文化、艺术等领域进行整合，其中就包含了制陶技术的统一，促进了陶瓷艺术的规范化与标准化发展。当时陶器的制作工艺已经发展到相当高的水平，除了器皿类，还出现了陶塑，最典型的代表就是兵马俑，如图5-2所示。兵马俑将人物俑分为头、上肢、体腔、下肢、足五部分，分别塑造，晾干以后烧制，烧制完成后组合在一起。

图5-2　兵马俑

西汉武帝时期出现了表面挂铅釉的陶器，这是汉代制陶工艺的一种创新，如图5-3所示。铅釉陶以其独特的釉面著称，该釉层主要由氧化铁和铜作为着色剂，辅以铅的化合物作为基本助熔剂，在约700℃的低温下即可熔融，属于典型的低温釉陶范畴。在氧化气氛的烧制过程中，铜元素赋予釉面以迷人的翠绿色调，而铁元素则使釉面呈现出黄褐与棕红的丰富色彩。釉层不仅色彩斑斓且精美透明，釉面更是光泽平滑，展现出极高的工艺水平。在南方地区，同样孕育了青釉陶的生产技艺，这些青釉陶以其高温烧制和坚硬的釉质著称，为后来青瓷的兴起奠定了坚实的基础。

图5-3　铅釉陶

东汉中后期，青瓷应运而生，它选用了优质的高岭土作为原料，并借助龙窑这一先进的窑炉技术进行烧制，标志着陶瓷工艺迈向了一个新的发展阶段。

三国两晋时期，江南陶瓷业发展迅速，所制器物注重品质，加工精细，可与金、银器相媲美。东晋南朝时期，出现了一种独特的且对后世有深远意义的白瓷，它的坯体由高岭土或瓷石等复合材料制成，在1200℃～1300℃的高温中烧制而成，胎体坚硬、致密、细薄而不吸水，胎体外面罩施一层釉，釉面光洁、顺滑。这一时期的瓷器已取代了一部分陶器、漆器、铜器，成为人们日常生活中主要的生活用品，被广泛用于餐饮、陈设及文房用具等的制作中。

唐代瓷器更有了飞跃式的发展，瓷器的烧成温度达到1200℃，瓷的白度也达到70%以上，接近现代高级细瓷的标准。这一成就为釉下彩和釉上彩瓷器的发展打下了基础。唐代最著名的瓷器均由越窑与邢窑出产，如图5-4和图5-5所示。

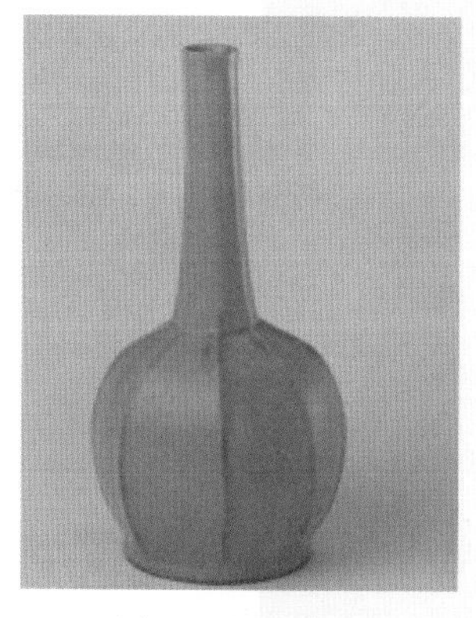

图5-4　越窑青瓷

图5-5　邢窑白瓷

唐代还盛行一种独特的陶器，以黄、绿、褐为基本釉色，故名唐三彩。唐三彩是一种低温釉陶器，由于在色釉中加入不同的氧化物，经过焙烧形成了多种色彩，但多以黄、绿、褐三色为主。唐三彩的出现标志着陶器的种类和色彩更加丰富，如图5-6所示。

图5-6　唐三彩

宋代是中国古代陶瓷发展的重要时期，北方有定窑的白釉印花、汝窑的青瓷、官窑的蟹爪纹、钧窑的乳光釉和焰红釉、磁州窑的釉下彩、耀州窑的青釉刻花；南方有哥窑的无光釉、吉州窑的黑瓷、龙泉窑的粉青釉和梅子青釉、景德镇窑的影青、建窑的黑瓷，都各有特色。其中，定窑、汝窑、钧窑、官窑、哥窑为五大名窑，其作品的形制优美，不仅超越前人的成就，而且连后世的模仿者都难以企及，如图5-7～图5-11所示。

图5-7　定窑瓷器

图5-8　汝窑瓷器

图5-9　钧窑瓷器

图5-10　官窑瓷器

图5-11　哥窑瓷器

元代时瓷器有新的发展，如青花和釉里红的兴起。这一时期，白瓷成为瓷器的主流，其釉色白中泛青，为以后明清两代的瓷器发展奠定了基础。青花是在白瓷上用钴料画成图案烧制而成，瓷器上的蓝色浓淡相宜、层次分明，呈现出极其丰富多样的艺术效果，如图5-12所示。釉里红是以铜为呈色剂，在还原的气氛中烧成的，往往呈火红色或暗褐色，如图5-13所示。

明代以前的瓷器是以青花为主，明代之后以白瓷为主，特别是青花、五彩成为明代白瓷的主要产品。明代时，几乎形成由景德镇各瓷窑一统天下的局面，景德镇瓷器产品占据了全国的主要市场，展现了明代瓷业的最高水平，真正代表了明代瓷业的时代特征。景德镇的瓷器以青花为主，其他各类产品如釉下彩、釉上彩、斗彩、单色釉等也都十分出色，如图5-14所示。

图5-12　青花盘

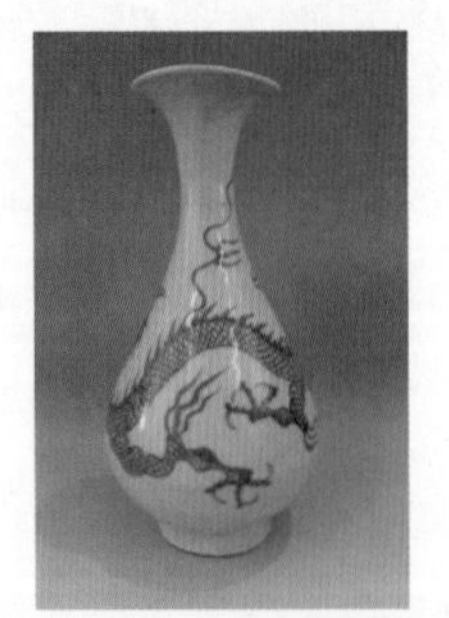
图5-13　釉里红龙纹玉壶春瓶

图5-14　景德镇青花瓷器

清代尤其是清初期，瓷器制作技术高超，装饰精细华美，成就不凡。图5-15为黄地珐琅彩牡丹纹碗，属于珐琅新瓷，是在康熙晚期才创烧成功的，数量极少，传世品罕见，尤显其珍贵。雍正时期出现的粉彩瓷，是珐琅彩之外清宫廷又一创烧的彩瓷，在烧好的胎釉上施含砷物的粉底，涂上颜料后用笔洗开，砷的乳蚀作用会产生颜色的粉化效果，如图5-16所示。

图5-15 黄地珐琅彩牡丹纹碗

图5-16 粉彩牡丹纹盘口瓶

5.1.2 陶瓷的原料

陶瓷的核心原料主要取自自然界的黏土，这类黏土富含硅酸盐矿物，具有良好的可塑性。在此基础上，石英与长石的加入至关重要，它们作为助熔剂，在高温下熔融，与黏土中的氧化铝等成分结合，形成坚硬的陶瓷体。

1. 黏土类

黏土是陶瓷的主要原料之一，其具有可塑性和烧结性，如图5-17所示。

陶瓷工业中主要的黏土类矿物有高岭石类、蒙脱石类和伊利石(水云母)类等；主要黏土类原料为高岭土，如高塘高岭土、云南高岭土、福建龙岩高岭土、清远高岭土、从化高岭土等。

2. 石英类

在陶瓷生产中，石英作为瘠性原料加入陶瓷坯料中时，在烧成前可调节坯料的可塑性，在烧成时石英的加热膨胀可部分抵消坯体的收缩，如图5-18所示。将其添加到釉料中时，可提高釉料的机械强度、硬度、耐磨性、耐化学侵蚀性。

石英类原料主要有釉宝石英、佛冈石英砂等。

3. 长石类

长石是陶瓷原料中最常用的熔剂性原料，广泛用于陶瓷生产中。它不仅是坯料的重要组成部分，还在釉料中担任熔剂的角色，帮助形成质地均匀且具有一定稠度的玻璃体。长石是坯料中碱金属氧化物的主要来源，能降低陶瓷坯体组分的熔化温度，利于成瓷和降低烧成温度，如图5-19所示。

长石类原料有南江钾长石、佛冈钾长石、雁峰钾长石、从化钠长石、印度钾长石等。

图5-17 黏土

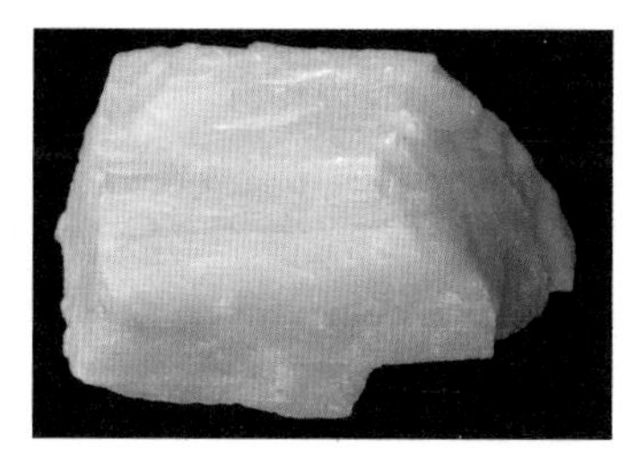

图5-18 石英

图5-19 长石

除了这些基础原料，制作者还会根据陶瓷种类的不同，添加高岭土以提升白度与透明度，或引入色素原料如铁、铜氧化物，以赋予陶瓷丰富多彩的颜色。这些原料经过精心配比、成型、上釉、烧制等复杂工序，最终成就了陶瓷艺术品与生活器皿的多样魅力。

5.1.3 陶瓷的种类

陶瓷这一古老而又焕发新生的材料，在人类生活和现代化建设中是不可或缺的一种材料。它的种类繁多，形态万千，从饱含历史文化的古瓷到融合现代科技前沿技术的陶瓷，无不彰显着人类智慧与创造力的结晶。本节主要介绍几种常用的陶瓷分类方法，帮助大家了解陶瓷的种类及用途。

1. 按照用途分类

通常人们习惯按照用途，将陶瓷分为日用陶瓷、艺术(陈列)陶瓷、建筑陶瓷等。

1) 日用陶瓷

日用陶瓷是日常生活中人们接触最多，也是最为熟悉的，用于满足人们日常生活中所需的功能器具，如餐具、茶具、咖啡具、酒具及陈设艺术品等，如图5-20和图5-21所示。

目前，陶瓷还可以应用于家具类产品的设计。如图5-22所示，将陶瓷材料应用于餐桌设计中，不仅使家具耐磨损、易清洁、不变形、不褪色，而且具有其他材料无法比拟的艺术效果。如何将陶瓷材料更广泛地应用于日用产品设计中，也是目前设计师研究的方向之一。

图5-20 陶瓷餐具

图5-21 陶瓷茶具

图5-22 陶瓷桌子

从日用陶瓷的概念角度来说，陶瓷首饰也属于日用陶瓷的范畴。如图5-23所示，这组陶瓷首饰是设计者在了解并掌握陶泥的特性后，通过手工制作而成。陶瓷首饰的釉色分别为祭蓝色、菠萝黄、紫罗兰、汝天青等，经过喷釉、刷釉、浸釉的上色方法，再通过 1300℃高温烧制而成，产生的色彩自然、朴实无华，让人充满幻想。

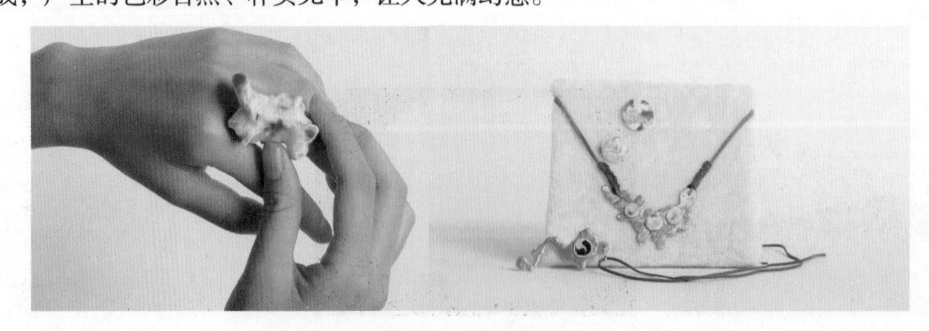

图5-23 陶瓷首饰

2) 艺术陶瓷

艺术陶瓷，作为陶艺与瓷器艺术的融合体，不仅承载着观赏与把玩的双重乐趣，还兼具实用、投资及收藏的多重价值。其历史可追溯至新石器时期，那时的印纹陶与彩陶，以其粗犷而质朴的韵味，奠定了艺术陶瓷的基石。随后，唐宋时期陶瓷艺术迎来了飞跃式发展，色彩斑斓的釉色、创新的釉下彩技术、白釉烧造的精湛技艺，以及刻画花等多种装饰手法的涌现，为艺术陶瓷的后续繁荣开辟了无限可能。

陶瓷艺术品，凭借其精巧绝伦的装饰美学、深远悠长的意境之美，结合陶艺创作中展现的个性风采与材质独有的天然美感，共同构筑了独具特色的陶瓷文化体系，深受世人青睐与珍视。这一文化现象，不仅是对美的追求与表达，更是历史传承与时代创新的生动体现。

3) 建筑陶瓷

建筑陶瓷常用于建筑物饰面或者作为建筑构件。近20年来，建筑陶瓷的应用范围及用量迅速增加，从厨房、卫生间的小规模使用到大面积的室内外装修，建筑陶瓷已成为一种重要的建筑装饰材料。陶瓷面砖产品总的发展趋势是：增大尺寸，提高精度，品种多样，色彩丰富，图案新颖，强度提高，收缩减少，并注意与洁具配套，协调一致。

建筑陶瓷产品多属瓷质和半瓷质，包含洗面器、大便器、小便器、水箱、洗涤槽、浴盆、肥皂盒、卫生纸盒、毛巾架、梳妆台板、挂衣钩、火车专用卫生器、化验槽等品类。

著名设计师菲利普·斯塔克的得意之作SensoWash，就选用了建筑陶瓷材料，使用注浆成型的方法来制作，赋予产品温润的触感与卓越的耐用性，完美融合了艺术美学与实用功能，如图5-24所示。

图5-24　SensoWash陶瓷卫浴产品

2. 按是否施釉分类

按是否施釉这一关键工艺特征来划分，陶瓷制品可分为有釉陶瓷和无釉陶瓷两类。

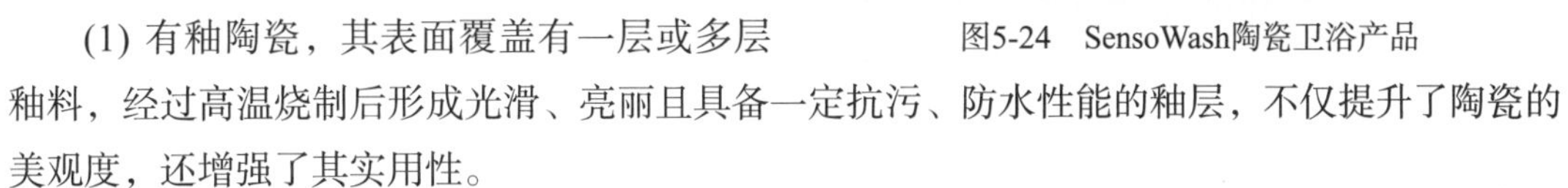

(1) 有釉陶瓷，其表面覆盖有一层或多层釉料，经过高温烧制后形成光滑、亮丽且具备一定抗污、防水性能的釉层，不仅提升了陶瓷的美观度，还增强了其实用性。

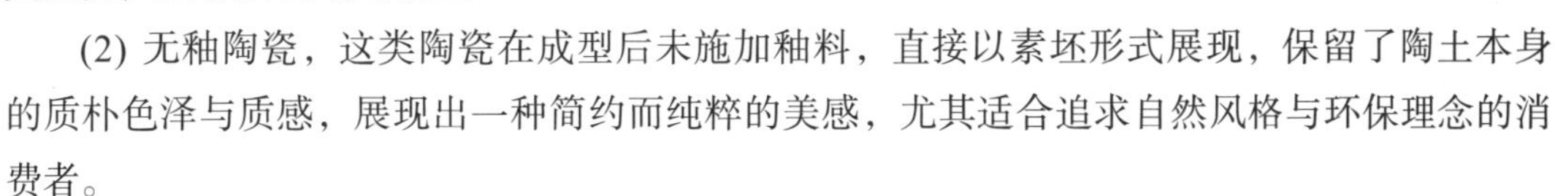

(2) 无釉陶瓷，这类陶瓷在成型后未施加釉料，直接以素坯形式展现，保留了陶土本身的质朴色泽与质感，展现出一种简约而纯粹的美感，尤其适合追求自然风格与环保理念的消费者。

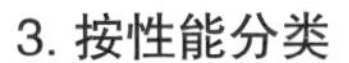

3. 按性能分类

根据陶瓷的性能不同，可简单地分为硬质陶瓷、软质陶瓷和特种陶瓷三大类。

(1) 硬质陶瓷的釉面硬度大，具有较高的机械强度、良好的介电指标、高度的化学稳定性和热稳定性。用于烧制硬质瓷器的坯料中含碱性氧化物少、但Al2O3的含量高(坯料配方中的黏土矿物含量在40%以上)。烧成温度一般在1300℃以上，用于制作高级日用瓷、化学瓷和电瓷等。

(2) 软质瓷，以其坯料中溶剂成分稀少为特色，烧成温度温和，通常不超过1300℃，造就了坯体中玻璃相的高含量。这一独特工艺使得软质瓷不仅硬度适中，更展现出卓越的半透明性，光线穿透其间，朦胧而迷人。熔块瓷与骨灰瓷等，作为装饰陈设的佳品，均归属软质瓷范畴，它们以柔和的触感与高雅的视觉效果，赢得了广泛的喜爱与赞誉。

(3) 特种瓷多是不含黏土或含极少量黏土的制品，成型多用于压、高压方法。特种陶瓷种类很多，多以各种氧化物为主体。例如，高铝质瓷，是以氧化铝为主；美质瓷，以氧化镁为主；滑石质瓷，以滑石为主；铍质瓷，以氧化铍或绿柱石为主；锆质瓷，以氧化锆为主；钛质瓷，以氧化钛为主。特种瓷在国防工业、重工业中经常使用，如火箭、导弹上的挡板，飞机、汽车上的火花塞，收音机内的半导体，快速切削用的瓷刀等。

5.2 陶瓷材料的特性

陶瓷是一种源自天然或经由人工精心合成的粉状化合物，通过成型工艺及高温烧结过程，转化为由金属元素与非金属元素的无机化合物紧密结合而成的坚固固体材料。陶瓷不仅具备被打磨至极致光滑表面的能力，还能创造出丰富多样的肌理效果，展现出其独特的多功能性和无尽的形态变化，这些特性使得陶瓷难以用单一词汇来全面概括其魅力。

5.2.1 陶瓷的物理性能

1. 力学性能

(1) 刚度。陶瓷的刚度，这一衡量其抵抗形变能力的关键指标，主要由弹性模量来精准评估。弹性模量深刻揭示了陶瓷内部结合键的强度，那些拥有强大化学键的陶瓷材料，自然而然地展现出了极高的刚性。在众多材料中，陶瓷的刚度表现尤为突出，显著高于普通金属，这充分展示了陶瓷材料在承受压力与保持形状稳定性方面的卓越性能。

(2) 硬度。陶瓷以其卓越的硬度在各类材料中独占鳌头，其硬度范围远超高聚物的20HV及淬火钢的500～800HV，高达1000～5000HV，这一特性源于陶瓷内部化学键的非凡性能。尽管陶瓷硬度随温度上升而有所降低，但在高温环境中仍能保持较高硬度，确保了其在极端条件下的应用潜力。高硬度与优异的耐磨性相辅相成，共同铸就了陶瓷材料无可比拟的优良特性。

(3) 强度。陶瓷虽拥有极高的理论强度，约为E/10～E/5，但受晶体结构影响，其实际强度远低于此理论值。其耐压与抗弯性能卓越，而抗拉强度则明显较低，与抗压强度相差一个数量级。不过，陶瓷在高温下仍能维持较高强度，展现出优异的高温性能。因此，在产品设计中选用陶瓷材料时，需充分考虑其承载力的特点。陶瓷材料因其耐高温、高强度及卓越的抗氧化性，成为高温环境下的理想选择。

(4) 塑性。陶瓷在室温下展现出极差的塑性，几乎不具备变形能力。然而，在特定的高温环境下，并施加慢速加载条件时，陶瓷材料却能够表现出一定的塑性行为，展现出不同寻常的适应性与韧性变化。这一特性为陶瓷在高温工程领域的应用提供了新的可能性。如图5-25所示，在高温环境下制作的陶瓷弹簧。

(5) 脆性。陶瓷材料作为典型的脆性物质，其表面与内部常因划伤、化学侵蚀或热胀冷缩等因素而萌生细微裂痕。当面对强烈的外力冲击时，这些短而密集的裂纹会迅速引发高度应力集中，由于陶瓷缺乏塑性变形能力以缓解应力，应力无法有效释放，裂纹随即迅速扩展，最终引发整体断裂。脆性特性是限制陶瓷在产品设计领域广泛应用的关键因素，也是当前科研领域致力于攻克的重要课题。

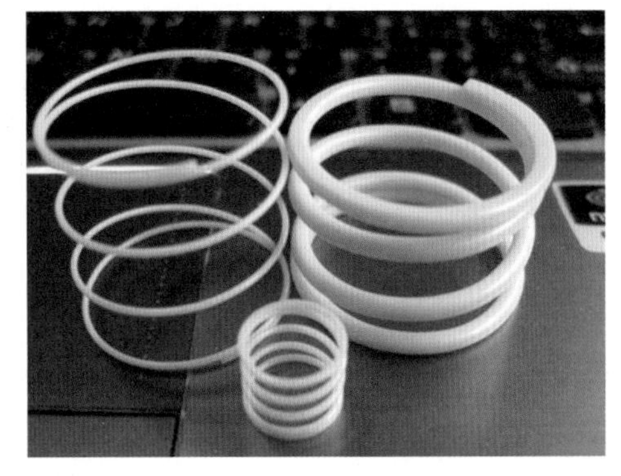

图5-25　高温陶瓷弹簧

2. 陶瓷的电热性能

陶瓷的电热性能卓越，其作为电热元件时，能在通电状态下高效地将电能转化为热能，展现出稳定的发热特性和优异的温度控制能力。陶瓷材料的高电阻率和良好的绝缘性，确保了电热转换的高效与安全。同时，其耐高温、耐腐蚀的特性，使得陶瓷电热元件在恶劣环境下仍能稳定运行，广泛应用于家电、工业加热及特殊领域，展现出强大的应用潜力和价值。

陶瓷材料因其独特的电热性能，在多个领域展现出广泛的应用潜力。它可用于制作扩音机(见图5-26)、电唱机、超声波仪、声呐等，同时有不少半导体也充分利用了陶瓷材料的电热性能。

图5-26　陶瓷扩音机

5.2.2　陶瓷的化学性能

1. 稳定性

陶瓷的分子结构非常稳定，特别是在以离子晶体为主的陶瓷中，金属原子被氧化原子紧密包围，并被屏蔽在排列紧密的间隙之中。这种结构使得陶瓷中的金属原子很难与介质中的氧或其他化学物质发生反应，从而赋予了陶瓷很高的化学稳定性。即使在高温环境下，如1000℃以上，陶瓷也能保持其化学性质的稳定，不易发生氧化或分解。

2. 耐腐蚀性

陶瓷对酸、碱、盐等腐蚀性很强的介质均表现出较强的抗腐蚀能力。这主要得益于陶瓷材料的主要成分——二氧化硅和硅酸盐，这些成分具有优异的化学稳定性，不宜与酸碱等腐蚀性物质发生反应。此外，陶瓷制品表面常覆盖有一层瓷釉，这是一种由氧化铝形成的特殊晶体结构，能够进一步增强陶瓷的耐腐蚀能力。因此，陶瓷在多种腐蚀性环境中都能保持其性能的稳定。

3. 与金属的不反应性

陶瓷不仅耐腐蚀性强，而且与许多金属熔体也不发生作用。这一特性使得陶瓷在需要避免金属间反应或污染的场合具有独特的优势。例如，在冶金行业中，陶瓷常被用作坩埚等容器材料，以承受高温和腐蚀性金属熔体的侵蚀。

由于陶瓷优异的化学性能，它在多个领域得到了广泛应用。在厨具和餐具领域，陶瓷因其无毒、无害、易清洁且耐腐蚀的特点而备受青睐。在化工行业中，陶瓷被用作反应釜、管道等设备的内衬或涂层材料，以抵抗腐蚀性介质的侵蚀。此外，陶瓷还在电子、医疗、航空航天等领域发挥着重要作用。

5.2.3 陶瓷的其他特性

陶瓷的独特魅力在于它拥有立体的特质，光洁又极易清洗，能够营造活泼、流动的三维空间。

1. 感觉性

陶瓷以其独特的感官魅力，赋予空间无限连续性，如图5-27所示。陶瓷持久耐用、绝缘抗力的特性，结合经济节能与可持续发展的优势，不仅营造了一个既活泼又充满魅力的环境，更唤醒了人们对土地深沉而古老的记忆；其光泽与纹理，带来光明与简洁的视觉享受；陶瓷独有的触感，让每一次空间的触碰都有温度，激发着人们内心深处的敏感与共鸣。

图5-27　室内陶瓷瓷砖的装饰

2. 视觉可塑性

陶瓷以其多变的形态、丰富的色彩与细腻的纹理，展现出极强的视觉可塑性。无论是简约的线条勾勒，还是繁复的图案装饰，都能通过精湛的工艺，在陶瓷表面呈现出生动逼真的视觉效果，让空间充满无限想象与创意可能。例如，白色陶瓷能够展现纯净的色泽，赋予人视觉以棉花般的轻盈与柔和之感；而拥有丰富纹样的陶瓷，如花草、动物、人物、山水、云气，则可以营造出一种温馨而亲切的氛围。

如图5-28所示，Star Maker 瓷砖精致、镶嵌的图形化设计使之具备三维的星形外观。它们由四个星形组成六边形镶嵌的马赛克图像，从而使瓷砖在任何给定的空间都能获得极佳的视觉可塑性。

图5-28　Star Maker 瓷砖

3. 色彩性

陶瓷以其丰富的色泽著称，其魅力源自高温烧制过程中颜色变化的无限可能。依色泽不同，陶瓷大致可分为黑瓷、青瓷、白瓷与彩瓷等。黑瓷为深邃的黑色及黑褐色调，因釉中富含铁质，历经长时间烧窑，于还原焰中析出氧化铁结晶，绽放出流光溢彩的独特花纹。而白瓷则以其纯净如雪的色泽为基底，常辅以彩绘，色彩交织间，不仅增添了视觉的层次感，更使作品质感倍增，展现出华丽多彩的艺术风貌，如图5-29所示。

图5-29　彩色陶瓷餐具

4. 实用性

陶瓷材料以其卓越的可塑性，满足人们日常生活的多样化需求。从现代餐桌上精致的餐具到书房中雅致的装饰，乃至卫生间里的实用器具，陶瓷已成为不可或缺的存在。在家装领域，陶瓷材料更是展现出广阔的发展前景，其温和的质地给人以温馨之感，多变的釉彩能够营造出丰富的视觉效果，而丰富的肌理和制作过程中的偶然性，更是赋予了陶艺作品魅力。图5-30为利用陶瓷材料装饰的墙面，变化的纹理与周围简单的家具形成对比又相互衬托，让整个氛围十分和谐。

图5-30　陶瓷装饰的墙面

5. 艺术性

陶瓷制作从古代一直延续至今，具有浓郁的民族艺术特征。随着时代的发展，陶瓷材料不但不失古朴的气质，且跟得上时代的潮流，它在满足使用功能的同时还具有浓厚的观赏性和艺术性。

6. 个性化

随着生活品质的不断提升，人们在追求物质充裕的同时，对精神层面的享受也愈发重视。陶瓷材料以其独特的魅力，不断满足着人们日益增长的个性化需求。如图5-31所示的折纸陶瓷杯与图5-32中的个性陶瓷摆件，正是设计师深刻洞察消费者心理需求的杰作，它们以陶瓷为载体，巧妙传达出消费者的独特个性与审美偏好。得益于陶瓷原料的高度可塑性，设计师能够轻松实现各种创意构想，让每一件陶瓷作品都成为展现个性风采的艺术品。

图5-31　折纸陶瓷杯子

图5-32　个性化陶瓷摆件

陶瓷材料凭借其独特的物理与美学特性，在生活中的应用日益广泛，涵盖机械设备、燃气具、汽车与摩托车制造、纺织工业、机电工程及医疗器械等多个领域。随着经济的持续繁荣与发展，陶瓷的应用边界还在不断向外拓展，展现出其无限的应用潜力和广阔的市场前景。

5.3　陶瓷的加工工艺

陶瓷的加工工艺，主要包含五个步骤，如表5-1所示。

表5-1　陶瓷的加工工艺

加工工艺	说　明
制粉	将各种原材料(黏土)、石英、长石等按需磨细、混合
成型	制成需要的坯型
上釉	低温釉、高温釉
烧结	送入窑炉中，在规定温度下烧制
表面装饰	进行表面加工、表层改性、金属化处理、施釉彩等表面装饰

陶瓷的加工过程可总结为三个阶段(见图5-33)：第一阶段，陶瓷黏土成分的选择，粉粒状的原材料可以干拌或者湿拌，即原料的配制；第二阶段，原料的成型，并进行修坯，接着进行干燥和烧结；第三阶段，完成表面加工、表层改性、金属化处理、施釉彩等装饰。

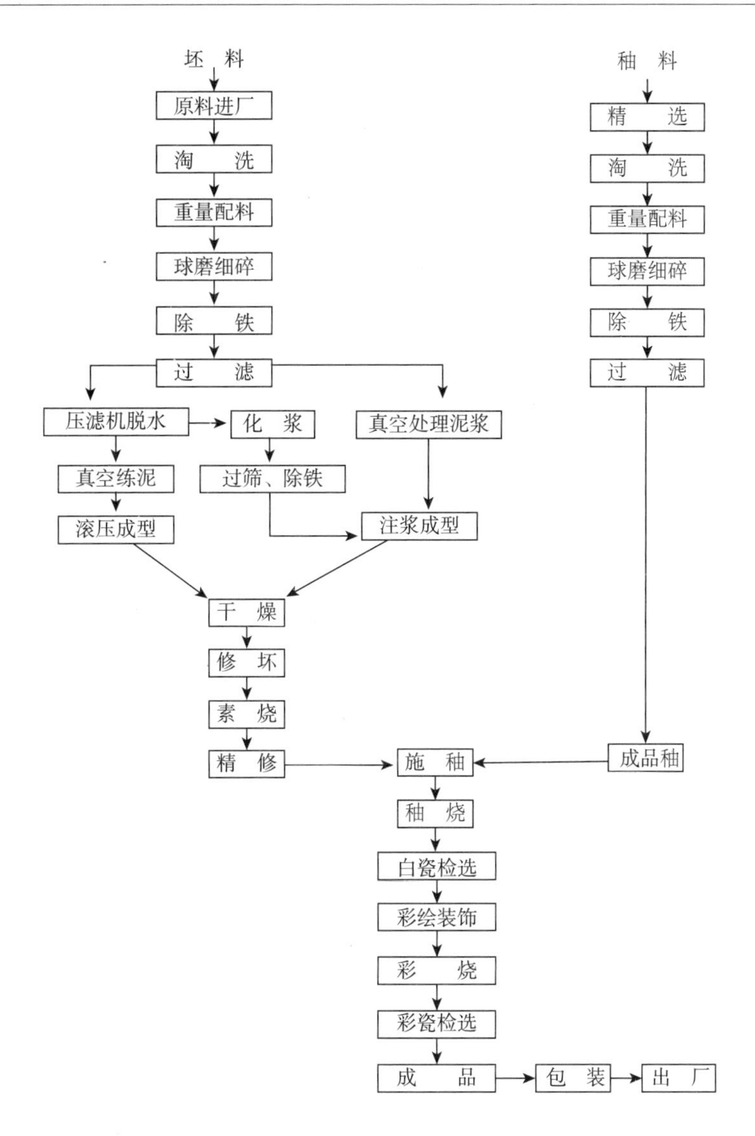

图5-33　陶瓷生产工艺流程图

5.3.1　制粉阶段

1. 配料

配料是指根据配方要求，将各种原料称出所需重量，混合装入球磨机料筒中。坯料的配料主要分为白晶泥、高晶泥和高铝泥三种；而釉料的配料可分为透明釉和有色釉。

2. 球磨

球磨是指在装好原料的球磨机料筒中，加入水进行球磨。球磨的原理是靠筒中的球石撞击和摩擦，将泥料颗料进行磨细，以达到所需的细度。通常，坯料使用中铝球石进行辅助球磨；釉料使用高铝球石进行辅助球磨。

在球磨过程中，一般是先放部分配料进行球磨，一段时间后再加入剩余的配料一起球磨，总的球磨时间按料的不同从十几个小时到三十多个小时不等。例如白晶泥一般磨 13 个小时左右，高晶泥一般磨 15 ～ 17 个小时，高铝泥一般磨 14 个小时左右，釉料一般磨 33 ～ 38 个小时。为了满足制造工艺对浆料细度的要求，球磨的总时间会根据实际需求进行调整，以确保浆料细度符合标准。

3. 过筛与除铁

球磨后的料浆经过检测达到细度要求后，用筛除去粗颗粒和尾沙。通常情况下，所用的筛布规格为：坯料一般在 160 ～ 180 目之间；釉料一般在 200 ～ 250 目之间。

过筛后，再用湿式磁选机除去铁杂质。这个工序叫作除铁，如果不除铁，烧成的产品上会产生黑点，造成陶瓷表面的斑点或者杂质。

过筛与除铁通常做两次。

4. 压滤

将过筛和除铁后的泥浆通过柱塞泵抽到压滤机中，用压滤机挤压出材料中多余的水分。

5. 练泥(粗炼)

经过压滤所得的泥饼，组织是不均匀的，而且含有很多空气，这种泥饼如果直接用于生产，就会造成坯体在此后的干燥、烧成时因收缩不均匀而产生变形和裂纹。因此要对泥饼进行粗炼，粗炼后的泥段真空度一般要求达到0.095～0.1。此外，粗炼后的泥段规格统一，便于运输和存放。

6. 陈腐

将经过粗炼的泥段在一定的温度和潮湿的环境中放置一段时间，这个过程称为陈腐。陈腐的主要作用是通过毛细管的作用使泥料中的水分更加均匀分布；增加腐殖酸物质的含量，改善泥料的黏性，提高成型性能；发生一些氧化与还原反应，使泥料松散而均匀。通常陈腐所需的时间为5～7天，最快也需3天，经过陈腐可提高坯体的强度，减少变形。

7. 练泥(精炼)

精炼主要是使用真空练泥机，对泥段再次进行真空处理。通过精炼使得泥段的硬度、真空度均达到生产工艺所需的要求，从而使得泥段的可塑性和密度得到进一步提高，组成更加均匀，增加成型后坯体的干燥强度。这一工序的另一个目的，是给后续工序中成型工艺提供各种规格的泥段。

注浆泥料和釉料的制备流程基本上和可塑泥料的制备流程相似，一般是将球磨后的泥浆经过压滤脱水成泥饼，然后将泥饼碎成小块，与电解质加水在搅拌池中搅拌成泥浆。釉料除了采用压滤机脱水，还可采用自然脱水。

5.3.2 成型阶段

1. 模具的制作

模具的制作是成型工艺不可或缺的前提，其核心材料常选用石膏，这主要得益于石膏成本低廉、操作简便且具备优秀的吸水性能。在新产品开发阶段，设计师会先以石膏为原料，精准制作初步模型，随后以此为基础，再次利用石膏倒制出一整套模具，并经过精细加工，最终制成模种。而针对含有浮雕等复杂结构的模种，则更倾向于采用硅胶材料制作，因为硅胶以其卓越的韧性，能够更好地适应并展现精细的浮雕细节。生产模则是基于这些精心制作的模种，通过复制过程批量生产的。

按照成型方法的不同，模具可分为滚压模、挤压模和注浆模三种。

(1) 滚压模制作工艺相对比较简单，只需用石膏和水的混合物搅拌后倒模，经过十几分钟凝结后倒出即可，但用量却非常大，耗损也比较大。

(2) 挤压模需要做排水排气处理，制作过程比较复杂，在倒入石膏前需要安装排气管，在25℃左右开始排气，连续排两三个小时，这样做有利于减少气孔、气泡。挤压模所需模具数量较少，此种模具比较耐用。

(3) 注浆模可分为空心注浆模和高压注浆模。空心注浆模的制作工艺相对比较简单，但用量却比较大；高压注浆模的制作比较复杂，模具本身要求的体积较大，以配合高压注浆的机器。

2. 坯体成型

将配置好的材料制作成预定的形态，以实现陶瓷产品的使用功能与审美功能，这个工序即为坯体成型。坯体成型是陶瓷加工工艺过程中一个重要的工序，经过该工序陶瓷粉料变成具有一定形状、尺寸、强度和密度的半成品。坯体成型的方法有很多，下面介绍几种常用的方式。

1) 滚压成型

滚压成型过程中，盛放泥料的模型和滚压头绕着各自的轴以一定速度旋转，滚压头逐渐接近盛放泥料的模型，并对泥料进行“滚”和“压”的作用。滚压成型可分为阳模滚压和阴模滚压。阳模滚压是利用滚头来形成坯体的外表面，此法常用于扁平、宽口器皿和器皿内部有浮雕的产品。阴模滚压是利用滚头来形成坯体的内表面，此法常用于径口小而深的器皿或者器皿外部有浮雕的产品。

滚压成型起产快，质量稳定，一般情况下会优先考虑这种成型方式。

2) 挤压成型

将精炼后的泥料置于挤压模型内，通过液压机的作用，挤压出各种形状的坯体。异形件一般采用挤压成型方式来制作，如三角碟、椭圆碟、方形盘等。

挤压成型起产慢，质量比较稳定，但模具的制作工序相对较为复杂。

3) 注浆成型

在现代陶瓷产业中，注浆成型是基本的成型工艺，其成型的过程较为简单，即将含水量高达30%以上的流动性泥浆注入已经做好的石膏阴阳模具中，由于石膏具有吸水性，泥浆在贴近石膏模具壁时被模具吸水后形成均匀的泥层，随着停留在石膏模具中的时间长短不同，泥层厚度也不同，时间越长则泥层越厚。当达到所需要的厚度时，可将多余的泥浆倒出，然后该泥层继续脱水收缩，与石膏模具脱离，最后从模具中取出的即为毛坯。

注浆成型适合于各种陶瓷制品的制作，凡是形状复杂、不规则、薄的、体积比较大且对尺寸要求没有那么严格的产品，都可使用注浆成型。图5-34为使用注浆成型工艺制作陶瓷茶具的图解。

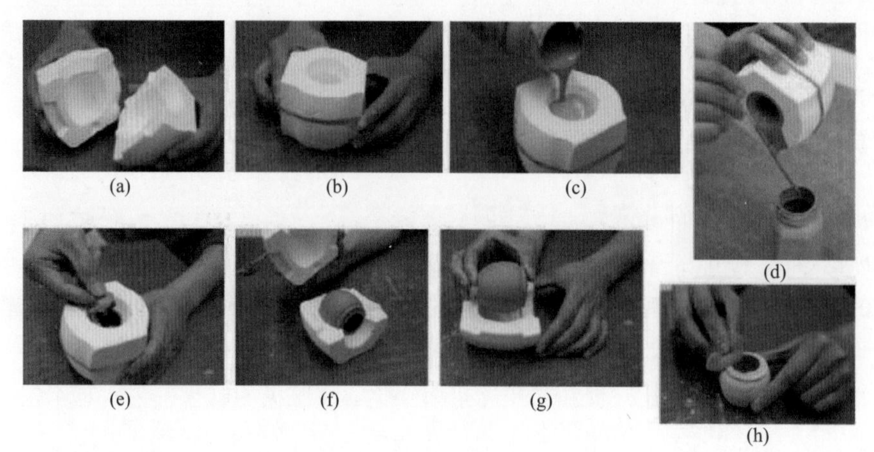

(a) 准备石膏模具
(b) 用橡皮筋固定石膏模具
(c) 将泥浆倒入模具中，由于石膏模具具有吸水性，需在注浆前多观察，补充泥浆
(d) 当看到口部黏土土片的厚度已经达到3mm时，即可将模具内多余的泥浆倒出
(e) 将模具翻转，直至多余的泥浆完全流出，可以根据时间触摸黏土表面，以判断是否可以开模
(f) 打开模具
(g) 注件与模具内壁分离，将坯体取出
(h) 待稍微干燥时小心修坯

图5-34　注浆成型工艺制作陶瓷茶具图解

4) 拉坯成型

拉坯成型是传统的制坯方法之一，如图5-35所示。首先在快速转动着的轮子上放入黏土；然后将手探进柔软的黏土里开洞，并借助螺旋运动的惯力让黏土向外扩展、向上推升，形成环形墙体；最后根据想要的坯体造型用手不断控制其形态。拉坯成型是陶瓷发展到一定阶段出现的较为先进的成型工艺，它不仅提高了工作效率，而且用这种方法制作的器物更完美、精致，同时可以拉塑出很大型的作品。

用拉坯的方法可以制作圆形、弧形等浑圆的造型，如盘子、碗、罐子等，作品形态挺拔规整，器物表面会留下一道道旋转的纹路。

5) 印坯成型

印坯是使用可塑软泥在模型中翻印产品的方法，通常适用于形状不对称与精度要求不高的产品，如图5-36所示。印坯所用的模型为石膏模，先取泥块打成薄片，放入石膏模内，用软牛皮或绒布捶紧。如果所成型的器物为小件，那么可用手指逐渐捏按，使泥片各个部分都与模型密合，然后把坯边修平、修齐。如果坯体由几块接合而成的话，那么接口的地方应该涂抹泥浆，用力捶拍，使其紧密结合。如果产品表面为固定形状或两面均有凹凸花纹，则使用阴阳模型压制成型，或者采用两片模型压制后，将两个坯体用泥浆黏结起来。

印坯成型一般用来制造人物、动物等雕塑品，其效率较低。

图5-35　拉坯成型

图5-36　印坯成型

6) 泥条盘筑成型

泥条盘筑成型是一种原始的制作方法，如图5-37所示。制作时先把泥料搓成长条，然后按器型的要求从下向上盘筑成型，再用手或简单的工具将里外修饰抹平，使之成器。用这种方法制成的坯体，内壁往往留有泥条盘筑的痕迹。

泥条盘筑成型一般适用于大型容器的制作。

7) 覆旋法成型

覆旋法成型常用于制作较为扁平的盘子，制作时先将盘状的湿黏土放在一个转动的磨具上，转动时形成盘子的内壁，而金属靠模形成盘子的外壁，如图5-38所示。

覆旋成型法在小批量生产中仍在使用。

图5-37　泥条盘筑成型

图5-38　覆旋法成型

8) 仰旋法成型

仰旋法工艺与覆旋法成型相似，也常用于制作较深的空心器皿。首先挤压预制好的黏土泥段，切割成圆盘状，并使其接近成品造型，然后将其放进固定中心的旋轴上。在旋转中将黏土拉起来形成坯壁，再用模型刀刮掉多余的坯泥，制出精准的空心器皿轮廓。

3. 加工技术

1) 机械加工

陶瓷的机械加工，主要是指对陶瓷材料进行车削、切削、磨削、钻孔。其工艺简单，加工效率高。

(1) 车削加工。陶瓷的车削加工通常选用金刚石刀具，其硬度高，适合加工陶瓷材料。加工过程中需严格控制切削参数，如切削深度、进给速度和刀具角度，以确保加工精度和表面质量。此外，陶瓷材料的脆性高，加工时需特别注意避免产生裂纹或崩边。

(2) 切削加工。陶瓷的切削加工工艺主要利用金刚石刀具等超硬工具，在精密机床上进行。切削过程中常采用湿法切削，即向切削区域喷射切削液，以降低切削温度，提高加工精度和刀具寿命。由于陶瓷材料硬度高且脆性大，切削时需精确控制切削速度、进给量和切削深度，以避免产生崩边或碎裂，最终目标是获得符合要求的陶瓷零件，具有高精度和高表面质量。

(3) 磨削加工。陶瓷的磨削加工工艺是一种利用磨料对陶瓷表面进行加工的方法。该工艺主要分为固定磨料式加工(如研磨、搪磨等)和游离磨料式加工(如抛光、超声波加工等)。在加工过程中，常选用金刚石砂轮等超硬磨料，通过砂轮与工作物保持一定的面接触状态以去除材料。磨削加工能够加工复杂形状的产品，且加工表面平整度高。此外，磨削加工还受到工艺参数如砂轮磨削速度、工件速度、磨削深度等的影响，需严格控制以获得高质量的陶瓷产品。

(4) 钻孔。陶瓷的钻孔工艺是陶瓷加工中的重要环节，主要方法包括机械加工、超声波加工和激光加工等。机械加工采用金刚石空心钻，通过旋转磨削的方式切入陶瓷材料，适合数毫米以上直径的圆孔加工，但存在钻头磨损严重、易崩刃等问题。超声波加工是利用超声波振动，使工具与工件之间的液体磨粒撞击和磨削被加工表面，适合加工复杂结构的产品，但加工精度受振幅限制。激光加工是利用高能量密度的激光脉冲，使陶瓷材料熔融、气化和蒸发，实现小孔加工，具有非接触、加工速度快、精密度高等优点。在实际应用中，需根据陶瓷材料的特性、孔径大小及加工要求选择合适的钻孔工艺。

2) 材料加工

陶瓷材料的优良特性，使其成为广泛应用于航天航空、石油化工、仪器仪表、机械制造及核工业等领域的新型工程材料。但由于该材料具有的高脆性、低断裂性，以及弹性极限与强度非常接近等特点，使其加工难度很大，加工方法稍有不当就会造成工件表面层组织破坏，很难实现高精度、高效率、高可靠性的加工，从而限制了陶瓷材料的进一步发展。

为了满足近年来科技发展对精密陶瓷、光学玻璃、晶体、石英、硅片等脆性材料产品的需要，陶瓷材料的加工工艺也在不断完善。目前，较为成熟的陶瓷材料加工技术主要分为力学加工、电加工、复合加工、化学加工和光学加工五大类。陶瓷材料加工技术，如表5-2所示。

表5-2　陶瓷材料加工技术

力学加工	磨料加工	研磨加工、抛光加工、砂带加工、滚筒加工、超声加工、喷丸加工、黏弹性流动加工
	塑性加工	金刚石塑性加工，金刚石塑性磨削
电加工		电火花加工、电子束加工、离子束加工、等离子束加工
复合加工		光刻加工、ELID磨削、超声波磨削、超声波研磨、超声波电火花加工
化学加工		腐蚀加工、化学研磨加工
光学加工		激光加工

5.3.3　表面装饰阶段

1. 施釉

釉是陶瓷器表面的一种玻璃质层，釉层使陶瓷表面光洁美丽，吸水性小，易于洗涤和保持洁净。由于釉的化学性质稳定，釉面硬度大，因此使瓷器具有经久耐用，以及耐酸、碱、盐侵蚀的能力。例如，为了使瓷器更美观，可在陶瓷坯上施釉，从而起到装饰的作用，如图5-39所示。

图5-39　施釉

陶瓷釉的种类很多，按照不同的标准，有着不同的分类方法。按照釉的成分，可以分为石灰釉、长石釉等；按照烧成温度，可以分为高温釉和低温釉；按照烧成后的外表特征，可以分为透明釉、乳浊釉、颜色釉、有光釉、无光釉、结晶釉、玻璃釉、开片釉、窑变釉等。

施釉方法有多种，如浸釉、淋釉、喷釉、荡釉、甩釉、刷釉等。

1) 浸釉

浸釉有助于把釉料均匀地敷于坯体表面，即使再复杂的形体也不例外。这种方法还具备省时和易操作的好处。但为了使坯体能整个浸入釉浆中，需要较多量的釉浆，因此该方法并不适用于大型坯体。在一般情况下，整个坯体浸入釉浆中停留约2 ～ 3s即可取出。若是嫌釉药上得太薄，可以等到釉药晾干后再浸泡一次；切忌在釉浆中浸泡过久以致坯体釉浆过厚，造成烧制后成品的釉层缺陷。

2) 淋釉

淋釉法是在陶坯上淋下数种不同的色釉，或是利用泼洒的手法，或是以不同厚度的釉层变化，来制造出独特的效果。淋釉法更能制造出具有流动感的特殊效果，是一种被古代人民广泛采用的上釉方法，唐代三彩器即该方法制作而成，现代的许多陶艺家也喜欢采用这种方法。

3) 喷釉

喷釉是将要施釉的陶坯置于转盘之上，施釉者在一边规律性地转动转盘，一边用喷雾器将釉浆直接喷射于陶坯上的方法。

4) 荡釉

对于中空制品，如茶壶、花瓶、罐子等产品，对其内部施釉常采用荡釉法。其操作是将一定浓度及一定量的釉浆注入器物内部，然后上下左右地摇动，使釉浆布满内表面，然后将余浆倒出。

5) 甩釉

甩釉是将釉浆经过釉管压入釉盘中，依靠其旋转产生离心力甩出，釉料以点状形式施加于坯体上的方法。此法可以在一种釉面上获得不同颜色的釉斑，也可以获得如花岗石等效果的釉面。

6) 刷釉

刷釉是将蘸有釉料的毛笔或刷子轻轻涂刷在瓷器表面，可根据需要多次涂刷釉料以达到理想的釉层厚度。对于需要局部上釉的器物，应仔细控制涂刷范围，确保釉料只覆盖在需要上釉的部分。刷釉适合于小面积的涂布，或是用釉色来作画时采用，但也同样可用于制造特殊效果。当我们在采用这种施釉法时，要注意是否会因为工具的运用不当，而在器表上产生刷纹，或是因担心釉面不匀、太薄而多刷数次后，造成釉面过厚，导致在未烧之前釉就开裂脱落。

由于釉对窑温和窑内气氛较敏感，因而烧成的产品，在釉色、釉质等方面会存在一定的差异。甚至胎釉成分完全相同的器物，因在窑内的位置不同，烧成后有时也会呈现不同的釉色，即所谓“同窑不同器”现象，也称为“窑变”。

2. 彩绘

彩绘是指在陶瓷产品表面用材料绘制图案花纹，是陶瓷的传统装饰方法。彩绘有釉下彩和釉上彩之分，如图5-40和图5-41所示。釉下彩最早的雏形可以追溯到宋代，一直延续至今；釉上彩是在明代从釉下青花彩绘的基础上发展而来的。

图5-40 釉下彩绘

图5-41 釉上彩绘

下面对釉下彩与釉上彩进行对比介绍。

1) 制作过程

釉下彩：使用色料在生坯或经过烘烤后的素坯上进行彩画装饰，再经过上釉，最后窑烧而成。釉彩和彩绘的纹样是一次烧成，色料充分渗透在坯釉中。

釉上彩：先将白瓷胎的瓷器烧成，再在瓷器的表面用色料进行彩画装饰，然后窑烧而成。彩绘的纹样与釉彩是分开烧制的。

2) 烧成温度

釉下彩：在生坯上直接进行创作，用色料画完后上釉，再经1200℃～1300℃的窑火烧成即可；在素坯上彩绘，则是先把泥坯用800℃烧成素坯，绘制并上釉后，再经1200℃～1300℃的窑火烧成。

釉上彩：先用1200℃～1300℃的窑火烧成白瓷坯，用色料绘制彩画装饰，再用800℃进行二次窑烧。

3) 外表呈现

釉下彩：器物色彩光润、表面平滑、永不褪色，即使久经磨蚀，只要釉面完好，依旧可以保持色泽鲜艳。

釉上彩：色彩鲜艳、多样。由于色料并没有与釉料融合，绘制的纹样会突出釉面，摸上去有手感，不会像釉下彩那么光滑。

4) 色彩类型

釉下彩：以青花、釉里红和釉下五彩为主。青花是用一种经高温烧成后呈现蓝色的矿物质颜料绘制而成的，在表现技法上是以同一颜色的各种深浅色调来实现层次效果。特点是明快、清新、雅致、大方，装饰性很强。釉里红用一种经高温烧成后呈现暗红色的矿物质颜料绘制而成，烧成后釉色展现出深沉而热情的风貌，故一般用来表达“吉祥、富贵”。釉下五彩是在青花和釉里红的基础上发展而来的，其特点是色彩绚丽、锦绣灿烂，其颜色在烧制过程中变化多端，效果惊艳。

釉上彩：包括古彩、粉彩、新彩等几种。古彩是一种较传统的装饰方法，其特点是色彩鲜艳、对比强烈，线条刚健有力，具有浓厚的民间年画的风格。粉彩是在釉上五彩的基础上发展起来的，它的色彩多样，在表现技法上从平填进展到明暗的洗染，具有传统的中国画的特征。新彩是受外来影响而形成的一种新的彩绘方法，在表现技法上既可用西画的方法，也可用国画的方法。

5) 色料变化

釉下彩：色料用高温烧成，色料在未烧制前与烧制后的色相变化较大。由于彩绘的色料中多数无法耐高温，因此烧制后颜色的变化极难掌握。

釉上彩：色料用650℃～800℃的低温烧成。由于温度低，许多颜料都能经受这样的温度，故烧出来的颜色变化不大。

6) 调料品种

釉下彩：一般用的是甘油、牛胶、乳香油，有的甚至用茶叶水来调和色彩。

釉上彩：使用樟脑油或松香油等调料进行调和。

7) 上色技法

釉下彩：以分水法为基础技法，即在勾好的轮廓线内用色料填色。

釉上彩：以洗水法为基础技法，即先用笔蘸“水色”往坯上拓一笔，然后将笔上的颜色洗掉，挠水反复洗擦。

3. 贴花

贴花是将彩色料制成花纸，再将花纸贴在坯体表面上的工艺。对于需要做贴花的产品，在其烧成经过分选后，便可以进入贴花车间进行贴花。花纸分为釉中、釉上和釉下三种，釉上是指在烧成的产品上贴花，再以800℃左右的温度进行烤花，烤花后花纸图案可以用手感觉到；釉中是指在烧成的产品上贴花，再以1200℃左右的温度进行烤花，烤花后花纸图案渗入瓷器中；釉下贴花一般采用蓝色或黑色等较深的颜色，如产品的底标，做法是在洗水上白釉后贴上底标或花纸，然后烧制成瓷，或洗水贴底标或花纸后再上透明釉，最后进行烧成。

4. 印花

印花装饰，作为陶瓷艺术中最古老的技法之一，传统上通过刻有精美纹样的模印工具，在未干的坯体上压印出凹凸有致的图案，随后施釉烧制而成，如图5-42所示。现代工艺则创新性地利用石膏模型内壁的凹凸设计，在泥料成型时直接赋予坯体外部以细腻纹样。此外，丝网印花技术进一步丰富了装饰手法，分为釉上与釉下两种，通过精细的丝网将彩料层次分明地套印于制品上，不仅色彩丰富，更赋予作品强烈的立体感与视觉冲击力。

图5-42　印花陶瓷瓶

5. 饰金

在陶瓷的高级精细制品中，常采用金、银、铂或钯等贵金属进行釉上装饰，其中金装饰尤为常见(见图5-43)，其他金属则相对较少应用。金装饰工艺多样，包括亮金、磨光金及腐蚀金等技法。亮金装饰以其极薄的金膜赋予陶瓷璀璨光泽，但需注意其易磨损的特性。相比之下，磨光金装饰因金层厚度显著增加，而展现出更高的耐用性。至于腐蚀金装饰，则是一种独特的艺术处理，通过在釉面上选择性涂刷稀氢氟酸溶液腐蚀特定区域，随后覆盖磨光金彩料并烧制抛光。这一过程中，被腐蚀的釉面区域失去光泽，而未受腐蚀的部分则保持光亮，从而创造出对比鲜明、亮暗交织的金色图案，极具视觉冲击力。

图5-43　饰金瓷

5.4　陶瓷产品案例赏析

陶瓷凭借其独特的质感、丰富的色彩与卓越的工艺性，在设计活动中占据了举足轻重的地位。从日常用品到艺术品，从家居装饰到工业设备，陶瓷的广泛应用不仅满足了人们对美的追求，也体现了其在功能性与创新性上的无限可能。如今，设计界正掀起一股陶瓷风潮，众多设计师纷纷投身于这一古老而又充满生命力的材料之中，以创新的思维与精湛的工艺，创作出既兼具实用性又富含艺术气息的作品。

如图5-44所示，汉光瓷，作为1999年问世的制瓷工艺杰作，其诞生凝聚了极致的工艺追求与材料精选。该瓷种在高达1400℃的烈焰中精心烧制而成，成就了吸水率为零的非凡品质。汉光瓷的选材更是力求完美，从1吨甲级高岭土与瓷石中仅精选1～2kg精料；而对于核心原料石英更是层层筛选，力求水晶般的纯净与晶莹剔透。此外，通过现代高效除铁技术，将汉光瓷原料中三氧化二铁的含量降至0.1%以下，这一技术突破使得汉光瓷不仅纯白无瑕，更兼具“明如镜、薄如纸、声如磬、透如灯”的卓越特质。每一件汉光瓷作品都是对“纯”与“白”这一瓷器美学最高追求的完美诠释。在设计

图5-44　汉光瓷

上，汉光瓷巧妙融合了传统文化与现代审美，以“龙、凤、祥云”等经典元素寓意吉祥，同时点缀以牡丹的雍容、水仙的清雅、雏菊的纯真、玫瑰的浪漫及荷花的高洁，每一道纹饰都蕴含着深厚的文化底蕴与美好的祝愿。

如图5-45所示，Kucob硅家宝品牌精心打造的陶瓷刀具套装，内含五件精选刀具，分别为一把4寸水果刀、一把6寸厨师刀、一把6.5寸菜刀、一把刨皮刀，以及一个便捷刀架。这一系列刀具以纯正氧化锆陶瓷为核心材质，正面呈现出均匀洁白的色泽，触感细腻，尽显高端品质；刀刃部分采用先进的三维立体切面技术，这一创新设计不仅让刀具在处理食材时无比顺畅，而且切割出的切面也非常平整。手柄部分则采用了食品级ABS材料，确保无毒无害，同时融入人体工学设计，让每一次握持都自然舒适，实现最佳使用体验。

图5-45　陶瓷刀具

如图5-46所示，这款由设计师叶宇轩精心雕琢的水滴壶，以无柄的设计深刻诠释了“上善若水”的哲学精髓。壶体选用高品质陶瓷材料，经过精细打磨与烧制，呈现出温润如玉的质感，既彰显了材质的纯粹之美，又确保了使用的安全与耐用。中空保温技术的巧妙运用，让热饮的温暖得以持久保留，同时避免了握持时烫手的问题。壶身形态流畅优雅，宛如晨露中即将滑落的水滴，凝聚了设计师对和谐共生理念的深刻理解与追求。每一次轻触与品茗，都是对这份古老智慧与现代工艺完美结合的深刻体验，让人沉醉于宁静淡泊的禅意之中。

图 5-46　水滴壶

如图5-47所示，这套欧式简约茶具，将现代美学与自然韵味巧妙融合。茶具采用陶瓷为基材，经精细工艺烧制而成，表面光滑细腻，触感温润。茶壶的壶身圆润饱满，整体造型简洁流畅，彰显极简主义精髓；杯子的设计独具创意，线条优雅，尽显欧式简约风格。整套设计不仅回归自然，还巧妙融入现代抽象艺术元素，简约中蕴含不凡品位。

图5-47 欧式简约茶具

如图4-48所示，Swell花瓶是德国设计师Anika Engelbrecht的创意，她巧妙地将朴素的陶瓷容器与绚烂多彩的彩色气球相结合，创造出这款别具一格的艺术品。花瓶瓶身精心布置了不规则的孔洞，内部则巧妙地隐藏着色彩缤纷的气球。每当为瓶中的花朵灌溉时，清澈的水流缓缓注入气球之中，随后水珠便自然地通过这些精巧的孔洞缓缓鼓胀而出，宛如一幅生动有趣的画卷缓缓展开，既展现了设计的巧妙，又增添了无尽的趣味。

图5-48 Swell花瓶

如图5-49所示，这款精美陶瓷首饰，出自英国杰出首饰设计师Abigail Mary Rose之手。自2004年起，她便专注于古董陶瓷首饰的设计与销售，其匠心独运的作品迅速风靡欧美，遍布各大精品店与专卖店。她运用独特的切割工艺与细腻的丝带装饰，赋予这些曾被遗弃的陶瓷以新生，使它们不仅成为佩戴者身上的璀璨点缀，更是传承与展现陶瓷文化精髓的艺术佳作。

图5-49 陶瓷首饰

如图5-50所示，UFO陶瓷灯具巧妙融合了现代陶瓷技艺火与土的艺术，是设计领域的一项佳作。这款灯具完全由陶瓷制成，UFO形状的设计独特而新颖，表面精心雕琢的透光小孔，既体现了设计的精细，又增添了趣味性，完美契合了现代年轻人的审美与好奇心。它不仅是一件可爱的家居装饰品，也可作为餐馆、酒店等空间中的装饰亮点，为环境增添了一抹艺术的气息。该灯具的设计展现了设计师超凡的想象力和对陶瓷艺术的独到理解。

图5-50 陶瓷灯具

如图5-51所示，AJORÍ调味瓶系列是西班牙工业设计师Photo Alquimia的创意之作。其外观设计巧妙汲取了大蒜这一常见调味植物的形态灵感，每个“蒜瓣”形单体不仅造型流畅，更兼顾了使用的便捷性。调味瓶为陶瓷质地，采用与蒜瓣相同的白色，使用时陶瓷的温润光泽与餐桌上的其他元素形成和谐统一的视觉美感。整体而言，这套调味瓶与用餐环境相得益彰，展现出和谐统一的视觉美感，令人赏心悦目，为每一次用餐增添了一份雅致与品位。

图5-51 陶瓷调味瓶

第6章

玻璃材料及其加工工艺

主要内容：介绍玻璃材料的特性及加工成型工艺。

教学目标：了解玻璃材料的特性及加工工艺，并合理应用于工业产品设计。

学习要点：合理利用材料，充分体现玻璃材料在设计中的应用价值。

6.1 玻璃概述

玻璃是一种透明度较高的固体物质，在熔融状态下能够形成连续且复杂的网络结构。随着温度的逐渐降低，其黏度不断增加，最终硬化成为一种不结晶的硅酸盐类无机非金属材料。

普通玻璃的制作始于石英砂、纯碱、长石及石灰石等原材料的精心配比与混合，随后经历高温熔融过程，使原料充分融合并匀化，之后通过特定的加工技术成型。成型后的玻璃还需经过退火处理，以消除内部应力，提升产品的稳定性和耐用性。此外，通过采用一系列特殊的方法与先进工艺，还能进一步制造玻璃的深加工产品，包括但不限于钢化玻璃和防弹玻璃，以满足不同领域对玻璃性能和安全性的更高要求。

玻璃以其高透明度、出色的硬度、良好的可塑性、卓越的气密性与不透性、丰富的装饰效果，以及耐腐蚀性和耐热性等一系列特性，成为产品设计不可或缺的基础材料之一。尤为重要的是，当玻璃被加热至特定温度后，它能通过吹制、拉伸、压制、延展等多种精湛工艺，被塑造成形态各异、尺寸精准的产品。

玻璃与人们的生活紧密相连，如日常使用的玻璃材质杯盘碗盏，建筑领域的平板玻璃，交通工具上的挡风玻璃，灯具、电视机等电子产品中的电真空玻璃与照明玻璃，如图6-1所示。玻璃不仅提升了人们的生活质量，也是现代生产、科学实验活动中不可或缺的关键材料，其重要性不言而喻。

图6-1 玻璃广泛应用于工业产品设计中

6.1.1 玻璃的产生和发展

最初的玻璃，源自火山岩浆的瞬息凝固，成就了非晶质二氧化硅的凝结物，其深邃光泽令人沉醉，人们称其为黑曜石。匠人们以精湛的技艺，将这份自然之美雕琢成珍贵的工艺品。然而，天然形成的黑曜石极为罕见，其独特之美激发了人类对玻璃的进一步探索与创造，从而开启了人工制造玻璃的历史篇章。

古埃及人是世界上制造玻璃的先驱，早在4000多年前的美索不达米亚与古埃及遗迹中，便已有小巧的玻璃珠被发掘出来(见图6-2)，见证了人类与玻璃技艺的古老渊源。一次偶然的契机，古埃及的陶瓷工匠在制作瓶坯时，不慎将苏打与沙砾的混合物黏附其上。当瓶子历经炉火锤炼出炉之时，瓶身竟奇迹般地覆盖了一层细腻光滑、坚硬如石的薄壳，这可视为玻璃的雏形。受此启发，埃及人开始尝试在苏打与沙砾的基础上，融入多种其他材料，随着技艺的日臻完善，古埃及的工匠们逐渐掌握了制造玻璃产品的技术，开启了人类历史上玻璃艺术的新篇章。

图6-2　古埃及彩釉陶的项链

公元11世纪，德国人革新了玻璃制造业，掌握了吹制平面玻璃的技术。他们巧妙地吹制出大而扁平的圆柱状玻璃体，随后垂直悬挂并切除底部，从而制得了大片的平面玻璃。这一创新技术随后在13世纪被威尼斯的工匠们所采纳并进一步发展，推动了玻璃在建筑领域的广泛应用，尤其是在中世纪教堂的彩色玻璃窗上大放异彩。然而，受限于当时的生产条件，玻璃仍属昂贵之物，仅能为少数权贵所享用。

直至1688年，纳夫的制作大块玻璃的工艺横空出世，这一技术突破极大地降低了玻璃的生产成本，使得玻璃逐渐走入了寻常百姓家，成为日常生活中常见的物品。此后，随着工业革命的推进，玻璃生产逐步实现了工业化和规模化，促进了玻璃制品的多样化发展。如今，我们已能见到种类繁多、性能各异的玻璃产品，它们广泛应用于建筑、交通、光学、电子等各个领域。

6.1.2　玻璃的原料

在玻璃制造过程中，原料依据其用量及所起作用可明确划分为两大类别：主要原料与辅助原料。主要原料作为核心成分，直接决定了玻璃产品的基本物理特性和化学性质，是构成玻璃本质特性的基石。而辅助原料，则是为了赋予玻璃产品额外的特殊性能，如增强强度、改善透光性、调节颜色等，或是为了加速玻璃的熔制过程、提高生产效率而特别添加的物料。这两类原料相辅相成，共同塑造了玻璃产品的多样性和卓越性能。

1. 玻璃的主要原料

玻璃的主要原料有硅砂(石英砂)、长石、纯碱、石灰石、硼砂、碳酸钡和硫酸钡、含铅化合物及碎玻璃等。下面对这些原料进行详细介绍。

(1) 硅砂。硅砂即二氧化硅，是一种非金属矿物质，颜色为乳白色或无色半透明状，如图6-3所示。它是生产玻璃的主要原料，在所有原料中的占比高达70%以上。硅砂使玻璃具有一系列优良性能，如透明度、机械强度、化学稳定性和热稳定性等。其缺点是熔点高、熔

图6-3　硅砂

液黏度大，因此生产玻璃时还需加入其他成分以改善这方面的状态。

(2) 长石。长石即氧化铝，是一类硅酸盐矿物的总称，主要由钾、钠、钙等的铝硅酸盐矿物组成。它们具有不同的颜色，如肉红色、黄白色等，且通常呈现玻璃光泽或珍珠光泽。长石是玻璃混合料的主要成分之一，其占比可达25%～35%。它能够降低玻璃的析晶倾向，提高化学稳定性、热稳定性、机械强度、硬度和折射率。但当其含量过多时，会增强玻璃液的黏度，不利于熔化和澄清，反而会增加析晶倾向，使玻璃制品上出现波纹等缺陷。

(3) 纯碱。纯碱，其核心成分Na2O，在玻璃制造中扮演助熔剂的角色，与硅砂等酸性氧化物融合，形成易熔复盐，有效促进玻璃熔融与成型。然而，其含量需严格控制，过量会导致玻璃热膨胀系数上升，抗拉强度减弱。

(4) 石灰石。石灰石以CaO为主要成分，作为稳定剂加入，显著提升玻璃的化学稳定性与机械强度。其特性在于能降低玻璃液高温黏度，加速熔化与澄清过程；同时在冷却阶段，增大黏度，利于提高生产效率。但高含量石灰石亦存在弊端，易促使玻璃析晶，影响制品韧性。

(5) 硼砂。硼砂是一种既软又轻的无色结晶物质，主要为玻璃提供B_2O_3成分，是玻璃制造中不可或缺的重要原料之一。硼砂可以使玻璃的热膨胀系数降低，提高热稳定性、化学稳定性和机械强度，还起到助溶剂的作用，加速玻璃澄清和降低玻璃的析晶倾向。

(6) 碳酸钡和硫酸钡。碳酸钡与硫酸钡作为玻璃工业中的重要添加剂，它们的核心贡献在于为玻璃提供必要的BaO成分。富含BaO的玻璃不仅展现出独特的物理性质，还具备卓越的射线吸收能力，这一特性使得含BaO的玻璃广泛应用于高级玻璃器皿、精密光学玻璃及防辐射玻璃等领域。

(7) 含铅化合物。含铅化合物的加入可增加玻璃密度，降低玻璃熔体的黏度、熔制温度，提高玻璃的折射率，使其具有特殊的光泽，便于研磨抛光。含铅玻璃具有很多优点，如透光率高、易于切割和雕刻、回音出色、轻薄而均匀，一般用于制作工艺品和光学仪器及高级器皿，如图6-6所示。

(8) 碎玻璃。在玻璃生产过程中，加入碎玻璃作为原料的一部分已成为一种广泛采用的方法。这一做法不仅能够显著降低生产过程中的能源消耗量，减少约25%～30%的能耗，还有助于资源的循环利用，降低废弃物产生。通过将碎玻璃重新引入生产流程，我们不仅能够促进环保和可持续发展，还能在保证玻璃品质的同时，提高生产效率和经济效益。

2. 玻璃的辅助原料

(1) 澄清剂。澄清剂能够汽化或分解释放出气体，有效促进玻璃溶液中气泡的排出，从而提升玻璃制品的透明度和纯净度。在实际应用中，澄清剂常以三氧化二锑与硝酸盐的组合形式被加入玻璃溶液或其配料中，以达到最佳的澄清效果。

(2) 助熔剂。助熔剂能够显著加速玻璃的熔制速度，使得生产过程更加高效。常见的助熔剂包括氟化合物、硝酸盐和硫酸盐等，这些物质通过降低玻璃原料的熔点，促进原料间的充分融合与反应，从而优化玻璃的生产工艺，提高玻璃产品的品质。

(3) 脱色剂。脱色剂在玻璃制造中起到去除着色杂质的重要作用，这些杂质如铁、铬、钒、钛等，会影响无色玻璃的透明度。脱色剂主要分为物理脱色剂和化学脱色剂两大类。物理脱色剂主要通过其物理性质起到掩盖或平衡色彩的作用，间接地作为着色剂的补充；而化学脱色剂则直接作用于玻璃中的着色杂质，特别是将着色能力较强的氧化亚铁转化为着色能力较弱的氧化铁，从而有效提升无色玻璃的透明度和纯净度。

(4) 着色剂。为了给玻璃产品着色而加入的添加剂称为着色剂，它可以使玻璃对光线进行选择性吸收，从而显示出一定的颜色，如图6-4所示。着色剂通常包含钴化合物(蓝色)、银化合物(黄色)、锡化合物(红色)、镉化合物(黄色)、二氧化锰(紫色)、三氧化二铬(绿色)，氧化锌(白色)、三氧化二铁(茶色)、氟氧化物或磷化物(乳白色)等。

图6-4　各种颜色的平板玻璃

(5) 乳浊剂。乳浊剂是一种特殊的添加物，它能够使玻璃制品在光线照射下呈现出不透明的乳浊状态，为玻璃赋予独特的视觉效果和质感。

(6) 其他。在玻璃的生产过程中，通过精心地添加特定的金属氧化物、化合物，或者采用特殊的工艺处理技术，可以制造出具有独特性和优异性能的特种玻璃。这些特种玻璃在各个领域展现出广泛的应用潜力和价值。

6.1.3　玻璃材料的特性

玻璃的种类繁多，每一种都拥有与众不同的特性，而且随着科技的日新月异，不断有新的玻璃材料及其特性被开发出来。从广义上划分，玻璃材料的特性可分为两大类：基本特性和艺术特性。基本特性主要涉及玻璃的物理、化学及光学等基本属性，而艺术特性则侧重于玻璃在美学、装饰及艺术表现方面的独特魅力。

1. 玻璃的基本特性

1) 物理性能

(1) 强度。玻璃是一种脆性材料，它的强度一般用抗拉、抗压、抗折、抗冲击等指标来表示。其中，抗拉、抗压强度是判断玻璃产品是否坚固耐用的重要指标。

玻璃的抗拉强度相对较低，这主要是由于其表面细微裂纹在张力作用下易引发破裂所致。为了提升这一性能，可以通过在玻璃成分中增加CaO的含量来实现，此举能显著提高玻璃的抗拉强度。此外，对玻璃进行淬火处理也是增强其抗拉强度的有效方法，淬火后的玻璃抗拉强度可比退火玻璃高出5～6倍。此外，玻璃的形态也会影响其抗拉强度，块状和棒状玻璃的抗拉强度较低，而玻璃纤维则展现出极高的抗拉强度，约为前者的20～30倍，且玻璃纤维的直径越细，其抗拉强度越高。

玻璃的抗压强度显著优于其抗拉强度，约为后者的14～15倍。玻璃的抗压强度受多重因素影响，包括化学成分、杂质含量与分布、产品形态、厚度及加工方法等。具体而言，富含SiO2的玻璃往往表现出更高的抗压强度，而CaO、Na2O及K2O等氧化物则可能削弱其抗压性能。因此，在玻璃制造过程中，需精心控制这些因素，以优化玻璃的抗压强度。

(2) 硬度。玻璃的硬度相当高，甚至超越了许多常见金属，使得普通的刀、锯等工具难以对其进行切割操作。在常温条件下，玻璃的硬度值稳定地落在莫氏硬度计的5～7级范围内，这意味着唯有采用金刚石等硬度极高的材料制成的刀具，方能有效进行玻璃的切割。而对于玻璃的精细研磨加工，则常依赖于金刚砂等超硬磨料来实现。

玻璃的硬度因其化学成分的不同而有所差异。具体而言，石英玻璃和硼硅玻璃(通常含有10%～20%的B_2O_3)展现出较高的硬度，而富含碱性氧化物的玻璃则硬度相对较低。此外，含有PbO的晶质玻璃同样表现出较低的硬度特性。鉴于这些差异，在选择用于切割、雕刻和研磨等加工过程的磨料、磨具及具体方法时，必须充分考虑玻璃的硬度特性，以确保加工效果与效率。

(3) 电学性能。常温下玻璃是电的不良导体，这一特性使其在电子工业中成为理想的绝缘材料，广泛应用于电话、电报设备，以及各类电学仪器中。此外，玻璃织物也因其绝缘性能，被用作导线和多种电机设备的绝缘层。然而，随着温度的升高，玻璃的导电性能会显著增强，直至熔融状态下转变为良导体。这一特性使得导电玻璃在光显示领域，如计算机屏幕和数字钟表制造中，展现出独特的应用价值。更进一步，某些特殊玻璃，如含有钒酸盐、硒、硫化合物等成分的玻璃，具备电子导电性，已被广泛用作玻璃半导体材料，在多个领域发挥重要作用。

(4) 热学性能。玻璃的热学性能显著，其热胀系数反映了受热后的膨胀程度，对玻璃制品的焊接、叠层制造至关重要。导热性方面，玻璃表现不佳，仅为钢的1/400，其导热能力虽与成分相关，但主要受密度影响，石英玻璃导热最佳，普通钠钙玻璃最差。至于热稳定性，即抵抗急剧温度变化而不破裂的能力，是玻璃的一个弱项，大温差下易因内部应力超过强度而破裂，尤其在厚度增加时更为显著。

2) 化学性能

(1) 稳定性。玻璃的化学稳定性相对较高，这主要得益于其化学成分中的氧化物特性。玻璃主要由硅酸盐复盐(如Na2SiO3、CaSiO3、SiO2等)组成，这些成分在常温常压下不易发生化学反应，使得玻璃能够长时间保持其原有的物理和化学性质。

(2) 耐腐蚀性。通常情况下，玻璃对酸、碱、盐等化学物质都有较强的抵抗能力。这是因为玻璃中的SiO2是酸性氧化物，不易与酸发生反应；同时，玻璃的化学稳定性也使其能够在一定程度上抵抗碱和盐的侵蚀。然而，长期暴露于侵蚀性介质下，如大气、雨水或某些特殊化学物质中，玻璃的外观可能会受损，出现斑点、发毛等现象，从而影响其透光性能。另外，玻璃对大多数化学试剂和气体也表现出良好的耐腐蚀性，这使得玻璃在化学实验室、工业生产等领域得到广泛应用，如作为化学仪器的容器、管道等。

(3) 反应特性。尽管玻璃具有较高的化学稳定性，但在某些特定条件下，它仍可能与其他物质发生反应。例如，在高温下玻璃可以与某些金属氧化物或盐类发生反应，形成有色玻璃或具有特殊性能的玻璃制品。此外，某些特殊的玻璃材料(如导电玻璃、光敏玻璃等)还可能具有与其他物质发生特殊反应的能力，从而满足特定的应用需求。

3) 光学性能

玻璃以其卓越的透明度著称，不仅具备出色的透视与透光功能，还拥有一系列独特的光学特性。它拥有一定的光学常数，能够选择性地吸收、透过紫外线和红外线，并展现出感光、光变色、光存储及光显示等先进的光学性能。当光线投射至玻璃表面时，会发生复杂的相互作用：部分光线被表面反射，部分被玻璃材质吸收，而剩余的大部分光线则顺利穿透玻璃而过。通常而言，若玻璃能让更多光线透过而减少吸收，则被视为质量上乘。以常见的门窗用平板玻璃(厚度约为2毫米)为例，其透光率高达90%，反射率约为8%，而吸收率则低至2%，充分展现了其优异的透光性能。

玻璃的光学性能呈现出显著的多样性，其特性深受化学成分及加工条件的影响。在产品设计中，特别是针对光敏感物品，如药品、化学试剂及香水等，需对包装用玻璃容器进行精准着色处理，以有效阻挡特定波长的光线穿透，从而保护包装内物品免受损害。此外，玻璃因其高折射率的独特性质，被广泛用于打造璀璨夺目的玻璃器皿及艺术品，创造其非凡的视觉魅力。

2. 玻璃的艺术特性

(1) 透明性。玻璃最本质的特性在于其透明性，这一属性在各类玻璃中展现出不同的程度，从完全透明到半透明，乃至近乎不透明，形态各异。极为纯净且透明的玻璃类型，如普通玻璃、浮法玻璃及水晶玻璃等，不仅能够充分满足采光需求，还以其通透无碍的特质营造出明亮而富有艺术感的光环境。它们巧妙地分隔空间的同时，又通过视觉上的延续，增强了空间的层次感与流动性，使得内部空间相互渗透，形成了一种独特的相互流通之美，如图6-5所示。这种透明无瑕的视觉效果，不仅赋予人们以纯洁晶莹的直观感受，更蕴含着一种含蓄而神秘的氛围，为空间增添了无限遐想与魅力。

图6-5　玻璃隔断使空间相通

(2) 反射性。反射性是玻璃尤为显著且重要的特性之一。在建筑领域，热反射玻璃与镀膜玻璃等高科技玻璃材料被广泛应用于玻璃幕墙中，它们让观赏者透过幕墙领略到晴朗的天空、柔和的云朵及繁华的街景，成为现代都市风貌的一大亮点。在产品设计领域，玻璃的反射性则被巧妙地利用，其产生的眩光效果为产品带来了千变万化、绚丽夺目的视觉体验，成为吸引目光与提升美感的关键因素。

(3) 可塑性。玻璃在不同温度条件下展现出多样化的可塑性，这一特性极大地丰富了其成型方法。从固态到熔融状态，随着温度的升高，玻璃逐渐变软、粘连直至完全熔化，这为工艺师们提供了广阔的创作空间。在熔融状态下，工艺师们可以利用流、沾、滴、淌、吹、铺、铸等多种工艺，将熔融的玻璃塑造成各种形态；而当玻璃处于半固体状态时，捏、拉、缠、绕、剪、压、弯等手法则成为塑造玻璃形态的有效手段；即便在固态下，玻璃仍可通过磨、切、琢、钻、雕等精细工艺，被打造成形形色色、千姿百态的工业产品。这些多样化的加工工艺不仅展现了玻璃的无限可能，也赋予了玻璃制品独特的艺术魅力和实用价值。

(4) 透光性。透明玻璃以其高透光率著称，而磨砂玻璃、压花玻璃等则展现出独特的不透明而透光的特性。这些玻璃能够巧妙地阻断视线，同时保持光线的流通，使得室内光线变得柔和而恬静，营造出一种朦胧的美感。在娱乐场所中，这些透光玻璃被广泛应用，配合彩灯的照耀，其明暗交织的变化能够巧妙地渲染出一种神秘莫测、变幻无穷的氛围，为场所增添了几分独特的魅力与情调。

(5) 多彩性。从五光十色的彩色玻璃窗到绚烂夺目的水晶玻璃吊灯，它们不仅以丰富的色彩点缀空间，更以独特的光影效果营造出梦幻般的氛围。多彩透光玻璃、绚丽反射玻璃及斑斓彩釉玻璃，共同编织出一幅幅色彩斑斓的装饰画卷。玻璃的多彩性，不仅展现了材料本身的魅力，更为室内外环境增添了无限的生机与活力，让人们在光影交错中享受视觉盛宴。

6.1.4 玻璃的分类

玻璃的分类方式有很多种，包括依据形态、用途、工艺及主要成分等多种标准。本节将重点从用途角度出发，对玻璃进行分类阐述，介绍通用玻璃材料与特种玻璃材料，展现玻璃在不同领域中的广泛应用与独特价值。

1. 通用玻璃材料

(1) 平板玻璃。在所有玻璃产品中，平板玻璃是应用最多的一种玻璃。不同厚度的平板玻璃有不同的用途，3～4mm的玻璃，主要用于画框表面；5～6mm的玻璃，主要用于外墙窗户、门等小面积透光造型等；7～9mm的玻璃，主要用于有较大面积但有框架保护的室内屏风等；9～10mm的玻璃，主要用于室内大面积隔断、栏杆等；11～12mm的玻璃，主要用于地弹簧玻璃门，以及作为人流活动较密集场所的隔断；15mm以上的玻璃，主要用于较大面积的地弹簧玻璃门和外墙整块玻璃墙面。

(2) 磨砂玻璃。磨砂玻璃是在普通玻璃表面，使用机械研磨、手工研磨或者化学溶蚀等方法将其加工成毛面的一种玻璃。由于表面粗糙，使光线漫反射，透光而不透视。磨砂玻璃的应用可以使室内光线柔和而不刺眼，常用于需要遮断视线的浴室、卫生间门窗和隔断上。

(3) 喷砂玻璃。喷砂玻璃在视觉上与磨砂玻璃相似，不同的是加工工艺采用喷砂的方式。喷砂玻璃的加工过程是将水与金刚砂的混合物高压喷射在玻璃表面，起到打磨的作用，可以将玻璃表面加工成水平或凹雕图案，如图6-6所示。喷砂玻璃多应用于器皿、灯具产品、室内隔断、装饰、屏风、浴室、家具、门窗等建筑构件的装饰中。

图6-6 喷砂玻璃灯具

(4) 压花玻璃。压花玻璃又称为花纹玻璃或者滚花玻璃，是采用压延方法制造的一种平板玻璃。压花玻璃的物理性能与普通透明平板玻璃基本相同，不同之处在于具有透光不透明的特点，可以使光线柔和，起到保护隐私的阻隔作用，同时具有各种花纹图案、各种颜色，有一定的艺术装饰效果，如图6-7所示。压花玻璃适用于器皿、灯具产品、建筑的室内间隔、卫生间门窗及需要阻断视线的各种场合。

图6-7　压花玻璃

(5) 夹丝玻璃。夹丝玻璃是采用压延方法，将金属丝或金属网嵌于玻璃板内制成的一种抗冲击平板玻璃。夹丝玻璃的防火性优越，高温燃烧时不炸裂，可遮挡火焰；受到撞击时会形成辐射状裂纹，而不会飞溅或坠落伤人。夹丝玻璃多用于高层建筑门窗、天窗、震动较大的厂房，以及其他要求安全、防震、防盗、防火之处。

(6) 夹层玻璃。夹层玻璃一般由两片普通平板玻璃(或者钢化玻璃、其他特殊玻璃)和玻璃之间的有机胶合层(如尼龙等)构成。当玻璃受到破坏时，碎片仍黏附在胶层上，能够保持能见度，避免碎片飞溅对人体的伤害。夹层玻璃多用于有安全要求的建筑、产品中，如高层建筑门窗、高压设备观察窗、飞机和汽车挡风窗、动物园猛兽展窗，以及银行柜台等。

2. 特种玻璃材料

(1) 钢化玻璃。钢化玻璃是普通平板玻璃经过二次加工处理后形成的一种预应力玻璃，通常使用化学或物理的方法在玻璃表面形成压应力，使玻璃在承受外力时可以抵消表层应力，从而提高了承载能力，增强了玻璃的抗风压性、寒暑性及冲击性等。钢化玻璃具有良好的热稳定性，能承受300℃的温差变化，是普通玻璃的3倍。一般情况下，钢化玻璃不容易破碎，即使受到较大外力破坏，碎片也会成类似蜂窝状的钝角碎小颗粒，大大降低对人体可能造成的伤害，如图6-8所示。同等厚度的钢化玻璃，其抗冲击强度是普通玻璃的5倍，抗拉强度是普通玻璃的3倍以上。钢化玻璃因其出色的强度与安全性，被广泛应用于高层建筑门窗、玻璃幕墙、室内隔断、采光顶棚、观光电梯通道、船舶、车辆、家具、器皿、玻璃护栏等领域。

图6-8　钢化玻璃破碎效果

(2) 防弹玻璃。防弹玻璃是由玻璃(或有机玻璃)和优质工程塑料经特殊加工得到的一种复合型材料，通常是将聚碳酸酯纤维等材料夹在普通玻璃层中。防弹玻璃属于夹层玻璃的一种，只是构成的玻璃多采用强度较高的钢化玻璃，而且夹层的数量也相对较多。另外，防弹玻璃结构中的胶片厚度与防弹效果有关，如使用1.52mm胶片的防弹玻璃的防弹效果优于使用0.76mm胶片的防弹玻璃。防弹玻璃多应用于银行或者豪华住宅等对安全要求非常高的场所。

(3) 微晶玻璃。微晶玻璃是利用玻璃热处理来控制晶体的生长发育而获得的一种多晶材料。微晶玻璃以其独特的质感与色泽脱颖而出，透明至不透明多相均匀分布，光线内外反射赋予其柔和深度，加工后表面光洁度超越天然石材，光泽亮丽且质感多变，满足多样设计需求。作为无机高温制品，微晶玻璃坚硬耐磨、耐腐蚀，耐候性强，不惧风雨与污染，且环保无辐射，采用矿石等环保原料生产，全程无污染，是绿色建材的典范。此外，微晶玻璃规格多样、加工便捷，可制成平板或弧形板，加热处理简单经济，相较于天然石材，展现出更高的强度一致性和成本优势。微晶玻璃可用于电磁(陶)炉面板(见图6-9)、天然气灶台面板、锅具、天文望远镜镜片、建筑装饰等产品的制作。

图6-9　电陶炉

(4) 低辐射玻璃。低辐射玻璃，是采用物理或化学方法，在玻璃表面镀上含有一层或两层甚至多层膜系的金属薄膜或金属氧化物薄膜，来降低能量吸收或控制室内外能量交换。低辐射玻璃既能像普通玻璃一样让室外太阳光、可见光透过，又像红外线反射镜一样，将物体二次辐射热反射回去，如图6-10所示。在任何气候环境下使用低辐射玻璃，均能起到控制阳光、节能环保、调节及改善室内环境的作用，多用于建筑、室内外装饰领域。

图6-10　各种颜色的低辐射玻璃

(5) 调光玻璃。调光玻璃，依据不同控制原理如电控、温控、光控、压控等，能在透明与不透明状态间灵活切换，如图6-11所示。目前市场上广泛量产的主要是电控型调光玻璃，其原理在于通过电源控制液晶分子的排列，实现光线的透射与阻隔。当电源关闭时，液晶分子无序分布，阻挡光线通过，使玻璃呈现不透明状态。调光玻璃融合了液晶膜与两层玻璃，经特殊工艺制成，不仅继承了安全玻璃的所有特性，还增加了隐私保护的新功能。此外，其液晶膜夹层还能作为投影屏幕，展现高清图像。调光玻璃因其独特性能，多被应用于高端产品中，实现了现代科技与设计的完美结合。

图6-11　智能电控调光玻璃

(6) 变色玻璃。变色玻璃也称为光控玻璃，是在玻璃原料中加入光色材料制成。它可在适当波长的光的辐照下改变颜色，当移去光源时则恢复为本来的颜色。用变色玻璃制作的窗户，可使透过的烈日光线变得柔和且有阴凉之感。变色玻璃还可用于制作太阳镜片(见图6-12)、头盔、建筑幕墙等。

图6-12　变色眼镜

(7) LED玻璃。LED 玻璃是一种新型环保节能产品，是LED 灯和玻璃的结合体，既有玻璃的通透性，又有 LED的亮度，也称为通电发光玻璃、电控发光玻璃。LED玻璃是一种安全玻璃，具有防紫外线、部分红外线的效果，可广泛应用于室内外产品和建筑装饰，如家具、灯具、室外幕墙、门牌、橱窗、天窗、顶棚、时尚家居等领域，如图6-13所示。

图6-13　LED玻璃

(8) 玻璃砖。玻璃砖是用透明或彩色原料压制成形的面状或空心盒状、体形较大的玻璃产品，主要有玻璃饰面砖、玻璃锦砖(马赛克)及玻璃空心砖等，如图6-14所示。其中，玻璃空心砖尤为独特，既能独立成墙，划分空间，又能透光隔声，成为现代室内外装修的新宠，如图6-15所示。玻璃砖种类繁多，从透明到雾面、纹路各异，透光与折射效果千变万化，其耐火防火特性更添安全保障。高纯度透明砖更显自然通透，成为高端装修的首选。结合不同材质与工艺，如夹层、网印等，玻璃砖展现出无限创意与美感。玻璃砖作为一种装饰与功能兼具的建材，以其多变的形态和优越的性能深受青睐，广泛用于玻璃饰面、马赛克及结构墙体等。

图6-14　玻璃砖

图6-15　玻璃砖隔断

6.2　玻璃的加工工艺

玻璃的加工工艺是一个集材料科学、工艺美学与精密制造于一体的综合性过程，它不仅仅是将熔融的玻璃转化为实体产品的简单转变，更是对美与实用性的不懈追求与完美融合。

6.2.1　玻璃的成型工艺

玻璃的成型是一个精细而多步骤的过程，它始于将熔融状态的高温玻璃液或预先准备好的玻璃块，通过吹制、压制、浇铸、拉制或其他成型技术，精确地塑造成既定几何形状与尺寸的玻璃产品。随后，根据产品的具体设计要求和预期用途，进行热处理以调整其内部结构、消除应力并提升物理性能。紧接着，进行一系列的加工，如切割、抛光、雕刻、镀膜等，以进一步提升产品的美观度、实用性和耐用性。这一系列精心策划与执行的步骤共同作用，最终完成了从熔融玻璃到精美玻璃产品的华丽蜕变。

玻璃的熔制，作为玻璃成型工艺不可或缺的前提与基石，是确保最终产品质量的重要环节。这一过程涉及将精心配比的原料在高温下熔融，通过复杂的物理与化学反应，旨在生成均匀、纯净、透明的玻璃液。这一过程不仅要求极高的温度控制精度，还需对原料的化学反应特性有深入的理解与把握，以确保所得玻璃液完全符合后续成型工艺的需求。

完成玻璃的熔制后，即可启动玻璃的成型工艺。目前，玻璃的成型工艺包含多种方法，这些方法各具特色，能够根据产品的不同需求与设计，将熔融的玻璃液转化为形态各异、尺寸精确的玻璃产品。

1. 浮法成型

浮法成型是将玻璃液漂浮在金属液面上制得玻璃的一种方法。在制作时，先使玻璃液从池窑连续地流入并漂浮在有还原性气体保护的金属锡液面上，依靠玻璃的自身重力、表面张力及其拉引力的综合作用，制成不同厚度的玻璃带，再经退火、冷却从而制成玻璃，如图6-16所示。这种生产方法具有成型操作简易、质量优良、产量高、易于实现自动化等优点。

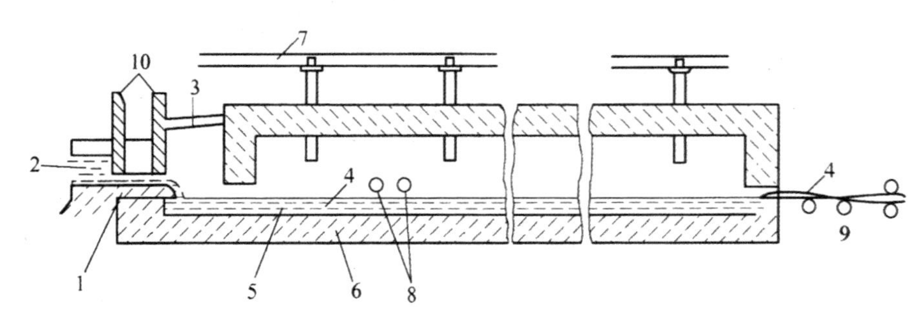

1—流槽　2—玻璃液　3—碹顶　4—玻璃带　5—锡液　6—槽底　7—保护气体管道　8—拉边器　9—过渡辊台　10—闸板

图6-16　浮法成型示意图

使用这种方式制作的玻璃，上表面在自由空间形成火抛表面，下表面与熔融的锡液接触，因而表面平滑，厚度均匀，不易产生畸变。如果在锡槽内高温玻璃带表面上，设置铜铅等合金做阳极，以锡液做阴极，通以直流电后，可使铜等金属离子迁移到玻璃上表面而着色，称作“电浮法”。也可以在锡槽出口与退火窑中间，设置热喷涂装置而直接生产表面着色的彩色玻璃、热反射玻璃等。

2. 垂直引上法成型

垂直引上法，是利用拉引机械直接从熔融的玻璃液表面垂直向上牵引拉制玻璃带，随后通过冷却过程使其硬化成为玻璃的方法。该方法的显著特点在于成型过程相对易于控制，能够灵活地同时生产多种不同宽度和厚度的玻璃产品。尽管垂直引上法具有生产效率，但其产品质量并非完美无瑕，常见的问题包括波筋、线道及表面不平整等缺陷。此外，产品的最终宽度和厚度仍然受到成型设备自身能力的限制。

根据具体工艺的不同，垂直引上法成型可细分为有槽垂直引上法和无槽垂直引上法两种技术路径。

有槽垂直引上法是使玻璃通过槽子砖缝隙成型的方法，成型过程如图6-17所示。玻璃液由通路经大梁的下部进入引上室，进入引上机的玻璃液在静压作用下，通过槽子砖的长形缝隙上升到槽口。此时玻璃的温度为920℃～960℃，在表面张力的作用下，槽口的玻璃液形成葱头状板根包，板根包处的玻璃液在引上机的石棉辊的拉引力下不断上升与拉薄形成原板。玻璃原板在引上后受到主水包、辅助水包的冷却而硬化。此外，小眼是在观察、清除杂物和安装加热器时使用的。

无槽垂直引上法，成型过程如图6-18所示。该方法采用沉入玻璃液内的引砖，并在玻璃液表面的自由液面上成型。由于无槽垂直引上法采用自由液面成形，所以由于槽口不平整(如槽口玻璃液析晶、槽唇侵蚀等)引起的波纹就不再产生，但无槽垂直引上法的技术操作难度较大。

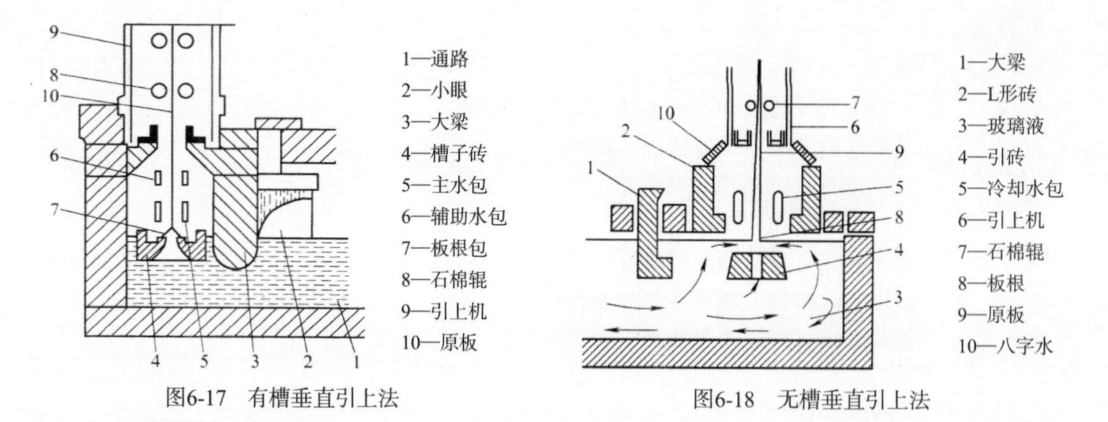

图6-17 有槽垂直引上法

图6-18 无槽垂直引上法

3. 平拉法成型

平拉法与无槽垂直引上法都是在玻璃液的自由液面上垂直拉出玻璃板。但平拉法垂直拉出的玻璃板在500～700mm高度处，经转向辊转向水平方向。由于拉辊牵引，当玻璃板温度冷却到退火上限温度后，进入水平辊道退火窑退火。玻璃板在转向辊处的温度为620℃～690℃。图6-19为平拉法成型示意图，这种方法不需要高大的厂房就可以进行大面积切割，缺点是玻璃厚薄难以控制，板面易产生麻点，因此一般只用于小型生产。

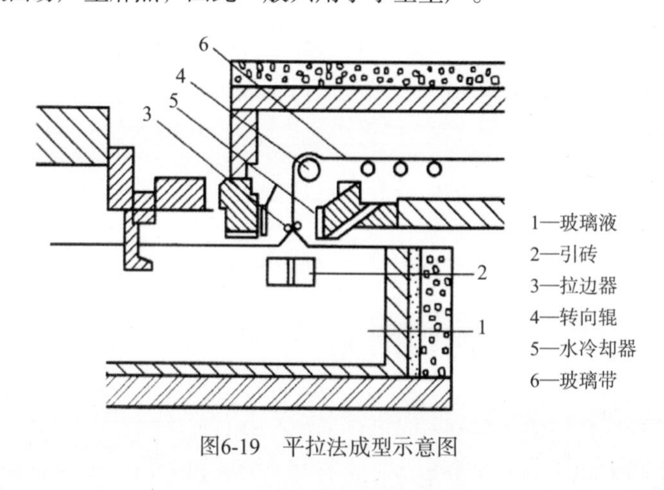

图6-19 平拉法成型示意图

4. 压延法成型

压延法生产的玻璃包含很多种，如压花玻璃、夹丝玻璃、波形玻璃、槽形玻璃、熔融法玻璃马赛克、熔融微晶玻璃花岗岩板材等。压延法有单辊压延法和对辊压延法两种。

单辊压延法是一种古老的方法，是把玻璃液倒在浇注平台的金属板上，然后用金属压辊压制成平板，如图6-20所示，再送入退火窑退火。这种方法无论在产量、质量和成本上都不具有优势，已经被淘汰。

对辊压延法是指玻璃液从池窑的工作池中流出，进入成对的用水来冷却的中空压辊，经滚压形成平板，再送到退火炉退火，如图6-21所示。采用对辊压制的玻璃板两面的冷却强度相近。由于玻璃液与压辊成形面的接触时间短，即成型时间短，故采用温度较低的玻璃液。

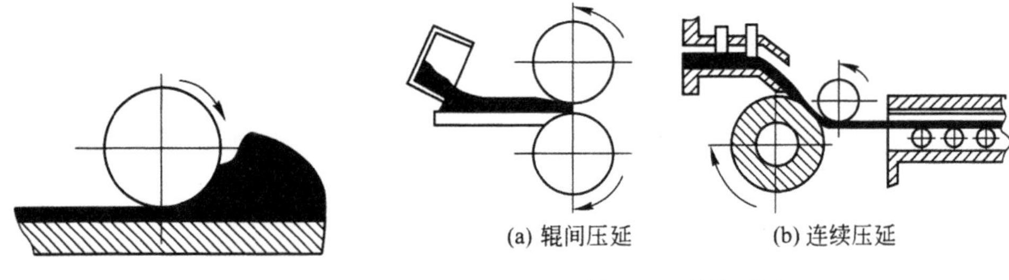

图6-20 单辊压延法

图6-21 对辊压延法

5. 自由成型

玻璃的自由成型一般属于无模成型，又称为窑制玻璃。自由成型的玻璃产品因其不与模具接触，所以表面非常光滑而有光泽，多用于制造高级器皿、艺术玻璃及特殊形状的玻璃产品。操作时仅仅使用一些特制的钳子、剪子、镊子、夹板等，将玻璃体通过勾、拉、捏、按、粘等方法巧妙地制成最终形状。在整个过程中，玻璃常需要被多次反复加热或者用多种玻璃结合起来成型。

6. 吹制成型

吹制成型是先将玻璃黏稠状块料压制成雏形块，再将压缩气体吹入处于热熔状态的玻璃雏形块中，使之膨胀成为中空制品。吹制成型可以分为人工吹制成型和机械吹制成型。

人工吹制时，使用长约1.5m的空心铁管，一端用来从熔炉中蘸取玻璃液(挑料)，另一端为吹嘴。挑料后在滚料板(碗)上滚匀、吹气，形成玻璃料泡，吹胀使之成为中空产品，如图6-22所示。

图6-22 人工吹制成型

机械吹制时，玻璃液由玻璃熔窑出口流出，经供料机形成设定重量和形状的料滴，剪入初型模中吹成或压成初型，再转入成型模中吹成产品，如图6-23所示。吹成初型再吹成产品称为吹—吹法，适宜制成小口器皿和瓶罐。压成初型再吹成制品称为压—吹法，适宜制成大口器皿和薄壁瓶罐。

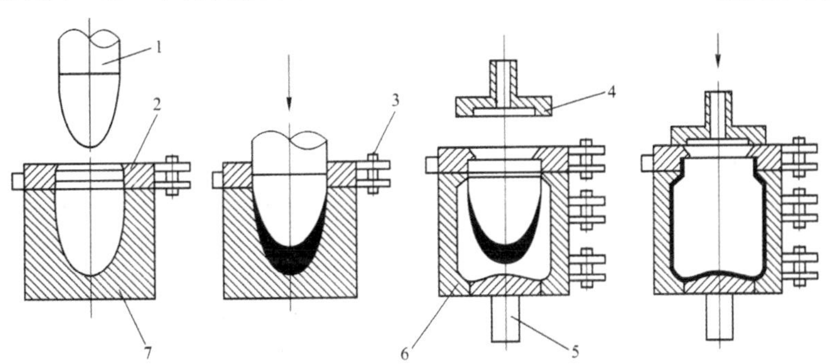

1—冲头 2—口模 3—铰链 4—吹气头 5—模底 6—成型模 7—雏形模

图6-23 机械吹制成型

7. 压制成型

压制成型工艺，是将熔融的玻璃材料注入预先设计好的模具中，并通过施加压力来精确塑造其形状，如图6-24所示。在这一过程中，玻璃液的外层会与模具的腔体和芯部接触，导致玻璃迅速降温并固化。值得注意的是，玻璃制品是在涂有石墨层、精确到所需形状与尺寸的铁质模具中完成加压成形的。为了确保成型质量达到最佳状态，模具在使用前必须经过严格的预热处理，以确保模具表面温度均匀分布，从而避免温差引起的应力集中和变形问题。

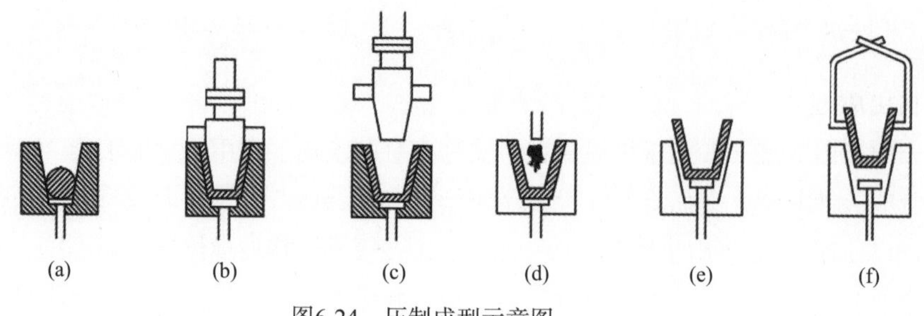

图6-24　压制成型示意图

模压成型的产品在表面光泽度和透明度上略显不足，且难以制作出极薄的产品。然而，它却能高效地创造出表面具有连续图案和特殊形态的产品。模压法广泛应用于生产浮雕装饰品，以及厚壁、广口且空心的容器类产品，这类产品通常设计成空腔不宜过深且形状相对简单的样式，以便于脱模操作。

压制成型技术可细分为人工压制与机械压制两种方式。人工压制时，操作人员使用铁杆从熔炉中取出玻璃料，按照预设量剪切后落入模具中，随后通过模芯(也称冲头)的下压将玻璃液均匀挤压至整个模腔，完成产品成型。而机械压制则采用与吹制法类似的供料机制，将定量的玻璃液自动剪切送入多模压制机的模具内，随后模具自动闭合，模芯下降完成产品成型。这种自动化生产方式显著提高了生产效率和产品的一致性。

8. 拉制成型

拉制成型工艺是一种高度精准的玻璃制造技术，它巧妙地运用机械拉引力将熔融状态下的玻璃液体牵引成型。

拉制成型工艺可分为水平拉制和垂直拉制两种方式，灵活应对不同生产场景。水平拉制适用于制造长尺寸、均匀截面的玻璃产品，如精密玻璃管、玻璃棒等，广泛应用于科研、医疗及工业领域。垂直拉制则进一步拓展了应用范围，不仅适合生产高品质玻璃纤维，还能有效制备出大尺寸、平整度高的平板玻璃，满足建筑、汽车及电子显示等行业对高质量玻璃材料的迫切需求。拉制成型工艺确保产品具有恒定的截面，展现出卓越的稳定性和一致性。

6.2.2　玻璃的热处理

玻璃产品在加工过程中经受高温再到冷却，其表面及内部经受剧烈和不均匀的温度变化，会产生内应力，这种应力使玻璃材料的强度和热稳定性降低，导致在之后的存放或机械加工过程中出现自行破裂的现象。同时，会使玻璃产品的结构不均匀，进而引发其光学特性的不一致性。为了改变这种状况，需要对玻璃进行热处理。

玻璃的热处理工艺总体上可以划分为三大类：退火、淬火和化学强化法。每种方法都有其特定的应用目的和效果。

1. 退火

退火是一种重要的玻璃热处理工艺，旨在减少并消除玻璃产品内部因温度梯度而产生的热应力。通过精确控制加热过程，将玻璃产品加热至其退火点温度，随后采取缓慢而均匀的冷却方式直至室温。这一过程有效促进了玻璃内部结构的均匀化，显著提升了其光学性能。退火工艺在光学玻璃及一系列特种玻璃的生产中扮演着至关重要的角色，确保了产品质量的稳定性和可靠性。

2. 淬火

淬火，亦称为回火或热回火，是一种关键的玻璃热处理技术。该过程通过在特定条件下迅速冷却玻璃，使其表面及内部形成一层有规律且均匀分布的压力层。这种压力层的存在不仅显著增强了玻璃产品的机械强度，还大幅提升了其热稳定性，使玻璃在极端温度变化下仍能保持结构完整。淬火处理后的玻璃因其出色的性能，广泛应用于大型门窗、汽车挡风玻璃等需要高强度和良好热稳定性的场合。

3. 化学强化法

化学强化法是一种先进的玻璃处理技术，具体过程包括将钠铝硅酸盐玻璃浸入特定条件的硝酸钾浴槽中，通常持续6～10小时。浴槽的温度被精确控制在比玻璃应变点(大约500℃)低约50℃的范围内。在此处理过程中，一个独特的离子交换反应发生：玻璃表面附近的较小钠离子被浴槽中较大的钾离子所取代。这一交换导致玻璃表面形成了一层具有压应力的强化层，而内部则相应地产生了拉应力，从而实现了玻璃强度的显著提升。

这种工艺适用于加工较薄的玻璃产品，如智能手机屏幕、精密仪器面板、家电保护屏等高科技应用场合。此外，它还被广泛应用于制造对强度和耐久性要求极高的产品，如超音速飞机上的玻璃窗和眼科检查中使用的精密透镜等。

6.2.3　玻璃的二次加工

成型后的玻璃产品，只有少数能够直接使用，大多数产品都要经过进一步加工，即二次加工，才能得到符合要求的最终产品。例如，日常生活中常用的玻璃镜面、鱼缸、艺术玻璃、玻璃推拉门等，都是经过二次加工成型的。

常用的二次加工技术主要包含冷加工和热加工两大类，还涵盖了一系列特殊的表面处理技术。

1. 冷加工

冷加工是指在常温下通过机械方法来改变玻璃产品的外形和表面状态所进行的工艺过程。冷加工的基本方法包括切割，钻孔，黏合，雕刻、车刻、蚀刻和套料雕刻，喷砂与磨砂，研磨与抛光等。

1) 切割

切割是根据设计要求，将大块玻璃切割成所需要的尺寸。玻璃的硬度较高，因此切割需使用专用工具，如玻璃刀。玻璃刀由金刚石所制，切割时玻璃刀紧靠尺子在玻璃表面刻下划痕，之后轻击玻璃便可沿划痕一分为二。此外，可以使用碳化硅、高压水液来切割玻璃。

2) 钻孔

对玻璃进行钻孔操作，一般采用研磨的方式。用金属材质的棒体，如金刚石钻头、硬合金钻头，加上金刚砂磨料浆，利用研磨作用使玻璃产品上形成孔洞。另外，也可使用电磁振荡、超声波、激光和高压液等方法钻孔。

3) 黏合

玻璃的黏合涉及多种材料，主要目的是将玻璃与其他材料或玻璃本身牢固地连接在一起。

玻璃的黏合剂种类繁多，其中最为常见的有UV胶(又称无影胶)、环氧树脂黏合剂及专用的玻璃胶(也称有机硅胶)。UV胶以其效果透明无痕且不易产生气泡的特性而著称，但使用时需借助紫外线灯照射约30秒以促进固化，随后还需使用强力夹子固定一段时间。环氧树脂黏合剂则能在常温下自行固化，其固化时间可从几分钟到数小时不等，提供了更为灵活的操作空间。玻璃胶，不仅颜色多样(包括透明和白色)，其牙膏状的形态也便于使用，尽管其固化速度相对较慢。这些黏合剂各有特点，可根据具体需求和条件选择使用。

4) 雕刻、车刻、蚀刻和套料雕刻

玻璃的雕刻艺术包括多种技法，如直接雕刻、车刻、蚀刻及套料雕刻，这些工艺的共同之处在于它们都需要在玻璃表面进行精细的雕刻作业。下面对这些技法进行详细介绍。

(1) 雕刻。雕刻又称为刻花，是指运用类似玉雕、石雕的工具，在玻璃材料上刻出形状各异的立体造型或深浅不一的浮雕图案，如图6-25所示。雕刻可以产生较强的立体感，再加上玻璃特有的质感美，使所绘图案产生呼之欲出的效果。

图6-25　雕刻花纹玻璃酒杯

(2) 车刻。车刻是指在玻璃产品表面，用小型砂轮以机械方法磨刻出各种花纹图案，形成许多刻面。车刻时利用砂轮的不同形状和磨刻角度，可刻出各种立体线条，达到简洁明快的效果，如图6-26所示。多棱的刻画具有很强的装饰效果，广泛用于器皿、灯具、门窗、书柜、酒柜等产品的制作。

图6-26　车刻玻璃烟缸

(3) 蚀刻。玻璃蚀刻的制作流程为洗净玻璃，晾干后涂蜡保护，使用刻刀在蜡上刻下设计好的文字或图案，注意雕刻时必须要化开蜡层，将玻璃露出。将氢氟酸、氟化铵等腐蚀性材料滴于图案，腐蚀一段时间，完成后用清水洗净酸液，用热水融掉蜡层，即可制得具有美丽花纹的玻璃。该方法虽古老，但成品精美。蚀刻玻璃广泛应用于装饰、工艺品等领域，展现独特的艺术魅力，如图6-27所示。

(4) 套料雕刻。套料雕刻是在已有两层或几层套料的玻璃体上，按事先设计好的图案，使用砣轮喷砂枪雕琢表层玻璃，露出下层玻璃的颜色，也可以磨去不同的厚度得到颜色深浅不同的图案。这种使表层玻璃和底层玻璃相互衬托的加工工艺，就称为套料法。玻璃套料产品色彩多变、层次丰富，既有玻璃的质色美，又有纹饰凹凸的立体美，经常运用在玻璃器皿的设计中，如图6-28所示。

图6-27 蚀刻艺术作品

图6-28 套料雕刻工艺品

5) 喷砂与磨砂

喷砂与磨砂都是对玻璃表面进行朦胧化的处理，使得光线透过玻璃后形成比较均匀的散射，主要应用于器皿、灯具、室内隔断、装饰、屏风、浴室、家具、门窗等产品中。

喷砂是使用高速气流，带动细金刚砂等冲击玻璃产品的表面，使玻璃形成细微的凹凸表面，从而达到散射光线的效果，使得灯光透过时形成朦胧感。喷砂可以形成图案，也可雕出较深的层次。其工艺过程是先将玻璃表面覆盖塑胶质防护剂或贴上塑料薄膜作为保护膜，按图案切除相应的保护膜，使玻璃表面露出，然后进行喷砂，最后揿去保护膜即可完成加工。受到研磨料冲击的玻璃表面呈白色磨砂状，其余部分仍是透明的。若将此工序反复进行多次，可使雕刻面分成几层，更具浮雕感。

磨砂是指将玻璃浸入调制好的酸性液体(或者涂抹含酸性膏体)，利用强酸将玻璃表面侵蚀。这种加工方法可以使玻璃表面出现闪闪发光的结晶体，达到异常光滑的效果。

6) 研磨与抛光

成型后的产品表面往往存在瑕疵，有些表面较粗糙，有些形状和尺寸需要进一步加工才能符合要求。此时，就需要对产品进行研磨与抛光处理，将产品先用粗磨料研磨再用细磨料研磨，最后用抛光料进行抛光处理，以获得光滑、平整的表面。通过这些工艺可将玻璃表面的多余部分磨掉，制成所需形状和尺寸的产品。

2. 热加工

玻璃的热加工，主要是对某些复杂形状与特殊的玻璃产品进行最后的定型。热加工的方法有爆口与烧口、火抛光、火焰切割与钻孔、槽沉成型等。

1) 爆口与烧口

吹制后的玻璃，必须切割除去与吹管相连接的帽口部分，一般采用划痕和局部急冷或急热的方式使沿边裂断，这就是爆口。爆口后的产品端口常常会形成锋利不平整的边缘。

烧口就是用集中的高温火焰加热产品端口部位，利用玻璃导热性弱的特点局部软化端口部位，在玻璃表面张力的作用下消除不平整的瑕疵，使玻璃器皿端口部位变得美观整洁。烧口工艺广泛应用于玻璃杯、玻璃瓶等日常生活器皿及玻璃管等的制作中。

2) 火抛光

火抛光是利用火焰对玻璃表面直接进行加热，使其软化并达到表面光滑的效果，从而有效消除玻璃产品表面的料纹。但是，这一加工过程可能会导致处理后的玻璃面的平整度有所降低。这种方法适用于钠钙玻璃、高硼硅玻璃等硬度较高的玻璃材料。

3) 火焰切割与钻孔

火焰切割与钻孔技术是一种精细的加工工艺，它利用高速且高温的火焰对玻璃材料的特定区域进行集中加热，直至该区域达到熔化状态，呈现出流动性。随后，借助高速气流的作用，局部熔化的玻璃材料会沿着预定的切口路径迅速流失，从而实现玻璃的精准切割。这一过程不仅高效，而且能够确保切口的光滑和平整。

对于需要制作孔洞的玻璃容器而言，该技术同样适用。此时，通过向容器内部通入气体并施加压力，结合外部的高温火焰加热，可以在指定的加热部位促使玻璃熔化并向外膨胀。随着内部压力的增加和外部火焰的持续作用，玻璃容器上便会形成孔洞，且孔洞边缘同样能够保持较好的质量。

4) 槽沉成型

槽沉成型工艺是将玻璃块或平板玻璃精准地放置于特制的模具之上，随后进行加热处理，使玻璃逐渐软化并具备流动性。在重力的作用下，软化的玻璃会缓缓下沉，紧密贴附于模具的每一个细微表面。随着加热过程的持续进行，玻璃完全顺应模具的形状，最终冷却固化，形成与模具完全一致的玻璃制品。这一过程充分展示了槽沉成型技术在玻璃加工领域的精确性与高效性。

3. 表面处理

1) 玻璃彩饰

玻璃彩饰是利用釉料对玻璃产品进行装饰的过程。常见的彩饰方法有先通过手工描绘、喷花、贴花和印花等不同的技法对玻璃进行加工，再经烧制使釉料牢固地熔附于玻璃表面。彩饰方法可以单独使用，也可以组合运用。经过彩饰后的玻璃产品，经久耐用、平滑、光亮、色彩鲜艳，美观大方，如图6-29所示。

图6-29　玻璃彩饰果盘

2) 玻璃镀银

玻璃镀银工艺能够赋予玻璃表面镜面发光效果，如图6-30所示。其化学镀银过程细致而精确，先将玻璃彻底清洗干净，去除表面的杂质和污垢，然后使用氯化亚锡溶液对玻璃表面进行敏化处理以增强对镀银的吸附能力，用纯水仔细冲洗玻璃去除残留的溶液。接下来，是镀银的关键步骤，将配置好的银氨溶液与葡萄糖混合，均匀地喷洒在玻璃表面，让溶液在玻璃表面静置一段时间，以便银离子在玻璃表面还原成金属银，并沉积形成一层均匀的镀层。再次使用纯净水对玻璃进行彻底清洗，去除多余的还原液和可能产生的副产物，确保镀层表面的纯净与光洁。最后对玻璃进行烘干处理，去除表面水分。至此，玻璃镀银工艺完成，玻璃表面呈现出迷人的镜面发光效果。

3) 装饰薄膜

装饰薄膜，是通过在玻璃表面贴附塑性装饰膜，巧妙地改变橱窗及建筑玻璃的外观，赋予其全新的视觉体验。图6-31所展示的，正是应用了彩色玻璃贴膜技术后的玻璃幕墙效果，它不仅增添了建筑的色彩层次与美感，还展现了塑性装饰薄膜在营造独特视觉效果方面的卓越能力。

图6-30　玻璃镀银艺术品

图6-31　彩色玻璃贴膜幕墙

6.3　玻璃产品案例赏析

玻璃以其卓越的可塑性著称，其形态变化之丰富令人叹为观止。得益于在不同温度下的状态转变，玻璃能够被精妙地加工成各式各样的形态，从规整的几何形状，到流畅的不规则曲线，乃至更为复杂多变的设计，真正实现了形态上的千变万化。本节聚焦于一系列精心设计的玻璃产品案例，通过赏析这些作品，我们不仅能领略到玻璃艺术的无限魅力，更能深刻体会到玻璃作为设计材料的独特价值与广阔应用前景。

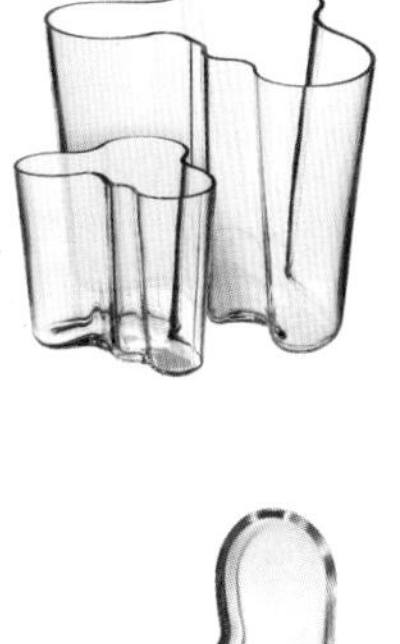

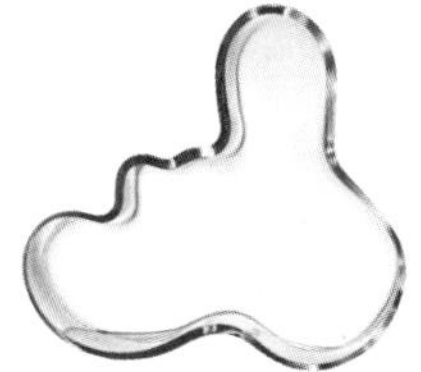

图6-32　甘蓝叶花瓶

如图6-32所示，芬兰艺术家Alvar Aalto设计的甘蓝叶花瓶，流畅而不规则的曲线叫人眼前一亮。该设计完全打破了传统的对称玻璃器皿的固定设计思维，而且承载着回归大自然的哲学趣味。

如图6-33所示，著名玻璃艺术家 Oiva Toikka 设计的玻璃鸟，其的造型提取于大自然中的鸟类。Toikka认为，用流动的玻璃来呈现鸟的动态再合适不过。玻璃鸟为纯手工制作，一次成型，工艺难度极高，每一只都是独一无二的，如图6-33所示。

图6-33 玻璃鸟作品

如图6-34所示，这款Ruutu玻璃花瓶是由Bouroullec Brothers联合 Iittala推出的作品。这一系列由精心设计的10只玻璃花瓶构成，它们以极简风格呈现，共包含7种不同的色彩与5种各异的尺寸。这些无缝衔接的吹制硼硅玻璃容器，在摆放时彼此映衬，共同展现了一幅玻璃艺术的精美画卷，栩栩如生地凸显玻璃材料所蕴含的非凡力量与极致精细的工艺之美。

图6-34 Ruutu玻璃花瓶

如图6-35所示，这套Ultima Thule融冰系列酒具，出自有机现代主义杰出代表Tapio Wirkkala之手。作为该领域的重要人物，他的设计跨越了玻璃器皿、家具、珠宝及餐具等多个领域，无一不深刻体现出大自然元素的深远影响。其代表作Ultima Thule融冰系列酒具，以水滴冻结瞬间的形态为灵感，通过晶莹剔透的玻璃材质，巧妙捕捉并再现了冰柱的闪耀与不凡，营造出一种超凡脱俗、贴近自然的独特视觉效果，令人叹为观止。

图6-35　Ultima Thule融冰系列酒具

图6-36　Kastehelmi露珠系列器皿

如图6-36所示，Oiva Toikka设计的Kastehelmi露珠系列，无疑是其众多玻璃艺术作品中最受欢迎的系列之一。这一系列设计初现于1964年，凭借其独特魅力，在2010年又被重新推出。器皿表面细腻地镶嵌着一圈圈小巧的玻璃珠子，这些珠子巧妙地捕捉了树木花草间晨露轻挂的自然景象，呈现出异常晶莹剔透的质感，带给人无尽的清凉与雅致之感。

如图6-37所示，Timo系列玻璃杯是芬兰当代设计大师Timo Sarpaneva最得意的玻璃工艺作品。作品的杯身由耐热玻璃制成，外缘用彩色螺旋形的矽树脂包覆，仿佛为简单的杯身穿上了一件缤纷的外衣，更为重要的是，杯子具有隔热效果，让使用者在饮用热饮时不会被烫到。Timo系列的设计哲学在于平衡，简洁而不失精致的外形，既满足了审美需求，又兼顾了实用性，每一分每一寸都恰到好处，展现了设计大师对细节的极致追求与把控。

图6-37　Timo玻璃杯

如图6-38所示，Icebergs & Paraphernalia系列作品以其独特的艺术魅力格外引人注目。这一系列由艺术家Peter Bremers倾心创作，他的灵感源泉广泛而深远，源自亚洲、非洲等地的采风之旅，将异域的风情与自然之美融入作品之中。在该系列中，Bremers巧妙地运用连绵起伏的波浪形状，以及多变的棱角与拱门形态，精妙地捕捉并展现了冷与暖的交织、光影色彩的瞬息万变。他运用玻璃艺术这一独特媒介，不仅细腻地诠释了南极的壮丽风貌，更激发了人们对冰川奇景的无限遐想与向往，使观者在视觉与心灵上均得到深刻的触动与震撼。

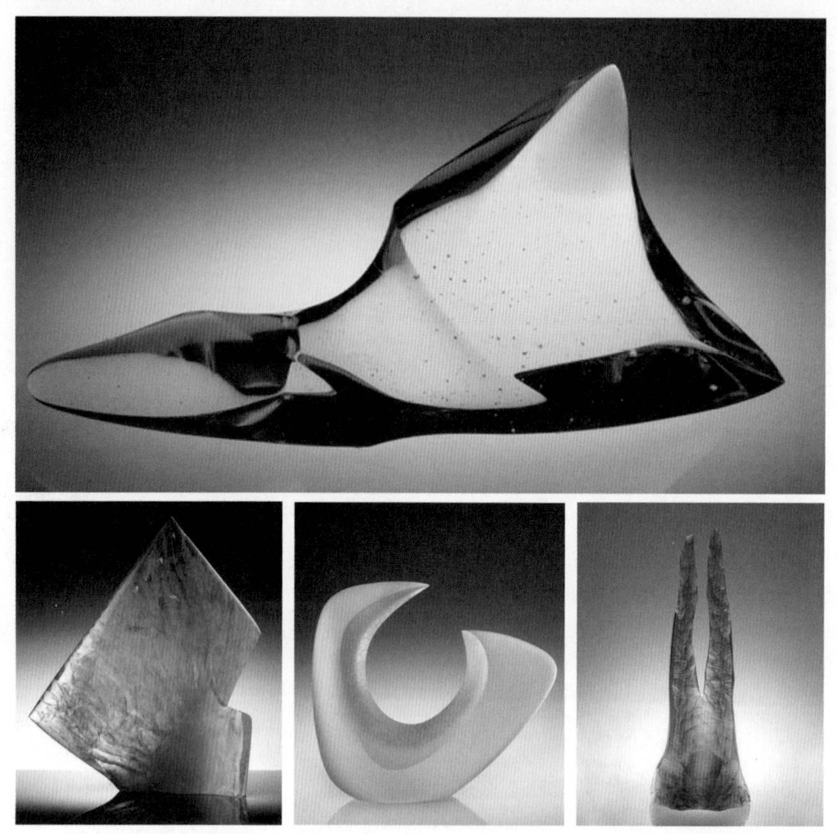

图6-38　Icebergs & Paraphernalia系列玻璃艺术品

如图6-39所示，可口可乐的玻璃瓶包装无疑是其品牌文化中不可或缺的标志性元素之一。最左侧的瓶身是由设计师Earl R. Dean创作的经典弧形玻璃瓶，其历史已跨越百年，设计灵感巧妙地汲取自可可豆荚的优雅形态。中间的瓶子则是设计师在1923年进行的一次重要改进，此次调整后的瓶身轮廓被沿用至今，成为可口可乐标志性的设计语言。而到了1957年，为了顺应生产工艺的变革与成本效率的考量，可口可乐将原本压制于玻璃瓶上的Logo改为了更为便捷的印刷标签形式，这一变化体现在了图中最右侧的瓶身上。可口可乐玻璃瓶的包装设计，如同一抹穿越时空的温柔，唤醒了无数人对经典与美好的共同记忆。

图6-39　可口可乐玻璃包装瓶

如图6-40所示，美国康宁公司设计的VISIONS晶彩透明锅系列，不仅是厨房中的一道亮丽风景线，更是人类追求健康、精彩生活的高科技结晶。这一系列锅具，以其标志性的透明琥珀色煮锅与汤锅著称，巧妙地将全球顶尖的耐热玻璃技术融入日常烹饪之中，彻底颠覆了传统厨具的界限。该系列采用特殊配方的耐热玻璃材质，能够承受极端温差而不破裂，确保烹饪过程中的安全无忧。其卓越的透明度，让食材的色泽与变化一目了然，不仅提升了烹饪的乐趣，更让每一道菜肴的呈现都如同艺术品般精致诱人。

图6-40　康宁晶彩透明锅

如图6-41所示，由著名建筑师贝聿铭为巴黎卢浮宫精心设计的玻璃金字塔，高达21米，底部宽度达34米，巍峨耸立于庭院中央，气势恢宏。其四个侧面由603块精致的菱形玻璃精心拼组而成，总平面面积约达1000平方米。令人惊叹的是，尽管塔身总重量达到200吨，但其中玻璃部分的净重就占据了105吨，而支撑起这一切的金属支架却仅有95吨之轻。这一设计巧妙地实现了支架负荷远超其自身重量的壮举，充分展现了现代工程技术的卓越成就。因此，业界专家普遍赞誉这座玻璃金字塔，它不仅是现代艺术风格的杰出代表，更是将现代科学技术巧妙融入建筑设计的独特尝试与典范。

图6-41　法国巴黎卢浮宫的玻璃金字塔

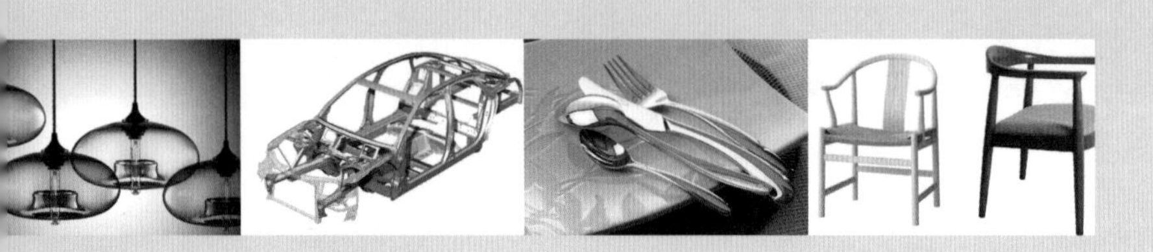

第7章

新材料及其应用

主要内容：介绍新材料的概念、特性及在产品设计中的应用意义与价值。

教学目标：了解新材料的特性，并合理应用于工业产品设计。

学习要点：合理利用材料，充分体现新材料在产品设计中的应用价值。

Product Design

新材料，作为现代高新技术的基石，其重要性日益凸显。在科研与制造业的广阔舞台上，新材料不仅扮演着基础支撑的角色，更以其独特的先导作用引领着技术创新与产业升级。这一领域的蓬勃发展，正以前所未有的深度和广度，塑造着未来的经济市场格局，并对社会的发展产生深远且不可估量的正面影响。展望未来，新材料将继续成为推动科技进步、促进经济繁荣、实现社会可持续发展的重要力量。

7.1 新材料概述

在21世纪的科技浪潮中，新材料如同一股强劲的驱动力，它的每一次突破都预示着科技与产业的深刻变革，正引领人类社会迈向更加辉煌的未来。新材料的研究与开发，不仅探索着物质的极限性能，更开启了无数前所未有的应用可能。而新材料的产业化进程，更是将科技成果转化为现实生产力，为全球经济社会发展注入了新的活力。

7.1.1 新材料的定义

新材料是指那些新近涌现或正处于持续研发阶段的材料，这些材料不仅继承了传统材料的某些特性，更在此基础上展现出前所未有的优异性能和特殊功能。

新材料与传统材料之间并没有明显的界限，两者之间存在一种紧密而微妙的联系。事实上，许多新材料正是在传统材料的基础上，通过对其组成、结构、设计，以及生产工艺进行深度优化与创新，从而实现了性能的提升或是全新性能的涌现，进而演化成为新材料。这一过程不仅展示了材料科学的无限可能，也彰显了科技进步对于传统产业的深刻改造与推动。

新材料产业的发展，不仅为电子信息、生物技术、航空航天等前沿高技术产业铺设了坚实的基石，成为其高速发展的强劲引擎与方向引领者；同时植根于机械、能源、化工、轻纺等传统产业之中，激发这些领域的技术革新，驱动它们的技术改造与升级换代，促进产品结构的优化调整，使传统产业焕发新生机。这种广泛而深远的影响力，使得新材料产业的应用边界不断拓展，市场前景日益广阔。

7.1.2 新材料技术的发展趋势

1. 均质材料发展为复合材料

均质材料是指其任意部分在物理化学性质上均保持基本一致的材料，也可以理解为完全由同一成分构成的均匀材料。从均质材料发展为复合材料，是指在宏观或微观层面上，通过物理或化学的方法，将两种或两种以上具有不同性质的均质材料结合，进而发展出具备全新性能的复合材料。这一过程旨在融合不同材料的优势，创造出性能更优、功能更丰富的材料体系。

2. 单一结构材料发展为多功能材料

结构材料作为以力学性能为基础的传统材料，主要用于制造承受载荷的构件。随着科学技术的飞速发展，许多高技术领域对材料技术提出了更高的要求，期望能够获得更多、更优质的功能材料。这些功能材料在受到光、电、磁、热、化学或生化等外部作用后，能够展现出特定的功能特征，以满足不同领域的需求。

3. 由被动材料发展为智能材料

传统材料往往对外界环境的变化保持被动，缺乏主动响应的能力。随着近年来材料科学的革命性发展，诞生了智能材料这一新兴领域。智能材料不仅能够感知环境的变化，如温度、压力、光照等，还能基于这些感知进行智能判断，并自动地、灵活地做出各种相应的反应，实现了从被动材料向主动智能材料的跨越性转变。

4. 材料的尺寸越来越小

随着材料科学向纳米尺度的深入探索，材料尺寸的发展日益趋向微小化。纳米级材料，由于颗粒被极度细化至纳米级别，其独特的结构特性引发了材料性能的显著变化。例如，曾经性能极脆、难以加工的陶瓷材料，在纳米尺度下却展现出了前所未有的韧性与强度，这一突破性进展使得陶瓷材料成为制造高精度刀具和发动机等关键部件的理想选择。这一过程彰显了纳米技术对传统材料性能的颠覆性改造，也预示着材料尺寸发展得越来越小将引领更多前所未有的应用与创新。

5. 仿生材料的发展

仿生材料，是指模仿生物的各种特点或特性而研制开发的材料。这些材料通常借鉴了生物材料的结构规律与生命系统的运行模式，力求在性能上达到或超越原生物的材料。仿生材料学作为仿生学在材料科学中的分支，融合了化学、材料学、生物学、物理学等多学科的知识与技术，致力于从分子水平上研究生物材料的结构特点，进而研发出具有创新性与应用前景的新型材料。

6. 绿色材料

绿色材料，也称为环境友好型材料或生态材料，是指在原料采集、产品制造、使用和再循环利用，以及废物处理等环节，与生态环境和谐共存并有利于人类健康的材料。实现材料与环境的协调性和适应性发展，是材料产业可持续发展的一个重要方向。绿色材料不仅满足了材料的基本功能需求，还更加注重对环境的友好性和对资源的节约利用。

7.1.3　新材料的分类

新材料的种类繁多，其分类远非单一维度所能涵盖，而是依据结构组成、独特功能，以及广泛的应用领域等多重标准。从结构组成的角度来看，新材料不仅是传统材料的简单延续或改良，更是通过精密的分子设计、独特的晶体结构等的精妙构筑，实现了性能的飞跃与功能的创新。功能导向的分类方式则揭示了新材料如何以其独特的能力满足人类社会的多样化需求。应用领域作为新材料分类的又一重要维度，更是直接体现了新材料对社会经济发展的巨大推动作用。

根据当前的应用领域与研究热点，新材料可以被细致地划分为以下几个主要领域：

- 电子信息材料，专注于提升信息技术设备的性能与效率；
- 新能源材料，旨在促进可再生能源的开发与利用；

- 纳米材料，凭借其独特的纳米尺度效应，在多个领域展现出广阔的应用前景；
- 先进复合材料，通过材料复合实现性能的优化与升级；
- 先进陶瓷材料，以其高强度、高耐磨等特性，在多个工业领域占据重要地位；
- 生态环境材料，强调材料的环保性与可持续发展，减少对环境的影响；
- 新型功能材料，涵盖了高温超导材料、磁性材料、金刚石薄膜、功能高分子材料等，具有特定且显著的功能特性；
- 生物医用材料，用于医疗领域，要求具有良好的生物相容性和生物活性；
- 高性能结构材料，专注于提供优异的力学性能和稳定性，适用于高要求的工程结构；
- 智能材料，能够感知环境并做出反应，引领材料科学的新一轮革命；
- 新型建筑及化工新材料，旨在推动建筑业与化学工业的创新与进步。
- 这些领域共同构成了当今新材料科学的研究热点与发展方向。

7.2 新材料与产品设计

人类社会的发展表明，社会的出现、进步和发展与人类对材料的发现、利用密不可分。从石器时代到青铜时代，再到铁器时代；从陶器时代到瓷器时代，再到现在的新型陶瓷时代；从冷兵器时代到热兵器时代，再到现代的核武器时代等，所有对新材料的利用都直接反映人类社会的生产力与文明水平。

进入20世纪以来，现代科学技术和生产飞跃发展，新材料与新技术更是层出不穷，同时催生了工业产品设计的诞生，让很多新功能、新形式、新色彩的产品展现在我们面前，而连接新材料与新产品之间的工业产品设计起到了至关重要的作用。例如，从20世纪60年代开始，各种塑料如聚乙烯、聚丙烯等被广泛用于各种产品设计中，如家用产品、办公用品、餐具及各种包装容器。塑料成为当时工业产品设计的最重要材料，反映出新材料对人类发展进步所起的重要作用。

对于产品设计来说，材料是产品功能与形态的载体。工业产品设计的过程，就是对材料的认识、理解和组织的过程。因此，对于工业产品设计师来说，了解新材料的发展与未来工业产品设计之间的关系，有利于在产品设计中更好地把握和应用新材料，从而设计出适应新时代、满足更多人需求的新产品。

下面结合工业产品设计，简要介绍一些新材料在未来产品设计中的应用价值与意义。

7.2.1 电子信息材料

电子工业是近20年来发展速度最快的产业，它已成为一种新型生产力，深入国民经济、文化教育、国防建设等社会生活的各个领域。电子工业的发展水平已成为衡量一个国家经济和国防实力的重要标志。

信息材料及产品支撑着现代电子工业的通信、计算机、信息网络、微机械智能系统、工业自动化、家电、军事装备，甚至是航空航天等现代高新技术产业的发展。电子信息材料主要分为以下几大类。

1. 集成电路及半导体材料

集成电路是现代电子技术的基石，它将大量的晶体管、电阻、电容等元器件及互连线，通过特定的工艺制作在一小块半导体晶片或介质基片上，然后封装在一个管壳内，形成具有电路功能的微型结构。这一技术的诞生极大地推动了信息技术的进步，使得电子设备更加小巧、高效，功能也更加强大。

在集成电路的制造过程中，半导体材料的选择与性能至关重要。硅作为最传统也是应用最广泛的半导体材料，因其良好的半导体特性、易于提纯和加工、成本相对较低等优势，成为集成电路产业的核心材料。随着技术的不断进步和应用需求的多样化，单一的硅材料已难以满足所有高性能、低功耗、耐高温等特殊要求，因此新的化合物半导体材料及新一代高温半导体材料应运而生。

化合物半导体材料由两种或两种以上的元素组成，如砷化镓、氮化镓、碳化硅等。这些材料在电子迁移率、热导率、击穿电压等方面具有显著优势，适用于高频、高速、大功率、耐高温等特定应用场景。高纯化学试剂和特种电子气体在半导体材料的制备和集成电路的制造过程中同样不可或缺。高纯化学试剂用于半导体材料的清洗、掺杂、刻蚀等工艺步骤，其纯度直接影响到最终产品的性能和可靠性。而特种电子气体，如硅烷、三氟化氮等，则是半导体制造过程中关键的反应气体或载气，对工艺的稳定性和成品率有着重要影响。

2. 光电子材料

光电子材料是指在光电子技术领域应用的，以光子、电子为载体，进行信息处理、存储和传递的材料。光电子技术作为光学和电子学技术相结合的产物，广泛应用于信息、能源及国防等多个领域。光电子材料作为这一技术的基础，其发展对于推动光电子技术的进步至关重要。

光电子材料种类繁多，根据功能和应用领域的不同，主要可分为激光材料、红外探测器材料、液晶显示材料、高亮度发光二极管材料、光纤材料等。

3. 新型电子元器件材料

新型电子元器件材料是指那些具有新颖特性、能够满足电子元器件特殊需求或推动电子元器件技术进步的新型材料。这些材料通常具有独特的物理、化学或电学性质，使得它们在电子元器件的制造中能够发挥传统材料所不具备的优势。

新型电子元器件材料是电子元器件技术进步的重要基石，它们通过独特的性能优势，推动电子元器件向更高性能、更小尺寸、更低功耗、更可靠性的方向发展。这些材料包括但不限于磁性材料、电子陶瓷材料、压电晶体管材料、信息传感材料和高性能封装材料等。

随着电子信息材料技术的迅猛发展，未来将迎来通信产品、家电产品、计算机设备、仪器仪表、医疗电子设备，以及各类新兴电子应用产品的全面革新与快速发展。这些产品不仅将极大地丰富我们的日常生活，更将深刻改变我们的生活方式，引领我们步入更加智能、便捷的新时代。

7.2.2 新能源材料

新能源材料，作为能源转化与利用及新能源技术发展的关键要素，构成了推动新能源发展的核心基石。这些材料不仅支撑着新能源产业的蓬勃发展，还是21世纪全球经济发展中，尤其是再生清洁能源技术领域内，最具决定性影响力的创新驱动力之一。

新能源材料在推动能源转型与可持续发展中发挥着至关重要的作用，其特点包含：在能源转化和利用过程中具有较高的效率，能够有效地提高能源利用效率；有助于减少环境污染和碳排放，符合可持续发展的要求；材料的成本逐渐降低，提高了其市场竞争力；种类繁多，涉及多个学科领域和多种技术路线，为新能源技术的发展提供了丰富的选择。

新能源材料是实现能源的转化和利用，以及发展新能源技术的过程中所要用到的关键材料。下面对主要的新能源材料进行介绍：

(1) 太阳能材料，用于太阳能电池的制造，如硅基太阳能电池材料、薄膜太阳能电池材料、染料敏化太阳能电池材料，以及有机太阳能电池材料等。这些材料通过光电效应将太阳能转化为电能。

(2) 生物质能材料，包括生物质燃料(如木薯、甘蔗、油棕果实等)和生物质化学品(如生物柴油、生物乙醇等)。此外，还有生物质气化材料和生物质基碳材料等，用于生物质能的转化和利用。

(3) 核能材料，主要指核反应堆用材料，如氧化铀、锆合金、石墨等，以及核燃料(如铀、钚等)。这些材料在核能发电中起着至关重要的作用。

(4) 氢能材料，包括燃料电池催化剂(如铂、钯、镍等)、氢气储存材料(如金属氢化物、复合氢储存材料等)，以及水解制氢材料等。氢能作为一种清洁、高效的能源，其开发和利用离不开这些关键材料的支持。

(5) 风能材料，主要是用于风力发电叶片的材料，如玻璃纤维、碳纤维、基体树脂等。这些材料具有高强度、轻质等特性，能够适应风力发电的严酷环境。

(6) 储能材料，主要用于电能的储存和释放，如锂离子电池材料(锂、钴、镍等金属及其化合物)、钠硫电池材料、超级电容器材料等。储能材料在电动汽车、智能电网等领域具有广泛应用前景。

新能源材料的应用前景极为广阔，它们正深刻改变着新能源汽车、智能电网、航空航天及建筑等多个领域。从高效能的薄膜、聚合物电解液、催化剂与电极，到先进的光电材料，这些材料为新能源汽车提供了强大的动力支持，推动了清洁能源的普及。同时，在智能电网中，特制的光谱塑料、碳纳米管及金属氢化物浆料等新材料的应用，也增强了电网的稳定性和智能性。航空航天领域则受益于高温超导材料与轻质绝缘材料的突破，实现了更高效的能源利用与更轻量化的设计。此外，建筑领域的抗辐射、低活性及耐腐蚀材料，也为绿色建筑的发展提供了有力支撑。总之，新能源材料正引领着一场能源与产业的深刻变革。

7.2.3　超导材料

超导材料是指一类在特定极低温度环境下，其内部电阻骤然降至几乎为零，并展现出对磁力线具有完全排斥特性的特殊物质。这种非凡的物理现象，不仅挑战了传统电学与磁学的认知边界，更为多个领域的技术革新开辟了前所未有的道路。超导材料的核心特征在于其“超导性”，即在临界温度以下，电子在材料内部流动时几乎不受任何阻碍，仿佛是在一个没有摩擦的“高速公路”上自由驰骋，从而实现了电能的零损耗传输。同时，由于其对磁力线的排斥作用，超导材料还能在磁场中悬浮，展现出独特的磁悬浮现象，这为电磁学、力学乃至量子物理的研究提供了宝贵的实验平台。

目前已知有多种元素、合金和化合物可以称为超导体材料。例如，元素超导体、合金超导体、化合物超导体、高温超导材料、有机超导材料，以及超导陶瓷等。元素超导体是指单一元素在低温下具有超导性的材料，目前已有28种元素被发现具有超导性，如铅、汞等。合金超导体是由两种或多种金属元素组成的具有超导性的合金材料，如铌锆合金、铌钛合金、三元合金，这些合金不仅提高了超导性能，还增强了在磁场中的稳定性，广泛应用于超导磁体制造。化合物超导体是由两种或多种元素化合而成的具有超导性的材料。高温超导材料是指超导转变温度高于液氮沸点的超导材料，如铜氧化物基高温超导材料、铁基超导材料等。此外，有机超导材料、超导陶瓷等，在超导领域也具有重要的研究价值和应用前景。

超导材料以其独特的物理特性和广泛的应用潜力，正逐步成为推动社会进步和产业升级的关键力量。下面对超导材料的主要运用领域进行介绍。

(1) 能源传输与储存。超导材料在能源领域的应用前景尤为广阔。由于电阻为零，超导电缆能够极大减少输电过程中的电能损耗，提高能源传输效率，尤其适用于长距离、大容量的电力输送。此外，超导储能系统利用超导线圈储存电能，具有响应速度快、效率高、容量大等优点，是未来智能电网的重要组成部分。

(2) 交通运输。超导磁悬浮列车是超导技术应用于交通领域的典范，如图7-1所示。通过超导体产生的强大磁场与导轨相互作用，实现列车的无接触、高速、平稳运行，不仅提升了运行速度，还极大地降低了噪音和振动，是未来城市间高速交通的理想选择。

(3) 信息通信。超导材料在高频电子器件中的应用，如超导晶体管、超导量子比特等，能够显著提高信息处理速度和存储容量，降低能耗，推动量子计算、高速通信等技术的发展，为信息时代的进一步发展奠定物质基础。

(4) 医疗设备。超导材料在医疗领域的应用也展现出巨大的潜力。例如，超导核磁共振成像(MRI)设备利用超导磁体产生强磁场，提高了成像分辨率和灵敏度，成为医学诊断的重要工具。此外，超导技术还可用于肿瘤治疗中的精确加热与冷却控制，提升治疗效果。

(5) 国防与航空航天。在国防和航空航天领域，超导材料同样发挥着不可替代的作用。从高精度导航系统到电磁推进技术，再到空间探测器的精密仪器，超导材料的应用不仅提升了装备的性能指标，还推动了相关技术的创新与发展。

图7-1　超导磁悬浮列车

7.2.4　智能材料

智能材料，这一新兴且备受瞩目的材料科学领域，经过数十载的精耕细作，已逐渐走向成熟，并稳步融入人类生活的各个角落。其影响力日益显著，正悄然改变着我们的生活方式，范围之广，影响之深，令人瞩目。尽管目前智能材料尚未拥有统一的明确定义，但从广义上来看，它指的是一类能够敏锐感知周围环境(包括内部与外部)变化，随后对这些刺激进行精准分析、高效处理与明智判断，并据此采取相应智能反应的先进材料。

智能材料的核心特征体现在其构成与功能上，主要包括基体材料、感知材料、执行材料，以及信息处理器四个关键部分。基体材料作为承载基础，通常选用轻质高分子材料或轻质有色合金，以其优异的轻质性、耐腐蚀性、黏弹性及非线性特征确保材料的整体性能。感知材料则扮演着传感角色，能够敏锐地捕捉压力、应力、温度、电磁场、PH值等环境参数的变化，常见的如形状记忆材料、压电材料、光纤、磁致伸缩材料，以及各类变色材料等。执行材料则在接收到指令后，通过产生显著的应变和应力来响应和控制环境变化，值得注意的是，部分感知材料如形状记忆材料、压电材料等同时也兼具执行功能，实现了感知与执行的双重角色。信息处理器作为智能材料的核心，负责处理传感器输出的信号，是实现智能反应的关键所在。

此外，智能材料的设计还常融入导电材料、磁性材料、光纤及半导体等多种功能材料，以进一步提升其综合性能与智能化水平。常见的智能材料包含如下几种。

(1) 压电材料，作为一种兼具感知与执行功能的特殊材料，能够巧妙地将机械能与电能进行相互转换。压电材料在热学、光学、声学及电子学等多个科技领域均占据了重要地位。随着制备技术的不断革新与突破，压电材料的应用领域更是日益拓宽，从日常生活到生物工程、军事技术、光电信息及能源产业，无一不展现出其重要的价值与广泛潜力。

在日常生活中，压电材料的应用无处不在，深刻影响着我们的生活。从家庭娱乐设备如电视机、录像机，到厨房便捷工具如自动点火煤气灶、雾化加湿器，再到医疗健康领域的B超、彩超、超声美容仪、降脂器及理疗仪等，压电材料都发挥了不可或缺的作用。如图7-2所示，我们日常生活中极为常见的一次性打火机，正是压电材料应用的生动例证，轻轻一按，机械能即刻转化为电能，瞬间点燃火焰，展现了压电材料高效、便捷的特性。

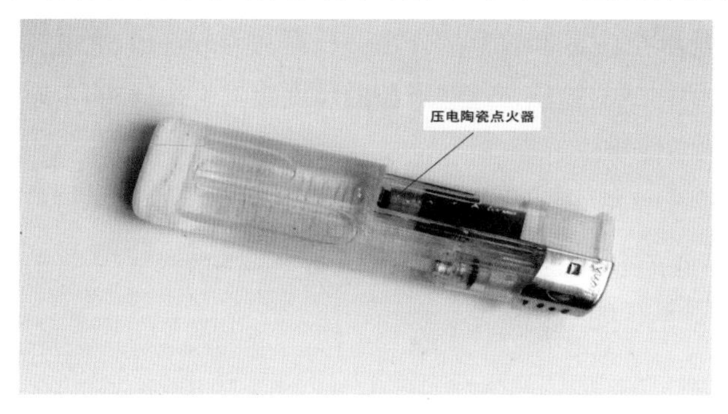

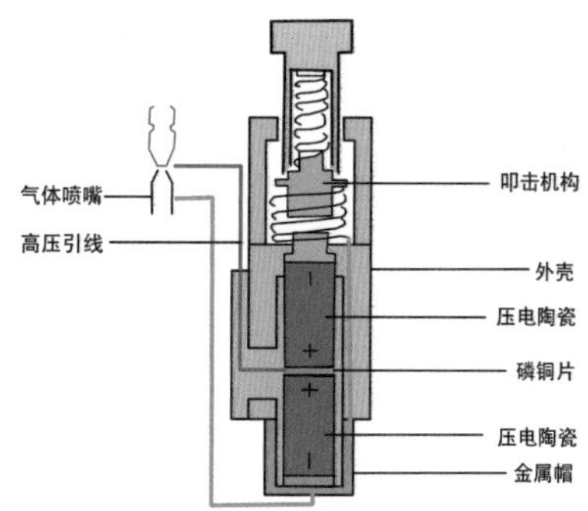

图7-2　一次性压电打火机原理

(2) 形状记忆合金，是一类具有特殊性质的金属材料，其核心特性在于其独特的“形状记忆效应”。具体来说，形状记忆合金能够“记住”其原始形状，并在特定条件(主要是温度)下恢复到这一形状，即便它们之前被塑造成完全不同的形态。

形状记忆合金的应用领域极为广泛，横跨机械工程、医疗器械、航空航天工业、工程建筑乃至日常生活中的多个方面。这种合金不仅在力敏、热敏驱动元件及阻尼元件中扮演重要角色，如紧固件、温度调节器、金属封隔器，以及航天器分离机构的驱动器等，还以其几乎无驱动能量消耗的特点，在驱动领域展现出显著优势。例如，在卫星与航天器的设计中，太阳能翻板负责将电池板展开以捕捉阳光进行发电，这一过程通常是通过形状记忆合金材料来实现的。当阳光辐照使得翻板温度达到某一特定值时，记忆合金材料会根据预设的形状自动驱动翻板展开，从而启动发电过程，如图7-3所示。

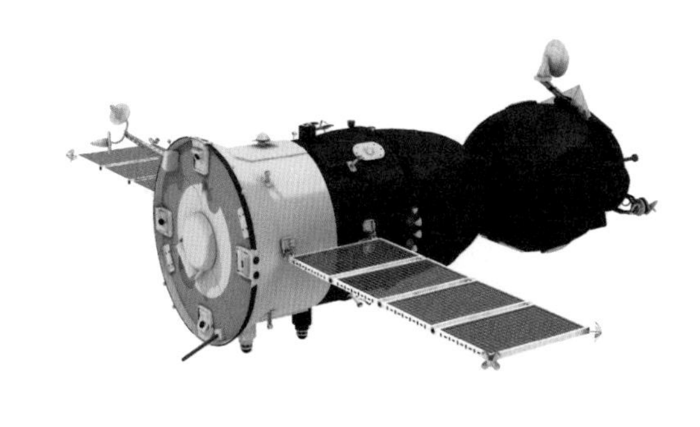

图7-3　卫星的太阳能翻板电池

(3) 电流变液，是一种特殊的智能材料，它在常态下表现为流动的液体形态，其中悬浮着大量微小且可极化的颗粒。然而，当这种液体被置于电场中时，其内部的悬浮颗粒会迅速响应电场的作用，形成有序的链状或网状结构，导致流体的物理性质发生显著变化，从液态转变为具有一定屈服强度和黏度的半固体状态。这种由电场控制的物理状态转变过程，赋予了电流变液独特的自执行智能特性，如响应速度快、阻尼力可调节，以及功耗低等优点。因此，电流变液在智能控制、减振阻尼、精密仪器制造等领域具有广泛的应用前景。

电流变液作为一种多功能的智能材料，在机械工程、生产自动化、武器控制、机器人工程、噪声防治、汽车工程、船舶工程、液压工程、农业机械、体育用品及体育机械、航空航天控制等众多领域，乃至日常生活产品中，均展现出广阔的应用前景。其独特的电场响应特性，使得电流变液能够在这些领域中实现精准控制、高效减震、智能调节等多种功能，为相关技术的创新与发展提供了有力支持。

7.2.5 纳米材料

纳米，作为材料几何尺寸的长度度量单位，是米的十亿分之一，简写为nm。纳米材料是指由粒径介于1nm～100nm的超细微颗粒所构成的物质，这些颗粒的尺度相当于10～100个原子紧密排列在一起，展现出独特的物理和化学性质。

纳米粉体因其晶粒微小、表面曲率显著增大及表面积的大幅提升，从根本上重塑了材料的微观结构。这一特性使得纳米材料相较于常规材料，在光学、电学、磁学、热学、力学及机械性能等方面展现出独特的、显著增强的或特异性的表现。

1. 纳米材料的类型

纳米材料，作为材料科学领域的一个重要分支，因其独特的物理和化学性质而备受关注。按照物理形态分类，纳米材料大致可分为纳米粉末、纳米纤维、纳米膜、纳米块体和纳米液体五类。

(1) 纳米粉末。纳米粉末，又称为超微粉或超细粉，是指粒度在100纳米以下的粉末或颗粒。这种材料是一种介于原子、分子与宏观物体的中间物态的固体颗粒材料。纳米粉末因其极小的粒径和巨大的比表面积，展现出许多独特的性能，如表面效应、小尺寸效应等。这些特性使得纳米粉末在多个领域具有广泛的应用，如高密度磁记录材料、吸波隐身材料、防辐射材料、高效催化剂等。

(2) 纳米纤维。纳米纤维是指直径为纳米尺度且长度较大的具有一定长径比的线状材料。狭义上讲，纳米纤维的直径介于1nm～100nm；而广义上，纤维直径低于1000nm的纤维均称为纳米纤维。纳米纤维因其独特的结构而具有优异的力学性能、电学性能和热学性能。例如，碳纳米管就是一种典型的纳米纤维，其强度极高，密度却很低，同时还具有优异的导电性和导热性。纳米纤维的制造方法多样，包括拉伸法、模板合成、静电纺丝等，这些技术为纳米纤维的广泛应用提供了可能。

(3) 纳米膜。纳米膜是一种具有纳米级厚度和特殊性能的薄膜材料。根据结构的不同，纳米膜可分为颗粒膜和致密膜两种。颗粒膜是由纳米颗粒粘在一起形成的，中间存在极小的间隙；而致密膜则是指膜层致密但晶粒尺寸为纳米级的薄膜。纳米膜因其独特的分离和过滤性能，在气体催化、过滤器材料、高密度磁记录材料等领域具有广泛的应用。此外，纳米膜还具有良好的光学性能和电学性能，可用于制备光敏材料、平面显示器材料等。

(4) 纳米块体。纳米块体是指将纳米粉末高压成型或控制金属液体结晶而得到的纳米晶粒材料。这种材料具有极高的强度和韧性，同时具有优异的热稳定性和耐腐蚀性。纳米块体材料在超高强度材料、智能金属材料等领域具有广泛的应用前景。

(5) 纳米液体。纳米液体是指尺寸在纳米级别的液态物质。这种材料具有极高的表面能和扩散性，同时对外部场(如电场、磁场、光场等)具有敏感的响应性。纳米液体的这些特性使得其在能源、生物医药、纳米电子等领域具有广泛的应用潜力。例如，在能源领域，纳米液体可用于制备高效燃料电池和太阳能电池；在生物医药领域，纳米液体可用于制备纳米药物和纳米生物传感器等。

纳米材料因其独特的物理形态和性能而在多个领域展现出广泛的应用前景。随着科学技术的不断发展，纳米材料的研究和应用将会更加深入和广泛。

2. 纳米材料的应用

纳米技术的引入，为众多传统产品带来了前所未有的变革。通过将纳米颗粒或纳米材料巧妙地融入传统材料中，不仅能够显著提升或赋予这些产品一系列全新的功能特性，而且这一创新过程中不会增加高昂的成本，反而极大地增强了产品的市场竞争力，使其在市场中脱颖而出。

在化纤纺织品的创新应用中，融入纳米微粒技术带来了革命性的变革。这些微粒不仅能够赋予纺织品除味杀菌、抗油污、防水及免洗涤的卓越性能，还显著减少了因摩擦产生的静电困扰，极大地提升了穿着的舒适度和便利性。此外，纳米技术还促进了导电性纤维的开发，使得我们能够制造出具有防电磁辐射功能的纤维制品及电热纤维产品，为现代生活提供了更多安全防护与便利。

纳米微粒与橡胶、塑料、玻璃及瓷砖等材料的复合应用，更是开辟了新的领域，创造出如导电复合体、无菌餐具、无菌扑克牌等多元化产品，丰富了市场选择，满足了消费者对健康生活品质的追求。

针对大气和太阳光中潜在的紫外线威胁，某些纳米微粒展现出强大的紫外线吸收能力。当这些微粒以科学比例融入化妆品中，它们能够有效地屏蔽对人体有害的紫外线，为肌肤提供额外的防护屏障，让人们在享受阳光的同时，也能安心守护肌肤健康。这一技术的应用，无疑为化妆品行业注入了新的活力，引领了防晒产品的新风尚。

通过巧妙利用纳米材料的光学特性，科学家们研发出高性能的纳米系列复合颜料。这些颜料不仅展现出色彩异常艳丽、保色性能持久的特点，还具备卓越的分散性，极大地拓宽了颜料的应用领域。

氧化物纳米颗粒在特定条件下展现出的独特性能，能在电场的作用或光的照射下迅速变换颜色。这一特性被巧妙地应用于多个领域，例如为士兵设计出防护激光枪的眼镜，使他们在战场上能够更加安全地执行任务；同时，这些纳米颗粒也被应用于广告板制作中，使得广告板在电或光的激发下，能够呈现出更加绚丽多彩、引人瞩目的色彩效果，极大地提升了视觉冲击力与广告吸引力。

在金属铝中巧妙地融入微量的陶瓷超微颗粒，能够创造出一种革命性的新型结构材料。这种材料不仅具备轻盈的重量，还显著提升了其强度、韧性及耐热性能，因此被广泛应用于各类产品的结构设计中，成为现代工业领域的一项重要创新。借助先进的纳米材料技术，还可以对机械设备的关键零部件进行金属表面的纳米粉涂层处理。这一处理工艺能够显著提升机械产品的耐磨性、增强其结构强度，并有效延长设备的使用寿命。

此外，纳米材料在电子、医疗、能源、化工、材料科学等多个领域展现出广泛的应用前景和巨大的发展潜力。随着纳米技术的不断发展和深入研究，相信纳米材料将在更多领域发挥重要作用并推动人类社会的进步。

7.2.6 生态环境材料

生态环境材料是一类兼具卓越使用性能与优良环境协调性的材料，它们不仅展现出高效的功能特性，更在资源利用、能源消耗及环境保护方面表现出色，因此也被称为环境友好材料或绿色材料。这类材料的相适性能尤为突出，体现在其最小化环境负担与最大化再生利用能力的双重优势上。它们在生产和使用过程中，对自然资源的消耗极低，同时产生的环境污染极小，甚至能够完全避免。更为重要的是，生态环境材料易于回收再利用，无论是通过物理、化学还是生物方法，都能有效实现资源的循环再生。此外，部分生态环境材料还具备自然降解的能力，能够在废弃后迅速融入自然环境，实现真正意义上的"回归自然"。生态环境材料的研发与应用，对于促进人类社会的可持续发展具有不可估量的价值。

环境材料的研究内容广泛而深入，其核心聚焦于材料的设计与开发技术、环境协调性的提升，以及相应的评估技术。这些研究旨在通过创新手段，开发出既满足使用需求又兼顾环境保护的材料。

从材料用途的角度出发，环境材料可细分为多个类别，包括建筑材料、工业制造材料、农业材料、林业材料、渔业材料、能源材料、抗辐射材料、生物材料及医用材料等。每一类材料都针对特定领域的需求，融入了环境友好的设计理念，力求在各自的应用场景中实现资源的高效利用和环境的低负担。

根据环境材料的功能特性，可以将其划分为环境相容材料、绿色包装材料、生态建材、环境降解材料，以及环境工程材料等几大类。环境相容材料，如纯天然木材、石材及仿生物的人工骨、人工脏器等，它们与自然环境和谐共生，减少了对生态系统的干扰。绿色包装材料和生态建材则通过减少包装废弃物和建筑污染，促进了循环经济的发展。环境降解材料，特别是生物降解塑料，能够在自然环境中迅速分解，有效缓解了塑料污染问题。而环境工程材料，如环境修复材料、环境净化材料及环境替代材料，则直接参与到环境治理和修复工作中，为改善环境质量提供了有力支持。

生态环境材料的诞生根植于对人类、社会与自然三者间和谐共生关系的深刻洞察，这一创新概念不仅顺应了人与自然和谐发展的时代潮流，更是推动材料产业向可持续发展道路迈进的必由之路。通过精心设计与优化，生态环境材料力求在资源利用、能源消耗及环境保护等方面达到最佳平衡，为实现人类社会的长期繁荣与自然的永续利用贡献力量。

7.2.7 环境工程材料

环境工程材料是指防止或治理长期积累下来的环境污染问题所使用的一些材料，对环境进行、净化或替代处理，逐渐平衡地球的生态环境，使自然生态、社会经济可持续发展。例如，环境修复材料(固沙植被材料)；环境净化材料(分子筛、离子筛、水净化材料、海水油污吸收材料)；环境替代材料(无磷洗衣粉助剂、破坏大气臭氧层的氟利昂替代材料、清洁能源材料)；无污染、节能、可循环使用的材料(橡胶、塑料、铁丝、铜线、玻璃、纸张、木材制品等)。

为了促进可持续发展，材料资源的循环利用成为关键，必须确保废弃物的产生量低于大自然自身的净化能力，因此发展绿色材料已成为不可逆转的趋势。从资源分布与利用效率的角度审视，废物回收利用不仅是对环境污染问题的有效应对，更是对土地资源宝贵性的尊重，同时极大地缓解了资源短缺的紧迫压力。当前，综合利用工业固体废弃物，如钢渣、废钢铁、废玻璃、废塑料、废橡胶轮胎及废纸等，已成为研究与实践的重点。此外，随着科技产品的快速迭代，大量淘汰的手机、计算机、电视机等电子产品中的贵金属及不可降解塑料的回收再利用也备受关注，这些举措对于推动资源循环经济和环境保护具有重要意义。图7-4为使用废弃酒瓶和废弃水泥制作的灯具。

图7-4　废弃物制作的灯具

建材工业与废物利用相结合，成为生态环境材料在工业应用中的亮点。通过技术创新，工业废弃物，如粉煤灰、矿渣等被转化为高价值建材，如绿色混凝土、新型墙体材料等，既减少了环境污染，又提升了资源利用效率。近年来，无毒害、抗菌、节能及空气净化等绿色建材产品的涌现，满足了市场对环保材料的需求。随着公众环保意识的增强，绿色材料的发展步伐加快，促进了工业生产的绿色转型。这一趋势体现了生态环境材料在推动工业可持续发展中的关键作用。

环境工程材料在农业中展现其独特价值，通过技术创新实现农产品废料的资源化利用。这些废料富含生物质资源，经处理后能转化为高附加值的工业产品，如木糖、木糖醇、人造纤维板等，广泛应用于多个行业，提升农产品经济价值。同时，这一过程显著减少了农业废弃物对环境的污染，保护了土地资源和水体健康。环境工程材料的应用不仅促进了农业循环经济的发展，还为实现农业废弃物的减量化、资源化和无害化处理提供了有效途径，为农业可持续发展注入了新活力。

综上所述，生态环境材料的研究已广泛渗透至工农业的各个层面，其在促进资源能源高效利用、减轻环境负担方面展现出显著优势，实现了材料与环境之间的和谐共生。环境工程材料作为推动材料产业可持续发展的重要方向，其重要性日益凸显。

随着可持续发展理念的深入人心，环境工程材料与资源材料的循环使用方式正被深入探索与研究，其应用范围不断扩展。这一进程不仅促进了新型生态环境材料的不断涌现，更为工业产品设计领域注入了新的活力与创意，赋予了产品更深的环保内涵与使命，引领工业设计向更加绿色、可持续的方向发展。

7.2.8 3D打印材料

3D打印技术是一种利用数字化设计数据和专用的打印设备制造三维实物的技术。它通过将原始的数字化模型分解为一系列具有特定形状的薄层，然后逐层堆叠这些薄层，最终制造出一个完整的实体模型。3D打印技术自问世以来，对促进产品设计创新、缩短新产品开发周期、提高产品竞争力有巨大的推动作用，现已成为产品设计、开发、生产制造的一项新兴的、关键性技术领域，并得到了广泛应用。

3D打印为“增材成型制造”，它是一种以数字模型文件为基础，运用一些可熔、可黏合的打印材料，通过固化逐层打印的方式来构造产品或零部件的制造技术。它与普通打印工作原理基本相同，不同的是用逐层打印的方式来制造成型，甚至直接打印制造出产品，如图7-5所示。

图7-5　3D打印笔绘制的产品

如今3D打印技术发展迅速，已日臻成熟，由于3D打印制造技术完全颠覆了传统工业产品制造的方式、工艺和方法，让我们能得到前所未有的全新的、结构复杂的、功能全面的各类工业产品。它成功应用于节能环保、信息、生物、新能源、汽车、高端装备制造、航空航天等诸多新兴行业，也为许多传统制造业注入了新的生命力和创造力。图7-6为3D打印汽车。

图7-6 3D打印汽车

目前，3D打印材料主要包括聚合物材料、复合材料、金属材料、非金属及陶瓷材料等。按性能、状态及成型方式不同有很多分类方法。按材料的物理状态分类，可以分为液体材料、薄片材料、粉末材料、丝状材料等；按材料的化学性能分类，可分为树脂类材料、石蜡材料、金属材料、陶瓷及其复合材料等；按材料成型方法分类，可分为SLA工艺成型材料、LOM工艺成型材料、SLS工艺成型材料、FDM工艺成型材料、3DP工艺成型材料。

1. 3D打印成型方式

下面介绍几种常用的3D打印成型方法，每种方法各有特色，适用于不同领域。

(1) 光固化立体成型(stereo lithography appearance，SLA)，是一种利用液体光敏树脂复合材料，通过选择性紫外光照射快速固化成型的技术。其技术原理在于，计算机控制激光束对以光敏树脂为原料的表面进行逐点扫描，使被扫描区域的树脂薄层(厚度约为十分之几毫米)发生光聚合反应而固化，从而形成零件的一个薄层。随后，工作台下移一个层厚度的距离，以便在已固化的树脂表面再覆盖一层新的液态树脂，并进行下一层的扫描加工。这一过程反复进行，直至整个原型制造完成。

(2) 分层实体成型(laminated object manufacturing，LOM)，主要采用固态片状材料，如纸张、陶瓷箔、金属箔、塑料箔等作为基材。在成型过程中，这些材料层叠并涂抹热熔黏合剂，随后根据数据选择性地进行激光切割，以形成各层的截面轮廓，并通过热压使其固化成型。

(3) 选择性激光烧结成型(selective laser sintering，SLS)，指的是使用固态粉末材料，这些材料包括非金属粉末(如蜡粉、塑料粉、覆膜陶瓷粉、覆膜砂等)，以及各种覆膜金属粉末。在SLS工艺中，这些粉末根据数据有选择性地被激光分层烧结，熔融并固化。每一层固化后，层层叠加，最终成型为所需的三维物体。

(4) 熔融沉积成型(fused deposition modeling，FDM)，是通过将固态丝线状材料在喷头内部加热至熔化状态来使用的。喷头根据预设数据，有选择性地沿着零件截面轮廓和填充轨迹移动，同时将熔化的固态丝线材料，如蜡、尼龙 等挤出。这些材料在挤出后会迅速凝固，并与周围已凝固的材料紧密结合，通过逐层熔融和打印的方式最终成型。

(5) 激光沉积技术(laser deposition technology，LDT)的成型原理，是利用高能激光束照射金属或合金粉末，使其迅速熔化并沉积到指定位置。通过精确控制激光束的移动和粉末的送入，实现逐层堆积，最终形成三维金属部件或产品。这一过程中，激光束的高能量密度和高聚焦度保证了金属粉末的快速熔化和凝固，从而实现高精度、高效率的制造。

2. 3D打印常用材料

3D打印技术中，材料的选择至关重要。它不仅决定了打印产品的物理特性，如强度、硬度、韧性及耐腐蚀性，还直接影响打印过程的顺利进行与最终产品的质量。优质材料能确保打印件精度更高、表面更光滑，满足复杂设计需求。下面介绍几种常用的3D打印材料。

1) 光敏树脂

光敏树脂，亦称光固化树脂，是一种高效响应紫外光的低聚物。在紫外光的照射下，它能迅速经历物理与化学的双重转变，实现交联固化，因此成为高精度3D打印制品的首选耗材。其低黏度特性促进了树脂的快速流平与成型，而固化速度之快，则确保了成型产品表面光滑无瑕，杂质稀少，变形收缩微小。光敏树脂不仅能展现透明或半透明的磨砂质感，还具备一定的抗压强度，且其气味低、毒性小、刺激性成分低，确保了使用的安全性。通过添加纳米陶瓷粉末或短纤维进行改性，光敏树脂的强度和耐热性能更可显著提升。

光敏树脂的应用领域广泛，从小巧精致的珠宝首饰到复杂精细的手板模型，再到充满创意与个性化的DIY产品设计，光敏树脂以其卓越的性能和灵活的适应性，满足了各行各业的多样化需求。其高精度、快速固化的特性，使得设计师和创作者能够轻松实现心中的创意蓝图，将想象转化为现实。图7-7为用光敏树脂材料制作的自行车车架。

图7-7　3D打印的光敏树脂材料的自行车车架

2) 工程塑料

工程塑料是当前应用广泛的一类3D打印材料，常见的如丙烯腈-丁二烯-苯乙烯共聚物、聚碳酸酯、聚酰胺、聚苯砜、环氧树脂、聚醚醚酮等。

(1) 丙烯腈-丁二烯-苯乙烯共聚物(ABS)材料。该材料以其卓越的热熔性、强黏结力及高冲击强度著称，是熔融沉积成型(FDM)3D打印工艺中首屈一指的工程塑料选择，如图7-8所示。它既可预先制成细丝，直接应用于FDM打印过程，展现其高效便捷的特点；又可通过粉末化处理，实现多样化的成型方式，拓宽应用边界。其应用范围极为广泛，几乎覆盖了从日用品、家电、汽车到电子消费产品，乃至工程和机械产品的全领域。该材料还具备优异的增强改性潜力，通过特定的工艺处理，能够显著提升其性能，从而满足高性能产品的严苛要求。在国防军事领域，它可用于制造潜艇、武器装备等关键部件；在先进制造领域，则是机器人、航空航天产品(如飞机、卫星、空间站等)零部件的理想选择。

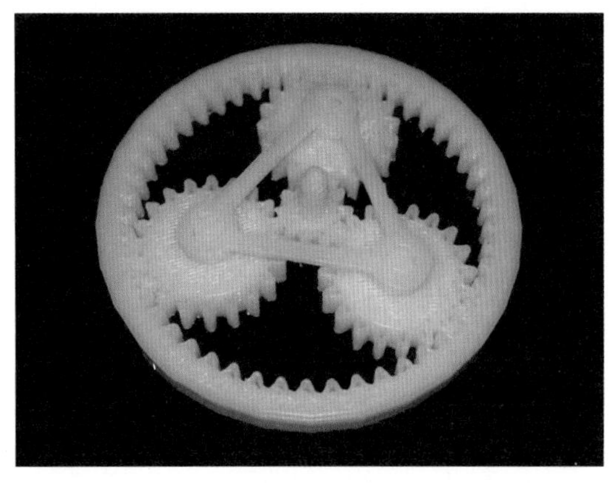

图7-8　ABS材料打印的齿轮零件

(2) 聚碳酸酯(PC)材料。这种材料作为一种卓越的热塑性材料，凭借其高强度、耐高温、卓越的抗冲击与抗弯曲性能脱颖而出。它不仅是构建坚实结构的理想之选，更能在工程领域中大放异彩，尤其是在3D打印材料制造方面展现出非凡的潜力，如图7-9所示。从汽车制造到电子电器，从照明设计到安全防护，乃至航空航天领域，该材料的应用已深入各行各业。经过增强改性后，其性能更是得到显著提升，足以应对超强工程产品的严苛要求。例如，在防弹玻璃、树脂镜片等高安全标准的产品中，它能提供坚实的保护屏障；在车头灯罩、宇航员头盔面罩等关键部件上，其优异的透光性与耐候性确保了产品的卓越性能；而在智能手机的机身、工业机械零件与齿轮等精密构件中，它的高强度与稳定性则成为产品质量的坚实后盾。

图7-9　聚碳酸酯材料水杯

(3) 聚酰胺(PA)材料。该材料以其卓越的综合性能著称，涵盖了优异的力学性能、出色的耐热性、耐磨损性，以及一定的阻燃性和良好的柔韧性。通过采用玻璃纤维、碳纤维等复合塑料树脂进行增强改性，不仅能显著提升其各项性能，还极大地拓宽了其应用范围。在3D打印领域，基于该材料的工程塑料成为制造高强度、良好柔韧性且轻量化的零部件与产品的理想选择。以汽车制造业为例，该材料已被广泛应用于发动机周边零件，如发动机汽缸盖罩、散热器水缸及平衡旋转轴齿轮等关键部件，其性能完全满足甚至超越了传统金属材料的要求。同时，在汽车的电器配件、接线柱、门把手套件、制动踏板等复杂结构件上，该材料也展现出了非凡的适应性。

(4) 聚苯砜(PPSF)材料。该材料俗称聚纤维酯，是FDM成型技术中的全能选手，以其在热塑性材料中的顶尖表现脱颖而出。它拥有极高的机械强度、卓越的耐热性、无与伦比的抗腐蚀性，以及极为稳定的性能，堪称3D打印材料中的性能佼佼者。在众多3D打印工程塑料中，聚纤维酯的性能比优势显著，成为众多领域的首选材料。经过碳纤维与石墨的精心复合处理，聚纤维酯的性能更是得到了质的飞跃，展现出令人瞩目的高强度特性，这使得它能够轻松应对高强度负荷的工业产品制造，成为传统材料如金属、陶瓷的理想替代品，如图7-10所示。在航空航天、交通工具及医疗等高端领域，聚纤维酯的应用日益广泛。

图7-10 聚苯砜材料制作的耐高温达189℃的咖啡壶

(5) 环氧树脂(EP)材料。这是一种独特的弹塑性塑料，以其非凡的柔软度与卓越的弹性著称。在3D打印领域，EP材料既可应用于“逐层烧结”的熔融沉积成型(FDM)技术，实现精细的逐层构建；又能通过粉末化处理，适用于选择性激光烧结(SLS)成型工艺，展现出其多样化的加工适应性。利用该材料制作的产品，不仅具备出色的弹性，即便在经历形变后也能轻松恢复原状，这一特性使其在制造鞋帽、手机壳、可穿戴设备及服饰等日常用品时具有显著优势，如图7-11所示。通过3D打印技术，设计师能够充分发挥环氧树脂材料的独特性能，创造出既符合人体工学又兼具时尚美感的各类产品，为用户带来前所未有的舒适体验与视觉享受。

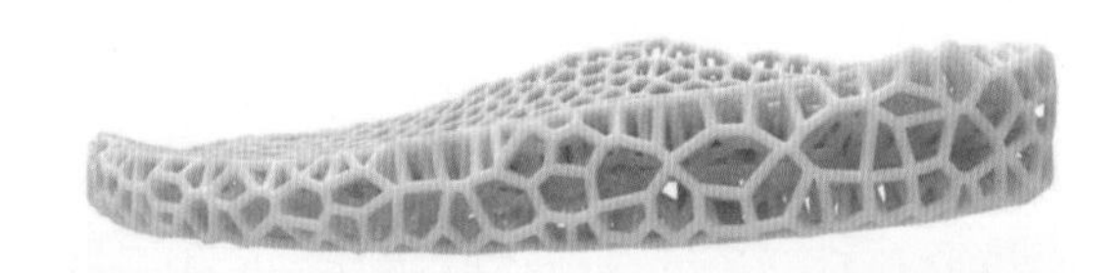

图7-11 使用环氧树脂材料打印的鞋及鞋底

(6) 聚醚醚酮(PEEK)材料。该材料是一种特种高分子材料，其主链结构独特，由含有一个酮键和两个醚键的重复单元构成。这种独特的化学结构赋予它一系列优异的物理化学性能，包括耐高温、耐化学药品腐蚀等。作为一类半结晶高分子材料，它拥有显著的熔点和软化点，以及卓越的拉伸强度。鉴于其出色的性能，该材料被广泛用作耐高温和电绝缘材料，在电子、电器及高温作业环境中展现出极高的应用价值。此外，通过与玻璃纤维或碳纤维等增强材料进行复合，可以进一步提升其强度和性能，满足更为严苛的工程需求。这种复合材料在航空航天、汽车制造、能源化工等领域具有广阔的应用前景。

3) 热固性塑料

热固性塑料，其核心成分为热固性树脂，辅以各类必需的添加剂，通过复杂的交联固化过程最终形成固态制品。这类塑料在首次加热时会软化并流动，当温度升至特定水平时，将发生化学反应，即交联反应，导致材料固化并变得坚硬。这一变化具有不可逆性，意味着热固性塑料在再次加热时不会重新变软流动。正是基于这一独特性质，热固性塑料得以进行成型加工：在首次加热软化时，利用塑化流动的特性，在压力作用下充满模具型腔，随后冷却固化成具有特定形状和尺寸的产品。

热固性塑料种类繁多，主要包括酚醛塑料、环氧塑料、氨基塑料、不饱和聚酯，以及醇酸塑料等。其中，部分树脂如环氧树脂、不饱和聚酯、酚醛树脂、氨基树脂、聚氨酯树脂、有机硅树脂和芳杂环树脂等，不仅强度高、耐火性好，还特别适用于3D打印中的粉末激光烧结成型工艺，展现出在先进制造技术中的广泛应用潜力。例如，环氧树脂材料，因其独特的性能，可通过3D打印技术精确成型为建筑结构件，广泛应用于轻质建筑领域，为建筑行业的创新与发展注入了新的活力。

4) 金属材料

金属因其卓越的物理、化学及工艺性能，在金属3D打印领域占据重要地位。金属3D打印技术借助计算机辅助设计，运用高精度、高功率的聚焦激光束(在真空环境中可达1000℃高温)，持续照射金属粉末或金属线丝。激光束使材料熔化或黏结(针对金属粉末)，形成液态熔区、熔池。随后，激光束移动，熔化前方的粉末，同时让后方的金属液冷却凝固。通过逐层累积金属沉积，最终构建出所需的金属部件或产品。

在运用金属材料打印时，可使用激光沉积技术(LDT)，能够打造出极度异形、复杂且精致的金属部件与产品。这项技术拓宽了金属加工的可能性，使金属材料在航空航天、军工、汽车、摩托车制造等高端领域展现出前所未有的应用价值，在设备制造(见图7-12)、珠宝设计(见图7-13)、交通工具创新、精密仪器仪表研发及家用民用产品等领域也发挥着不可替代的作用。通过激光沉积技术，设计师和工程师能够以金属为媒介，将精妙的设计转化为精确加工的金属部件。这项技术不仅极大地拓展了金属材料的加工边界，还让设计师能够突破传统制造的局限，实现更加复杂、精细的金属结构。

金属3D打印技术能够运用多样化的金属材料，涵盖铁、钢、钛、镍、钴、铝等基础金属，以及金、银等贵金属，还有各种合金材料。目前，这一技术主要应用于复杂结构的小型至中型零部件及产品的生产制造。随着科技的持续进步，未来将有更多适宜3D打印的新型金属材料不断涌现，为开发新功能产品奠定坚实的基础，同时将为产品设计领域开辟更为广阔的创新空间。

图7-12　钛金属粉末制作的涡轮泵

图7-13　3D打印的黄铜戒指

形态、功能和材料是构成工业产品设计的三大要素，三者互相影响。工业产品设计与材料永远密不可分，材料是一切工业产品设计的载体。未来，具有比传统材料性能优异的新材料、新技术的运用，将为工业产品设计带来更广阔的自由度及更多的可能性，为工业产品设计增添坚实的创新基础与活力。

7.3 新材料产品案例赏析

如图7-14所示，太阳能路灯采用高效单晶硅或多晶硅太阳能电池板，捕捉日光并将其转化为电能储存于高性能锂电池中。夜晚来临时，智能控制器自动启动LED灯源，利用储存的电能进行照明。LED灯具以其高亮度、长寿命和低能耗特性，确保了路灯的持久稳定照明。整体设计融合环保与节能理念，不仅减少了对传统电力的依赖，还降低了运行成本，是未来城市照明的重要发展方向。

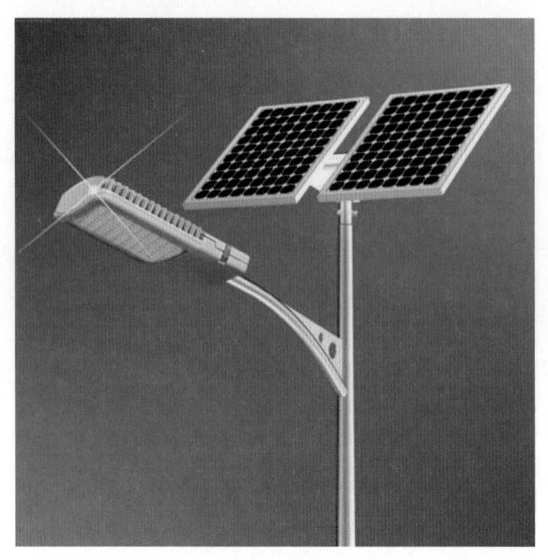

图7-14 太阳能路灯

图7-15所示，在新能源汽车领域，新能源材料的应用至关重要。从电池技术到车身结构，无一不体现着新能源材料的创新力量。电池方面，高性能锂离子电池材料如锂镍钴锰氧化物、硅基负极等，提升了能量密度与循环寿命，保障了长续航与可靠性。车身则采用轻量化材料如铝合金、碳纤维复合材料等，大幅降低车重，提高能效。同时，先进的导热材料、隔热材料，以及智能涂层的应用，不仅优化了车内环境，还增强了车辆的安全性与舒适性。

图7-15 新能源材料汽车

如图7-16所示，变色眼镜的镜片内嵌光致变色智能材料，这种创新材料是在玻璃原料中融入光色材料而制成的。该材料具备独特的双重分子或电子结构状态，在可见光区域内展现出截然不同的吸收系数特性。在光线的照射下，这种材料能够智能地从一个结构状态转变为另一个结构状态，从而实现颜色的可逆变化。这一特性赋予了变色镜片感知周围环境光线并据此判断光线强弱的能力，进而自动调整镜片透光性：光线强烈时，镜片变暗以保护眼睛；光线柔和时，则恢复透明状态，确保视野清晰。

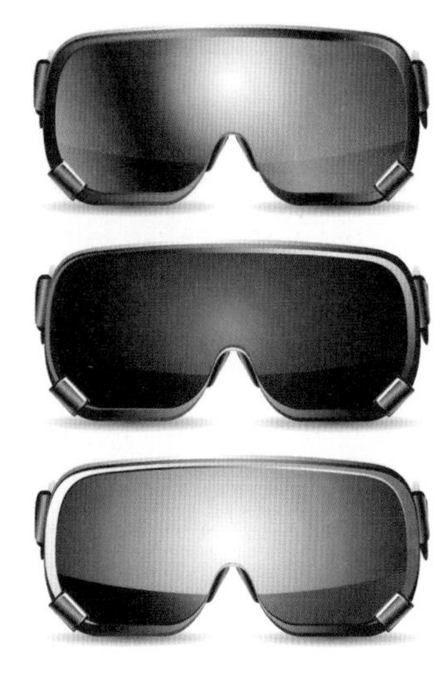

图7-16　变色眼镜

如图7-17所示，波音787班机所采用的先进窗口设计，摒弃了传统遮光板，取而代之的是一个操作便捷的按钮，乘客可以根据个人需求轻松调暗或调亮窗户。这一创新技术依托于一种名为“电致变色智能玻璃”的新材料。其核心原理在于，制造过程中，于玻璃层间巧妙地嵌入了一层对电磁场变化高度敏感的特殊材料。当智能玻璃与外部电极相连后，通过精准调控施加于其上的电压值，即可灵活控制这层敏感材料的透光性能，进而实现窗户透明度的智能调节，展现了其科技与人性化设计的完美结合。

图7-17　波音787班机窗户

如图7-18所示，碳纤维材料汽车车身以其卓越的性能成为现代汽车制造业的亮点。碳纤维具有极高的强度与重量比，使得车身在保持坚固的同时实现轻量化，显著提升燃油效率和车辆操控性。此外，碳纤维车身的刚性高、耐腐蚀性强，能在各种环境下保持长久的使用寿命。尽管碳纤维车身的制造成本较高，且一旦损坏维修难度较大，但其带来的性能提升和环保效益使其成为高端汽车和赛车领域的首选材料。碳纤维车身不仅增强了车辆的安全性能，还赋予汽车更加动感、时尚的外观，成为汽车工业发展的重要方向。

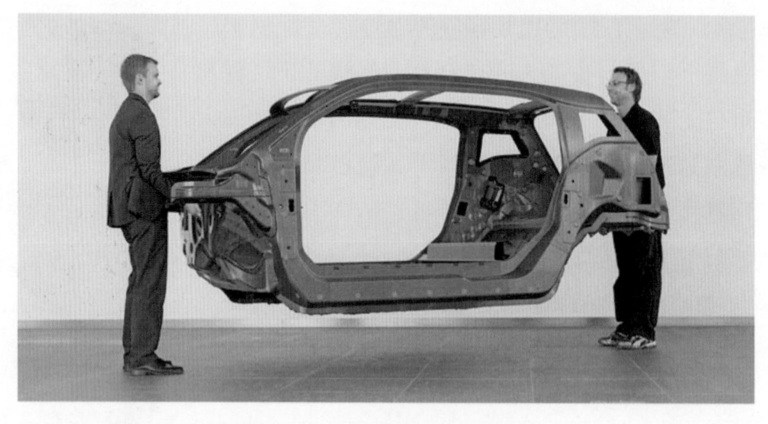

图7-18　碳纤维复合材料车身

如图7-19所示，纳米陶瓷刀具，以其独特的优势在厨具界崭露头角。它采用高科技纳米氧化锆为原料，经精密陶瓷高压研制而成。纳米陶瓷刀具具有刀刃锋利、硬度高、无磁性、不生锈变色、耐酸碱腐蚀等显著优点，且易于清洁。纳米陶瓷刀的这些特性，不仅让烹饪变得更加高效与便捷，更引领了厨具领域的一场革新。其锋利的刀刃能够轻松应对各种食材，无论是切、削还是刨，都能保持出色的切割效果，大大提升了烹饪的效率和精度。同时，高硬度确保了刀具的经久耐用，减少了更换刀具的频率，为用户节省了时间和金钱。无磁性和不生锈变色的特点，让纳米陶瓷刀具在潮湿环境中也能保持亮丽如新，避免传统金属刀具易生锈、影响食品安全的隐患。此外，耐酸碱腐蚀的性能，使得它在处理酸性或碱性食材时也能游刃有余，保护了食材的原汁原味，让每一道菜肴都能呈现出最佳风位。

图7-19　纳米陶瓷刀具

如图7-20所示，这款手机创新性地采用了石墨烯材料，打造出超薄且柔韧的屏幕，使得手机能够轻松弯曲而不失强度，为用户带来前所未有的手感与视觉体验。石墨烯的卓越导电性还优化了电池性能，让手机拥有更长的续航时间和更快的充电速度。这一革命性设计不仅提升了手机的便携性与耐用性，也预示着智能设备向更加灵活、高效方向发展的未来趋势。石墨烯手机的问世，是科技与材料科学深度融合的典范，引领着智能手机行业的新一轮变革。

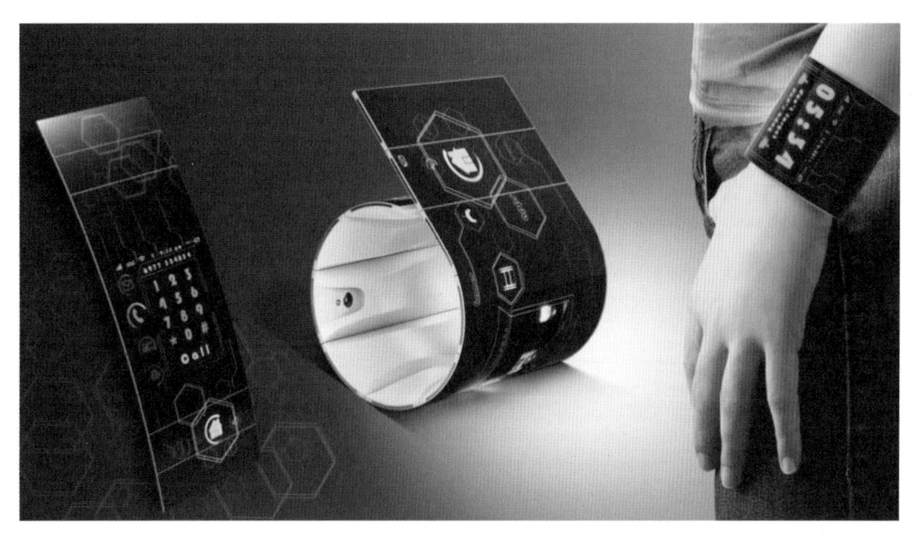

图7-20 石墨烯可弯曲手机

如图7-21所示，这款灯具的制作融合了工艺与美学的技艺。首先，精选高质量的热固性塑料材料，通过模具注塑成型，形成花瓣造型。在热固过程中，塑料分子链固定形成稳定的形态，赋予灯具优异的耐热性和耐久性。组装后的灯具整体效果淡雅，线条流畅，经过精细打磨，灯具表面洁白光滑，散发温柔的光线。该灯具不仅具有实用价值，还添加了一份精美与艺术感，点亮空间，彰显独特品味。

图7-21 3D打印的热固性塑料灯具

参考文献

[1] 贺松林，姜勇，张泉. 产品设计材料与工艺[M]. 北京：电子工业出版社，2014.

[2] 克里斯•莱夫特瑞. 金属——欧美工业设计5大材料顶尖创意[M]. 张港霞，译. 上海：上海人民美术出版社，2014.

[3] 杜明义. 铝合金材料的应用于交通工具的轻量化[D]. 哈尔滨：东北轻合金有限责任公司，2016.

[4] 温志远，牟志平，陈国金. 塑料成型工艺及设备[M]. 北京：北京理工大学出版社，2012.

[5] 胡越，游亚鹏. 塑料外衣：塑料建筑与外墙[M]. 上海：同济大学出版社，2016.

[6] 劳建英. 产品设计中新材料的应用研究——基于陶瓷材料的现代家具设计探析[D]. 上海：东华大学，2012.

[7] 左恒峰. 设计中的材料感知觉[J]. 武汉理工大学学报，2010，32(10)：55-58.

[8] 郑铭磊. 日用陶瓷的人性化设计研究[J]. 艺术评论，2011，21(3)：12-14.

[9] 陈琳. 日用陶瓷产品设计的人性化研究[D]. 景德镇：景德镇陶瓷学院，2010.

[10] 赵占西，黄明宇. 产品造型设计材料与工艺[M]. 北京：机械工业出版社，2016.

[11] 陈思宇，王军. 产品设计材料与工艺[M]. 北京：中国水利水电出版社，2013.

[12] 姚静媛. 产品材料与设计[M]. 北京：清华大学出版社，2015.